数智时尚
设计系列

浙江省哲学社会科学重点研究基地
浙江理工大学数智风格与创意设计研究中心成果

崔荣荣
丛书主编

# 从历史叙事到数字再生
# 畲族凤凰冠髻研究

陈敬玉 李同岩 著



化学工业出版社
·北京·

# 内容简介

本书在田野调研和文献梳理的基础上深入探讨了畲族凤凰冠、髻历史文化及其在当代社会中的传承与创新，综合运用艺术人类学、设计学、历史学等学科研究方法，通过对形制和工艺的系统记录，分析其历史发展、形制变迁及文化审美，进而提出以数字技术推动其文化再生与活化的观点并进行了初步的实践探索。

本书的特色在于对畲族凤凰冠、髻文化的系统阐释，不仅可以作为专业领域的参考书，也可以作为沟通学术与公众的桥梁，满足从研究者、保护者到教育者及爱好者的多主体认知需求。

**图书在版编目（CIP）数据**

从历史叙事到数字再生 : 畲族凤凰冠髻研究 / 陈敬玉，李同岩著. -- 北京 : 化学工业出版社，2025. 12. （数智时尚设计系列 / 崔荣荣主编）. -- ISBN 978-7-122-49527-3

Ⅰ. TS941.742.883

中国国家版本馆CIP数据核字第2025UF3659号

责任编辑：徐　娟　　装帧设计：中海盛嘉
责任校对：宋　玮　　封面设计：刘丽华

出版发行：化学工业出版社（北京市东城区青年湖南街13号　邮政编码100011）
印　　装：河北尚唐印刷包装有限公司
787mm×1092mm　1/16　印张$11^1/_2$　字数300千字　　2025年12月北京第1版第1次印刷

购书咨询：010-64518888　　售后服务：010-64518899
网　　址：http://www.cip.com.cn
凡购买本书，如有缺损质量问题，本社销售中心负责调换。

定　　价：98.00元

# 序

在过去的几十年里，时尚从未像今天这样，站在如此多维度的交汇点上。它既是文化的载体，也是科技的试验场；既承载着深厚的历史叙事，又不断向虚拟与现实融合的未来延伸。当我们谈论时尚，早已不再仅仅局限于服装的款式、色彩或面料，而是一场关于身份、技术、美学与可持续性的深刻对话。

本系列共十二册，正是对这一复杂而激动人心的时尚图景的回应。它试图构建一座桥梁，连接起过去与未来、手工与数字、身体与界面、本土与全球。从《宋式生活美学在现代服装中的数智设计转译》中对古典美学智慧的当代唤醒，到《虚拟时尚：面向未来的设计新形态》中对数字身份与沉浸式体验的前瞻探索；从《面料立体肌理效果的数字化仿真》中对物质性的深度钻研，到《数智时代的时尚材料设计与表达》中探索技术驱动下的材质创新，再到《服装AIGC设计基础与案例》中对人工智能生成内容的创造性应用——本系列宛如一幅精心编织的知识图谱，每一本书都是其中一个关键的节点，共同勾勒出“数智时尚”时代的轮廓与肌理。

本系列以“融合”与“转译”贯穿始终。无论是《首饰创意设计：传统手工艺与数字化技术的融合》中传统手工艺与数字化技术的共生，还是《数智时尚服饰品设计》中物理实体与数字数据的相互赋能；无论是《从历史叙事到数字再生：畲族凤凰冠髻研究》中对民族文化遗产的数字化保存与活化，还是《慢设计理念下的服装创意设计》中对可持续与人文价值的重申，这些议题都指向同一个方向：时尚正演变为一个高度跨学科的、动态的创造系统。

与此同时，时尚的传播、消费与品牌构建模式也在发生根本性变革。《数智时代的时尚传播》与《时尚品牌的新媒体用户与运营》深入剖析了在社交媒体、算法推荐和用户生成内容主导的新环境中，时尚意义如何被生产、流通与重塑。而《女装品牌策划与数智设计》则展示了如何将数据智能融入从策划到设计的完整链条。

本系列的作者们既是深耕专业领域的研究者与教育者，也是敏锐的行业观察者与实践者。他们以扎实的学术功底、丰富的案例与前瞻的视野，为时尚专业的学生、教师、从业者，又或是对时尚文化与科技融合感兴趣的广大读者提供了一系列既具理论深度又具实践指导价值的文本。

未来的时尚将属于那些能够自由穿梭于历史与未来、材料与代码、个体叙事与系统思维之间的创造者。本系列的出版目的，正是为了装备这样的头脑与心灵，提供必要的知识工具与灵感火花。让我们以书本为媒、以时尚为介，共同踏入这个充满挑战与机遇的时尚新世界，去思考、定义、感受学科交叉趋势下的设计美学嬗变。

2525年12月

# 前言

在历史的长河中，有些文明以文字铭刻记忆，有些则以服饰为笔，书写无声的史诗。畲族，这支历经千年发展的散杂居民族，便是后者。他们没有文字，却用一针一线、一髻一冠，将族群的起源、信仰与身份，编织进青蓝相间的衣袂，盘绕于高耸如凤的髻冠之中。凤凰冠与凤凰髻，作为畲族最具标志性的头面部装饰，不仅是服饰的顶点，更是民族精神的象征——它们以凤为喻，在东南山地的峰峦叠嶂间，默默展开一场关于祖先和根脉的永恒叙事。

十余年间，我们行走于浙闽粤赣黔的山岭村寨，在木门槛边听老人回忆出嫁时高挽的发髻，在民间收藏家的库房测绘锈蚀的凤簪；亦在数字实验室里，忐忑等待AI生成带来的盲盒抽卡。这些跨越虚实的碎片，最终汇聚成一条隐秘的线索：当族群的历史被大叙事稀释，正是这些附着于发肤之上的微小造物，以“身体—器物—空间”的三重坐标，锚定了畲族文化最坚韧的内核。

传统服饰研究常聚焦于“物”的静止，而凤凰冠、髻的特殊之处在于，它始终是一场“进行中的表演”——从“米饭下去就梳头，梳头过后就捞饭”的生活实践，到今日自媒体对凤凰冠、髻的数字化传播，物的生命从未终结，只是在不同媒介中持续“再生”。因此，本书采用了历史文化与保护传承“双轨叙事”的方式。第一至四章运用艺术人类学研究方法，系统梳理了罗源式、福安式、霞浦式、福鼎式、景宁式、云和式、泰顺式、平阳式、延平式、顺昌式、光泽式、漳平式畲族凤凰冠、髻的形制特征、盘梳材料、盘扎方式；从历时性视角阐释了畲族凤凰冠、髻的发展演变及其影响因素；对各式凤凰冠、髻进行比较分析，揭示了畲族亚支系凤凰冠、髻文化之间“同源异相”的内在关联性；将畲族女性头饰文化与畲族迁徙路线进行对照分析，重点论证了沿迁徙路线畲族女性头饰的渐进式演变特征；从“美”与“文化”的两个维度探究了蕴含于凤凰冠、髻背后的造物逻辑。第五章、第六章立足于凤凰冠、髻传承方式从“生活实践”向“非遗保护”的转变，传承动力由“内生性文化自觉”向“外源性制度规训”嬗变的现状，迎合国家非遗保护理念从早期的抢救性保护，逐步发展到整体性保护、生产性保护，再到今天提倡“系统性保护”，探究畲族凤凰冠、髻的传承及保护路径；提出运用数字技术实现这一古老的文化遗产在当代社会的再生与活化，试图回答：当最后一位会梳凤凰髻的传承人离世，我们能否让凤凰冠、髻的“记忆”以另一种形态存活？就像畲族古歌里唱的“凤凰涅槃，借火为骨”，数字技术或许正是那场当代的“火”。

您即将读到的不是一部冰冷的器物谱系，而是一场关于“如何让记忆继续生长”的思考。书中那些看似枯燥的史料梳理和略显稚嫩的数智设计案例，都在揭示一个事实：凤凰冠、髻从来不是“过去”，而是持续被当代技术、商业与情感重新编织的“现在”。所谓“数字再生”并非复制，而是为那些即将失传的技艺创造一个可对话的“未来身体”。

本书由浙江理工大学陈敬云、李同岩著。愿此书成为一座桥梁：让学者看见器物背后的生命史，让设计师听见传统断裂处的呜咽，更让畲族的后代在点击鼠标时，感受到祖母发顶凤凰冠、髻的故事与记忆。

著者

2025年10月

# 目录


**第一章　畲族凤凰装束的过去、现在与未来 …… 1**

第一节　畲族服饰的术语界定 …… 2

第二节　畲族服饰文化研究的历史与现状 …… 4

第三节　面向未来的畲族服饰设计创新需求 …… 14

**第二章　畲族凤凰冠、髻的地域分布与制式差异 …… 22**

第一节　凤凰冠、髻的分布 …… 23

第二节　畲族凤凰冠、髻样式辨析 …… 29

**第三章　畲族凤凰冠、髻的历史变迁与演变脉络 …… 58**

第一节　凤凰冠、髻的历史变迁及影响因素 …… 59

第二节　民族迁徙与凤凰冠、髻的演进脉络 …… 70

**第四章　畲族凤凰冠、髻的文化意涵与审美趣味 …… 81**

第一节　畲族凤凰冠、髻的文化意涵 …… 82

第二节　凤凰冠、髻的审美趣味 …… 102

第五章　畲族凤凰冠、髻的系统性保护 …… 110
第一节　非遗视角下凤凰冠、髻的传承现状 …… 111
第二节　非物质文化遗产保护理念的嬗变 …… 114
第三节　凤凰冠、髻的系统性保护策略探析 …… 127
第六章　数字时代的凤凰冠、髻设计创新与文化传播 …… 139
第一节　数字时代与文化遗产的互动关系 …… 140
第二节　畲族凤凰冠、髻的时尚创新设计实践案例 …… 148
后记 …… 172
参考文献 …… 174

第一章

# 畲族凤凰装束的过去、现在与未来

凤凰装是畲族独有的民族记忆，是畲族审美范式、图腾信仰、造物智慧及迁徙历史的凝练，其文化内涵的丰富性使其成为民族学、服饰史学及非物质文化遗产研究的重要样本。本章首先对畲族、畲族服饰、凤凰装、凤凰冠、髻等相关概念进行界定，厘清本书研究内容的语义范畴，继而通过文献计量与学术史梳理，系统分析畲族服饰文化研究的历时性演进、当代学术图景及未来研究进路，从以下三个维度解读面向未来的畲族服饰创新设计需求理论框架：（1）消费社会的符号价值需求，从消费者视角探讨创新设计的意义；（2）中国风格与时尚品牌建构，分析民族传统服饰元素对于时尚品牌的重要价值；（3）文化认同与民族复兴，阐释服饰创新对激活族群记忆、增进文化认同、实现文化复兴的深层作用。

# 第一节　畲族服饰的术语界定

## 一、畲族

畲族是我国东南地区重要的少数民族，其民族身份在1956年经国务院正式确认，并统一采用“畲族”作为法定族称。1996年，国家民族事务委员会将贵州“东家人”支系纳入畲族体系。“畲”字本义指“刀耕火种”的原始耕作方式，这一他称准确反映了畲族早期的生计方式；而族群自称“山哈”（意为“山中之客”）则体现了其与山地生态环境的密切关联性。畲族在公元7世纪主要聚居于福建、广东、江西三省交界区域，明清之际其生产方式逐步从游耕向定耕转变，并由此形成了以闽东、浙南为核心聚居区，辐射广东、闽西南、闽北、赣东北及皖南等地的“大杂居、小聚居”的民族分布格局。据2020年第七次全国人口普查数据显示，畲族总人口为746385人：其中福建省聚居人口达374663人，约占全国畲族人口的50.2%；浙江省次之，为182507人，约占24.45%；此外，广东、贵州、江西等省份也有一定数量的畲族分布（表1-1）。

表 1-1　2020 年第七次全国人口普查数据——畲族人口数据汇总

| 地区 | 人口数/人 | 比例/% | 地区 | 人口数/人 | 比例/% |
|---|---|---|---|---|---|
| 福建 | 374663 | 50 | 山东 | 964 | — |
| 浙江 | 182507 | 24 | 海南 | 864 | — |
| 江西 | 74072 | 10 | 天津 | 736 | — |
| 广东 | 42080 | 6 | 河南 | 603 | — |
| 贵州 | 41794 | 6 | 重庆 | 550 | — |
| 上海 | 4476 | 1 | 陕西 | 462 | — |
| 湖南 | 3800 | 1 | 辽宁 | 429 | — |
| 湖北 | 3748 | 1 | 内蒙古 | 365 | — |
| 江苏 | 3179 | — | 山西 | 334 | — |
| 安徽 | 2141 | — | 新疆 | 285 | — |
| 北京 | 1992 | — | 吉林 | 261 | — |
| 广西 | 1724 | — | 甘肃 | 243 | — |
| 云南 | 1437 | — | 宁夏 | 129 | — |
| 四川 | 1242 | — | 青海 | 107 | — |
| 河北 | 989 | — | 西藏 | 30 | — |
| 全国畲族人口：746385人 | | | | | |

注：“—”表示不足1%。

## 二、畲族服饰

畲族服饰作为畲族物质文化的重要载体，在广义上，指畲族群体在历史发展过程中所创造和使用的全部服饰系统，包括畲民现代着装样式；狭义上，畲族服饰特指具有鲜明民族特征并形成稳定范式的传统着装样式，以及基于传统服饰文化基因进行创新重构的新制衍生服饰。本书中畲族服饰的范畴取之于狭义概念，包括畲族传统服饰及新制衍生服饰两类。

### 1. 畲族传统服饰

图 1-1　畲族传统服饰
（从左至右依次为：福安式、霞浦式、景宁式、罗源式、泰顺式；拍摄：章晟）

畲族传统服饰是畲族传统文化的重要组成部分，其中蕴含着丰富的造物智慧，是畲族在长期历史演进过程中形成的具有统一规制的纯手工制作的服饰样式，可划分为男性服饰与女性服饰两大类型。男性服饰在文化涵化影响下其民族标识性已趋于弱化；女性服饰则较好地保留了民族文化的原生特征，并形成了丰富的地域亚型，主要包括罗源式、福安式、霞浦式、福鼎式、景宁式、云和式等。每类地域亚型通常又由上衣、下装（裤/裙）、围腰、头饰、绑腿、绣花鞋及其他首饰等核心部件组成（如图1-1所示）。

### 2. 新制衍生服饰

图 1-2　畲族新制衍生服饰
（拍摄：陈烨；地点：景宁畲族自治县）

畲族新制衍生服饰是基于传统服饰文化基因进行设计创新的服饰形态。这类服饰呈现出三个典型特征。首先，在生产技术层面，实现了从传统手工向现代工业生产的转换。传统刺绣、编织、防染等传统技艺被现代工业技术取代，提升了生产效率，但在细节上远无法比拟服饰传统制作工艺的“精”与“巧”。其次，在文化基因延续层面，具有“选择性强化”特征。设计者通过夸张、变形等手法，对传统服饰中的标志性文化要素进行重构。最后，在形制规范层面，呈去标准化倾向。新制衍生服饰允许设计者进行个性化演绎，甚至发展出各式各样完全脱离古制的表演性服饰样式（如图1-2所示）。

### 三、凤凰装

畲族是一个崇信凤凰图腾的民族，畲族的始祖婆“三公主”被视为凤凰的化身，畲族祖地称“凤凰山”，而畲族女性服饰特称“凤凰装”。以“凤凰装”命名畲族女性服饰，承载着畲民慎终追远的祖制传承意识。广义上的凤凰装有传统与新制的区分，本书中主要指传统畲族女性服饰样式，而新制样式本书称“新制凤凰装”。一套完整的凤凰装由多部件组成，每个部件均有不同的符号意指，其中：头饰（凤凰冠、凤凰髻）对应凤凰首颈部位；上衣下裳象征凤凰躯干；围腰隐喻凤凰腹部；后垂腰带象征凤凰尾羽；绣花鞋则表征凤凰足部。

### 四、凤凰冠、髻

畲族女性头饰是凤凰装的重要组成部分，可分为凤凰冠（简称“凤冠”）与凤凰髻两类。凤凰冠是头冠，即畲族妇女装饰头顶的冠状装饰，是一种脱离头发单独存在的附加头饰，现存三大类典型风格：竹冠珠链式、筒帽银帘式、簪钗一体式。在畲族传统文化中，凤凰冠通常作为盛装穿戴，自女子出嫁直至入殓需终身佩戴。凤凰髻属于发型头饰，指通过特定盘结技艺形成的发型结构，同时涵盖用于固定和装饰发髻的银钗凤钏等配套饰物，主要分布于闽东罗源、福安、霞浦及福鼎等地。凤凰髻的形制差异可体现畲族女性的年龄及身份特征：未婚少女与已婚妇女采用不同髻式，后者在日常情境中以凤凰髻替代仪式场合中繁复贵重的凤凰冠。

## 第二节　畲族服饰文化研究的历史与现状

畲族服饰文化的研究贯通古今、融汇中西，大体可分为新中国成立前的零散记录和描述性分析阶段；新中国成立初期的专题性研究探索阶段及21世纪以后的深入研究迸发阶段。这些研究不仅涵盖了对畲族服饰形制、结构、色彩、工艺等本体要素的讨论，还尝试从交叉学科视角对服饰中蕴含的深层文化内涵、艺术特征、保护传承进行深入探究。

### 一、1949年以前的畲族服饰探索

#### 1. 民国以前的畲族服饰研究

历史文献中有关畲族服饰的记载最早见之于一则由畲、苗、瑶三族所共享的族源神话——“盘瓠神话”。“盘瓠神话”初现于东汉应劭的《风俗通义》，不过原文已佚失，现存最早且最完整的文本当属晋朝干宝《搜神记》中的记载。据《搜神记》载：“（畲族先民）织绩木皮，染以草实。好五色衣服，裁制着用，皆有尾形。”这则汉族文献中所

记载的关于畲、苗、瑶三个民族起源的神话传说，涉及服饰的描述为研究者提供了窥探这些民族在分化前共同服饰文化的历史线索。

在超越神话传说所蕴含的想象元素之外，畲族服饰的历史真实性描述可从多种古籍文献中获得，这些文献载体包括但不限于书表、笔记、杂谈和方志等，如《请建州县表》《斋琐录》《归田琐记》《云霄厅志》《永春县志》《侯官乡土志》《福安县志》《罗源县志》《福鼎县志》《古田县志》《处州府志》《景宁县志》《云和县志》《贵溪县志》等，均包含畲族先民服饰的简要记载。清乾隆年间，由乾隆帝亲自发起编纂的《皇清职贡图》，采用了“语—图”结构描绘了三组六幅畲族（包括史称“东苗”的贵州苗族一支）的服饰（如图1-3），是目前学术界公认最早的关于畲民服饰穿着的图像资料，对于研究清代畲族的服饰文化具有重要的学术价值和历史意义。

（a）罗源县畲民妇　　（b）古田县畲民妇

图 1-3　《皇清职贡图》中的畲民绘本

此外，清末魏兰（号浮云先生）所著的《畲客风俗》是运用现代人类学研究方法撰写的首部关于畲族的纪实性专著，其学术价值尤为显著。该文献不仅在学术上具有开创性，更因其真实性而显得尤为珍贵。它较详尽地记录了浙江畲族的历史文化、族群迁徙、语言特色、诗歌艺术、饮食习惯以及服饰文化等多个方面，为后世提供了一幅丰富多彩的畲族文化风俗画卷。在服饰文化方面，魏兰的著作特别关注了清末浙江畲族女性的服饰，尤其是头饰的样式，并提供了丰富的文字描述。此外，该书中还附有多幅插图，生动地展现了畲族的生活场景与服饰穿戴，将这些图像资料与文字记载相结合，进一步增强了文献的实证价值，为后代学者进行畲族服饰历史研究提供了宝贵的史料。

## 2. 民国时期的畲族服饰研究

民国时期学者对畲族服饰的研究以专业人类学方法论指导下的资料性研究为主导，一批人类学家深入畲乡展开研究，撰写了大量真实可信的畲族社会历史文化资料，其中不乏有对畲族传统服饰文化的记录与研究。

1923年胡先骕的《浙江处州温州间土民畲可述略》首次对浙江处州一带景宁、丽水及平阳畲民的服装服饰或畲族女性的头饰进行了比较研究。沈作乾的两篇著作：《畲民调查记》（1924）和《括苍畲民调查记》（1925），是民国时期畲民服饰文化研究的重要文献。其中《括苍畲民调查记》主要对景宁地区畲民的服饰风貌进行了描述，《畲民调查记》则关注到整个畲族聚居区的服饰总体风貌。许蟠云和王虞辅在1934年发表的《平阳畲民调查》对平阳地区畲族女子的穿戴进行了较详细的文字描述，该调查附有多幅珍贵的影像资料，成为现代研究者了解平阳畲族传统服饰文化、探寻平阳畲族头饰遗风的唯一历史影像。1937年，《各县区苗夷民族概况》以表文形式记载了福建连江、宁德、福安、顺昌、罗源、南平等地畲民的生活习尚，是全面了解民国时期福建畲族服饰文化的重要史料。

凌纯声的《畲族图腾文化研究》（1947）在这一时期的论著中显得格外耀目，他以浙江与福建地区畲族女性三类典型的头饰为重要案例深入探讨了畲族的图腾文化，认为："畲，瑶，蛮三者信仰同一的犬图腾，在他们的服饰，雕刻，图书，音乐，跳舞，文学各种艺术的表现，多可找到与犬的关系。此类艺术，即所谓图腾艺术，亦即图腾的具体表现。"

该研究不仅创见性地论述了头饰在畲族传统文化中的象征意义，还通过绘制的多幅畲族女性头饰结构图解，展示了传统畲族女性头饰的结构特征，尤为珍贵。

### 3. 畲族服饰研究的国际维度

在1949年之前的学术版图中，西方学者对畲族服饰的研究贡献了不可忽视的篇章。这一研究领域的开拓者包括早期的宗教传教士以及后续的旅行家、教授和学者。他们所撰写的文字为我们提供了一种用以观察和理解畲族的传统服饰文化的新颖视角，更可贵的是在他们的研究中有许多珍贵的影像资料可供参考。

西方学者对畲族服饰文化的首次介绍最早可以追溯至14世纪初期，中世纪著名的旅行家、天主教圣方济各会的修士鄂多立克（Odoric of Pordenone）东游中国广州、泉州、福州、宁波、杭州、南京、扬州、北京等多个城市，其见闻后来被编纂成《鄂多立克东游录》一书，该书不仅首次将中国福建地区畲族的服饰文化引入西方学术视野，而且提供了迄今已知最早的关于福州畲族妇女服饰穿戴的珍贵文献。清末英国旅行家伊莎贝拉·伯德（Isabella Bird）在中国的游记《扬子江流域及以外的地区（The Yangtze Vally and Beyond）》收录了一张清代福建畲族女子戴冠的照片，首次以照片的形式记录了这种发饰（如图1-4所示）。20世纪初，美国学者威廉·埃德加·盖洛在《中国十八省府》一书中展示了一组穿着民族服饰的畲族妇人生活照（如图1-5所示），书中称这些穿着怪异的妇人族属"拜狗族"，并对其服饰穿戴中蕴含的祖先崇拜——盘瓠崇拜之文化内涵进行了简要解释。1939年，弗洛伊·赫尔伯特（Floy Hurlbut）博士的论文《福建人文地理研究》同样关注到福州畲族女子的着装及发髻样式。

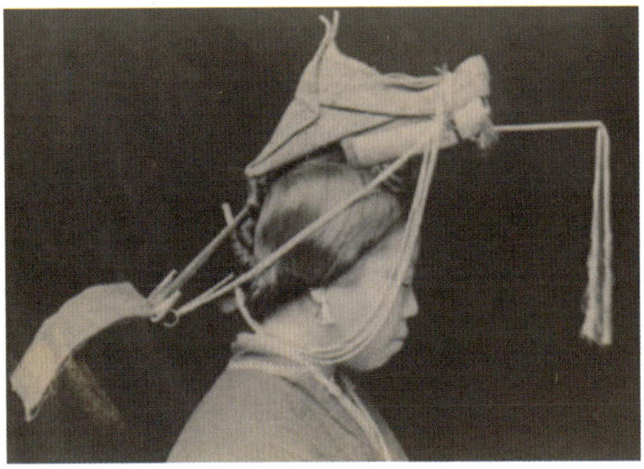

图 1-4 《扬子江流域及以外的地区》收录的首张畲族女子冠式影像资料

图 1-5 《中国十八省府》畲妇生活照

1929年，同济大学医学院的外籍教授哈·史图博（Ha Stubel）与学生李化民共同开展了一项具有重要意义的田野调查，他们深入景宁敕木山的畲族村落，进行了深入细致的考察。这次考察的成果被编纂成《浙江景宁敕木山畲民调查记》，以深远的影响力，确立了其在畲族研究史上的重要地位。该书于1985年被译成中文并出版，全书约150页，包含9.5万余字，十分详尽地记录了敕木山畲民的服饰文化，包括衣料、服饰形制、色彩、发饰发型、制作工艺及发饰价格等，共有相关文字描述3页和服饰相关的珍贵影像资料12张。

## 二、1949年至20世纪末的畲族服饰研究

### 1. 民族识别档案中的服饰记录

新中国成立之初，为了精确地界定民族构成并有效实施民族政策，政府及相关部门启动了广泛的民族识别调查。在这一时期，畲族服饰文化的研究多以描述性记录的形式散见于民族识别调查报告。

1958年，福建地区成立了专门的少数民族社会历史调查组，该调查组对福建省内的罗源、连江、宁德、福安、福鼎、霞浦，江西省的铅山、贵溪，以及浙江省的景宁、丽水、平阳、泰顺等地的二十余个畲族村落进行了为期六个月的深入田野调查。调查组的研究成果，即总计约五十万字的调查报告，汇集了二十余篇文章，这些文献资料详尽地探讨了畲族的起源、迁徙历程、节日庆典、礼仪习俗、革命斗争以及生产生活方式等多个维度。尽管这些报告中包含了对畲族服饰文化的初步描述，但这些描述在深度和广度上尚显不足，未能全面反映畲族服饰文化的复杂性。随后，这些调查报告与1982年进行的第二轮畲族社会历史调查的成果一同被汇编成《畲族社会历史调查资料丛刊》，并于1986年出版。该书在2009年再版，并更名为《畲族社会历史调查》，为后续的畲族服饰文化学术研究提供了宝贵的第一手资料（见表1-2）。

表 1-2　《畲族社会历史调查》中的畲族服饰相关文字信息（部分资料）

| 序号 | 报告名称 | 调查人 | 服饰相关文字记载 |
|---|---|---|---|
| 1 | 《浙江景宁东衕村畲闽情况调查》 | 施联珠、黄淑娉、雷关贤等 | 有“醮名”后就成为……可为他人做功德，做功德时穿上红衣，死后亦可穿上红衣；若儿子也有“醮名”则做功德及死后都改穿青衣，戴上黑帽入殓 |
| 2 | 《广东畲民调查识别》 | 杨成志、廖宝昀、陈凤贤等 | 这里的服饰大都和汉人一样，男女老幼都穿汉装，连七八十岁的老人家也没有穿过与当地汉人有别的服饰<br>我们在这些地区也没有发现他们在婚丧中有特殊服饰 |
| 3 | 《浙江平阳县王神洞畲族情况调查》 | 章以淦、陈佳荣、蓝天两等 | 畲族人民有自己的民族服装。妇女上衣前襟绣有五彩花纹，新做的服装有两层花纹……解放前畲族妇女全部留有头发梳在脑后，少女梳一根发辫垂在后面 |
| 4 | 《浙江平阳县矾山公社畲族人民革命斗争》 | 章以淦、陈佳荣、蓝天两等 | 婚日由戚友给新娘梳髻，髻呈塔状，便戴花簪及密插银花，整个头饰绝大部分是银器，打扮得闪闪发光，十分耀目。婚服系用纱织成的粗布，右襟边缘镶有色绒线三行 |
| 5 | 《福建宁德县畲情况调查》 | 陈国强、叶文程、雷霖其等 | 畲族男女多穿用自己织的麻布衣服，尤其在劳动时，只有这种麻布是最耐穿的，也有穿汉族生产的棉布<br>唯妇女服装不同于汉族，而南山又不同于漈头和南岗 |

续表

| 序号 | 报告名称 | 调查人 | 服饰相关文字记载 |
|---|---|---|---|
| 6 | 《福建罗源县八井村畲族社会情况调查》 | 蒋炳钊、林玉山、袁钟秀等 | 妇女衣服全是黑色，上衣很长，下穿短裤，冬天也是一样，在膝盖以上。上衣没有纽扣，宽领交叉于胸前，领上镶有花边，是用红、黄、白、蓝颜色的布条堆压而成的，最多有两寸（约6.6cm）许 |
| 7 | 《福建福安县畲族情况调查》 | 施联珠、陈佳荣、白滨等 | 畲族男子的服装和本地汉族无异，妇女还保持着民族服饰，头发向上梳圈，绕着头的周围束红线。发式有已婚、未婚区别，已婚妇女最明显的标志是发顶中央靠后横插一支银簪 |

### 2. 畲族服饰专题学术探究的启幕

20世纪80年代，畲族服饰文化开始受到学术界的关注，学术界也逐渐拉开了深入研究畲族服饰文化的序幕。1985年，潘宏立在厦门大学完成的硕士论文《福建畲族服饰研究》在该研究领域具有里程碑意义。该论文首次系统性地记录了福建地区畲族传统服饰的风格特征，并对畲族服饰的多样性及其差异性进行了细致的考察，在形制风貌、工艺技术、色彩特征等方面对这些服饰做出详尽描述。潘宏立的研究不局限于对服饰样式的描述，还进一步探讨了畲族服饰文化背后的次文化现象、图腾崇拜的演变以及服饰发展的规律性。他的研究提供了理解畲族文化的新的视角，丰富了对该民族文化传统的认识。1989年出版的专著《畲族风俗志》中，作者记述了畲族服饰的整体风貌，具体涵盖了传统服饰、日常服饰、多样化服饰类型以及头饰四个维度，特别聚焦于女性服饰的民族风格与文化特征。除此之外，众多关于畲族的史学著作和地方志书亦开始对畲族服饰进行系统分类与专题性研究，如《畲族简史》（1980）、《畲族史稿》（1988）、《丽水地区畲族志》（1992）、《霞浦县畲族志》（1993）、《上杭县畲族志》（1994）、《福安县畲族志》（1995）、《畲族风俗风情》（1997）等。

## 三、21世纪以来的畲族服饰文化研究新篇

### 1. 学术研究谱系的发展概况

（1）学术研究进程分析。自21世纪初，学术界对畲族服饰的研究呈现出深化与扩展趋势，不仅出版了如《霞浦畲族服饰研究》（2006）、《闽东畲族文化全书·服饰卷》（2009）、《浙闽地区畲族服饰比较研究》（2016）、《畲族源生服装图系研究》（2017）、《畲族服饰史》（2019）、《福建畲族服饰文化研究》（2019）、《传承与涵化——近代以来闽浙粤赣畲族服饰研究》（2019）等一系列重要的学术专著，而且学术论文的发表数量也较为可观。以中国知网（CNKI）为主要检索数据库，以“畲族服饰”“畲族凤凰装”“畲族服装”“畲族五色服”等关键词进行检索，共获得相关学术论文803篇。其中，2000年以后的研究成果高达799篇，占总检索论文量的99%。此外，根据图表统计数据，2010年之后，关于畲族服饰文化的专业研究论文数量逐年递增。至2022年，畲族服饰相关学术论文的发表数量达到历史峰值，共计83篇。此后，畲族服饰学术研究成果开始出现下降趋势（如图1-6），2023年降至61篇，2024年降至33篇。

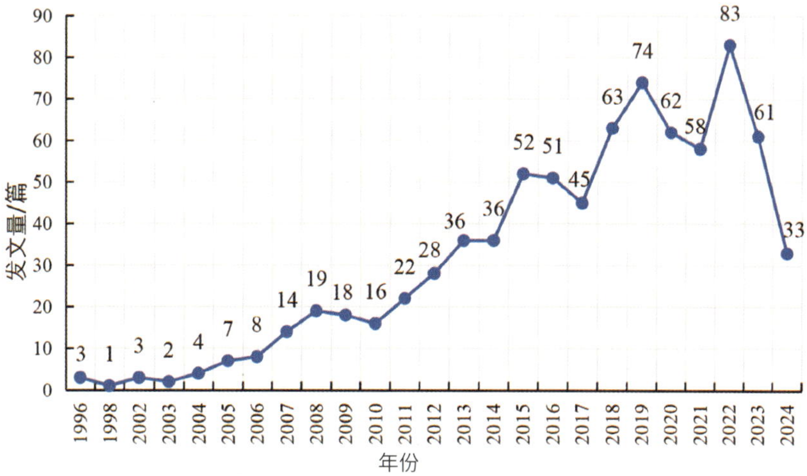


图 1-6　畲族服饰文化研究文献的年度发表趋势统计

（2）研究热点分析。如图1-7所示，运用Citespace软件对畲族服饰研究领域的803篇学术论文进行分析后生成研究热点图，共识别出一级研究热点关键词14个，围绕一级研究热点进一步衍生出包含102个二级研究热点关键词的研究热点群。通过对Citespace热点图的可视化分析，不同颜色的节点清晰地呈现了畲族服饰文化研究关键词群的研究热度分布。基于此，可将14个一级研究热点群划分为高热度、中热度和低热度三个层次。其中，高热度层涵盖四个群组，其一级关键词分别为“畲族”“畲族服饰”“传承”“凤凰装”；中热度层包含中间的五个群组，其一级关键词分别为“畲族文化”“传统文化”“传统服饰”“文化”“服

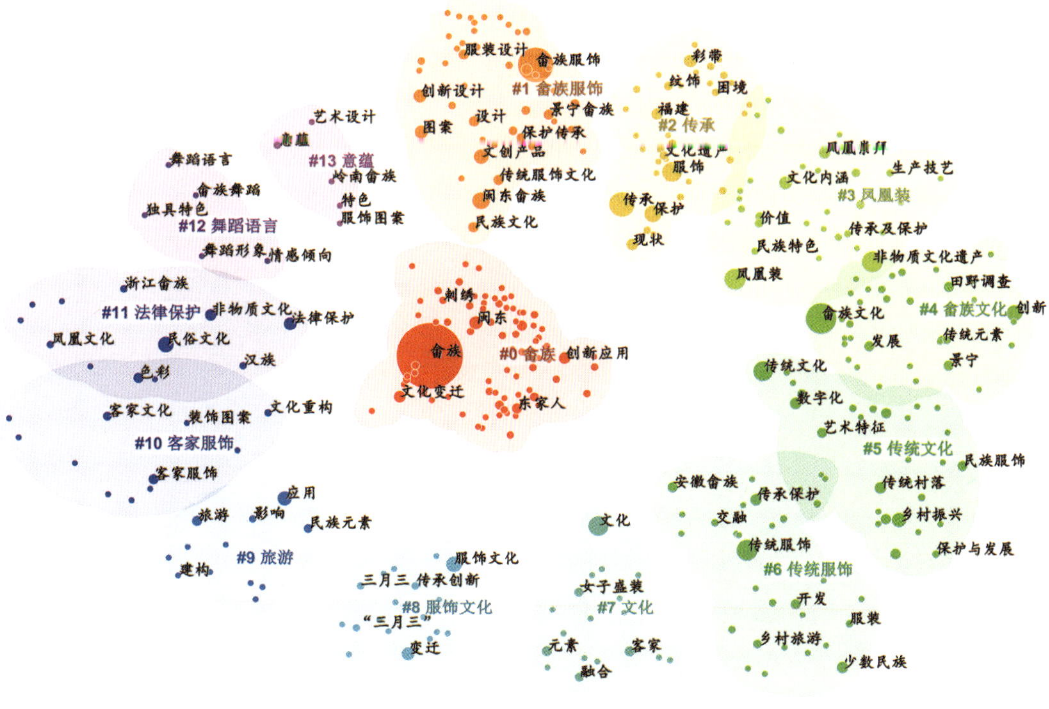


图 1-7　畲族服饰研究关键词共现网络图谱

饰文化”；低热度层则为最末的五个群组，其一级关键词为“旅游”“客家服饰”“法律保护”“舞蹈语言”“意蕴”。从一级关键词的分布层次来看，学界对畲族服饰文化传承的研究关注度较高，处于研究热点的前沿位置；而对畲族服饰本体文化的研究热度处于中等水平；相比之下，与畲族服饰相关的交叉学科及比较研究则相对较少，处于低热度层次。

（3）研究趋势分析。畲族服饰研究CiteSpace关键词时区图通过可视化技术，呈现了21世纪以来该研究领域的研究热点及其演变趋势。畲族服饰研究热点从早期的传统主题如“畲族服饰”逐渐转向现代议题，如“文化保护”和“创新应用”，一定程度上反映了社会文化需求从知识性向实用性的变迁。图1-7中关键词群节点的大小反映了相应关键词在特定时期内的研究热度或频率，2003年、2005年、2007年、2009年均有较突出的研究热点主题，分别为“畲族服饰”“畲族文化”“传承”“非物质文化遗产”。2009年畲族服饰文化与非物质文化遗产的关联性主题开始出现，其主要原因与2008年罗源畲族服饰增列《国家级非物质文化遗产代表性项目名录》有关。2023年，“数字化”作为交叉学科关键词首次出现，反映了数字化技术在传统文化研究中的日益重要性及其在促进畲族服饰文化保护、传承与创新方面的潜力（如图1-8）。

## 2. 学术研究谱系的多维特征

（1）研究内容的微观化呈现。21世纪以来，畲族服饰研究呈现出微观化的特征，对服饰组成部件，色彩、纹样、工艺等服饰构成要素及文化意涵的专门性研究增多。传统畲族服饰的组成部件众多，包括主体服饰、辅助服饰及首饰等，主体服饰又细分上装、下装，辅助服饰包括拦腰、彩带、绑腿、鞋等，首饰有头饰、耳饰、项链、指环等。这些服饰部件的个案研究都成为学者关注的重要方面，可以“以小见大”地反映畲族文化审美特征，如方泽明对畲族女性拦腰进行分类分析，并探讨其多样性形成的影响因素；袁燕探究了霞浦西路式凤凰髻之起源、发饰特征、梳理技法并阐释其文化意义。夏帆、蔡建梅等人综合运用历史文献中有关服装的史料、历史图像、影像资料和闽浙博物馆收藏的服装实物资料，分析畲族服饰中蕴含的“先祖遗风”，提炼总结了畲族服装之代表性式样。

此外，尚有诸多学者择其服饰中装饰要素之一类（形制、色彩、纹样、工艺）进行细化分析，如蓝雪华、曹静、李同岩等学者从色彩观念、色彩特征、色彩变迁等方面较全面地揭示了畲族服饰色彩的文化特性；叶桦、陈诩、罗胜京从美学特征、文化内涵等方面对畲族服饰中的典型纹样进行归纳与解读。畲族服饰中的工艺要素涵盖了织绣工艺、服装制作工艺以及银饰錾刻工艺等多个方面，学术界对这些工艺要素的研究成果已然相当丰富，涉及工艺技术的辨析、复原记录、复刻实践、创新应用等。

①织绣工艺。畲族织绣工艺包括纺织与刺绣两类。纺织工艺的研究主体主要是畲族织带，如雷光振以浙江景宁畲族彩带为研究对象，对其形制、工艺特征和文化内涵进行分析；陈诩、陈东生则对福建畲族彩带的构成、织造工艺、工具进行深入探究。畲族刺绣工艺精美、配色大胆，常应用于衣领、襟边、围裙，刘妙居、黄磊晶对畲族的传统刺绣针法进行探究，并尝试将其融入现代服饰设计实践。

②服装制作工艺。张娟、陈敬玉基于复刻实践，对福建霞浦东路式与罗源式“捆之颜”等服饰制作工艺进行辨析与记录。

③银饰錾刻工艺。薛寒对闽东地区畲族银饰进行了类别划分与纹样梳理，并对银饰的制作工艺进行了记录，具体包括设计图样、熔炼范铸、锤打成形、操形雕刻、掐丝镶

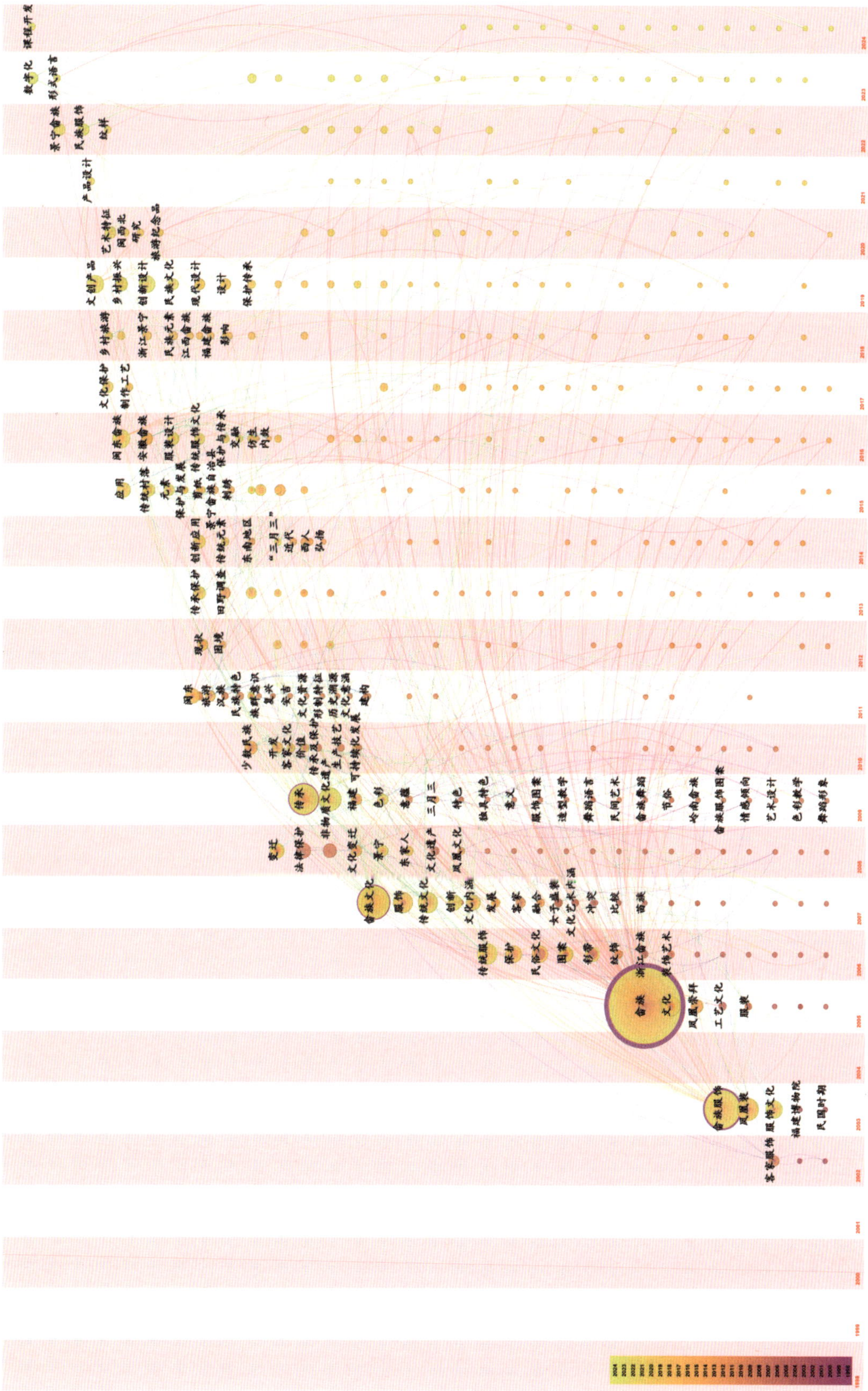

图 1-8　畲族服饰研究关键词时区图谱

嵌、组合焊接、细致精修、表面处理八大步骤。

（2）研究方法的跨学科合作。在当前时代背景下，跨学科研究方法已成为推动知识生产与理论创新的关键路径，成为诸多学者寻求突破的重要方式。我国传统民族民间服饰是社会文化的物态体现，是承载历史文化、审美观念、民间风俗的载体，其研究方法亦呈多学科交叉融合的发展趋势。

一方面表现为服装学、民族学、民俗学、历史学、心理学等人文社科研究方法的综合运用，形成对文化本体的深度解读。赵伟楠等运用心理学统计量表研究方法，对浙江及福建地区的畲族青少年对畲族传统服饰的符号认同、身份认同和价值认同进行分析；李方园等运用艺术人类学研究方法，收集畲族传统服饰图案的样式，从审美与服饰工艺角度，对畲族服饰图案的材质、工艺、构图等艺术特征进行分析；闫晶等运用历史学文献资料爬梳法，梳理了汉唐、宋元、明、清时期的畲族服饰文化变迁轨迹。孟令法从服装切入探讨民族学相关问题，认为服饰艺术为畲、瑶、苗等南方少数民族的同源共祖关系确立了极为重要的外显标志。探索服饰文化的同源性，可从物质文化维度为中华民族多元一体格局的形成提供实证性的历史佐证，进而为当代铸牢中华民族共同体意识的理论建构奠定物质文化基础。

另一方面，现代数智技术广泛介入民族服饰文化研究领域。计算机服装色彩量化分析法、三维数字建模、化学仪器分析等前沿技术手段的引入，极大地拓展了传统民族民间服饰文化的研究分析路径。闫晶、张寻等运用超高效液相色谱-二极管阵列检测-串联质谱法对4件畲族服饰文物中的蓝色染料成分进行了定性分析，结合历史背景，推测不同时期畲族传统服饰的色彩染料成分及特性。贾静、曹竞文等人应用k-均值图像分析技术，构建畲族服饰色彩网络关系模型，比较分析福建、浙江、江西三地畲族服饰色彩差异。李同岩、陈敬玉等探讨了畲族服饰底色、配色的演变脉络，同时运用计算机聚类算法从色相、色彩饱和度、明度、主辅色占比四个方面分析了浙闽畲族服饰的尚色差异。吴晶晶等在数字孪生原理的指导下，以数据处理技术提取畲族服饰文化特征，选取畲族设计元素以智能数字图像处理方法进行批量化图像生成，在KeyShot中对概念产品的数字孪生模型进行数字图像的UV映射，构建文创产品的仿真造型效果。

（3）研究目的的传承性凸显。当前畲族服饰文化研究的核心价值取向聚焦于文化多样性的保护与文化传承机制的构建，这一以文化延续为根本诉求的学术价值趋向大约形成于2010年。与此形成鲜明对比的是，前期的研究主要呈现两类基本目的：其一是以民族志方法为主导的服饰文化资料辑录与整理；其二是服务于民族识别工作的基础性文化特征研究。20世纪80年代，改革开放和思想解放为民众服饰生活领域带来很多变化，少数民族普通民众的日常穿着明显走向了现代时装化，畲族传统服饰文化的传承危机亦蕴含在此现代化发展进程中，表现为畲族传统服饰文化实践场域的持续性萎缩与制作技艺代际传承链条的断裂等危机。这一客观现实是学术研究之直接目的从资料整理、民族识别向促进文化传承与保护转变的根本动因。陈敬玉指出畲族服饰发展现状中出现的异化与杂糅现象，以及面临的服饰生态环境流失问题，进而提出民族服饰物质性的固态保护和非物质性的活态传承的观点。龚任界分析了福建霞浦畲族服饰濒临失传的现状，提出做好畲族传统服饰的发掘性保护工作，保持我国民族文化多样性。陈诩总结了畲族服饰文化面临的“衣随人葬，人亡艺绝”问题，并从政府、民间及研究机构3个维度提出畲族服饰文化保护、传承及发展之策。除上述建议策略类文化保护传承研究外，还有一批学者基于实践探索畲族传统服饰文化在当代的具体活化路径。黄扬等人提出构建畲族服饰数字化元数据资料库，以CDWA（艺术、工艺和文化藏品描述工作组）的标准参照，将题名、服装所属类别及地域、使用场景、作品起源/文化、工艺、测量数据、三维模型等资料录入数字资料库，实现畲族传统服饰文化的长期保存。

## 四、面向未来的畲族服饰文化研究

### 1. 促均衡：审视区域文化差异，均衡文化研究力度

畲族分布于我国福建、浙江、广东、江西、安徽、贵州六省部分山区，约有75%的畲族人口密集分布于浙江、福建两省，尤其是福建省东部（闽东）及浙南地区构成了畲族人口的主要聚居地。当前学术界对畲族服饰文化的研究主要集中在闽东及浙南地区。闽东地区的研究涵盖了罗源、福安、霞浦、福鼎、宁德等县市的畲族服饰文化，浙南地区的研究则主要聚焦景宁畲族自治县和云和县的畲族服饰文化。

通过系统检索中国知网（CNKI）数据库资料可见畲族服饰文化研究在不同聚居区域的分布不均现象。与闽东及浙南地区相比，其他畲族聚居区的服饰文化研究在数量和质量上均显不足。安徽省畲族服饰文化的研究文献较少，仅有6篇，且均发表在地方性本科院校学报；福建省北部地区的相关研究则更为稀缺，仅有1篇期刊论文见诸《湖南科技学院学报》；江西省有10篇相关期刊论文，硕士学位论文2篇且均源自江西师范大学；贵州省的研究文献稍多，包含8篇期刊论文和1篇学位论文；广东省潮州据说是畲族的发祥地，但是截至目前仅有1篇以该地畲族服饰文化为主题的学术期刊论文发表。这种研究分布的不均衡性可能与畲族服饰文化的保存状况、服饰本身的特色、国家政策倾向、研究者关注情况等因素密切相关。尽管当前这些地区的畲族服饰文化研究现状可能不如闽东及浙南地区，但仍存在潜在的研究价值。例如，著者在福建省北部地区的田野调查中发现，顺昌及延平地区的畲族女性头饰文化颇具鲜明的地域特色，然而，目前尚未有系统性的深入研究论及，亟需学界的进一步关注和研究。

### 2. 铸共识：探究民族互嵌文化，强化民族共同体意识

中国自古是一个统一的多民族国家，各兄弟民族在长期交融分化、交流互动的过程中共同缔造出一种复杂的互嵌式文化结构。这种互嵌并不囿于简单的民族杂居或混居，而是指在民族长期的交往与交流过程中形成的思想相和、文化相美、经济相通、生活相近、居住空间相同的一种紧密团结、亲密无间的民族交融状态。

畲族服饰文化作为畲族传统文化的重要组成部分，并非孤立存在，而是与人、自然环境、社会结构等文化生态紧密相连的整体性文化现象。这种整体性文化不仅可反映出畲族人民独特的生活方式、审美观念和价值观念，还能更深刻地体现出族际间的文化互动及互嵌关系。尽管畲族服饰文化现已在学界被持续关注，但现有的研究通常局限于对单一制式、单一元素、单一地区或单一民族的探讨，而缺乏对畲族与兄弟民族间文化互嵌现象的深入分析。深入系统地研究畲族服饰文化与周边兄弟民族服饰文化在服饰制料、造型结构、织造技艺、文化寓意等方面的相互采借、相互影响现象，不仅能够提供畲族服饰文化演进历程的全面视角，而且能够更加深刻地揭示服饰背后所蕴含的丰富文化意涵及民族审美心理结构。此外，

这类跨文化比较研究对于构建中华民族互嵌式文化结构的理论框架具有重要的实证价值。它不仅能够丰富学界对于民族间文化交流与融合历史的认识，而且对于促进新时代民族深入交往、交流与交融，强化中华民族共同体意识，具有重要的现实意义。

### 3. 护非遗：立足于系统性保护，开启非遗保护新篇

非物质文化遗产（简称非遗），是指各族人民世代相传并视为其文化遗产组成部分的各种传统文化表现形式，以及与传统文化表现形式相关的实物和场所。自2003年“非遗”概念正式引入我国以来，我国对非遗保护方式的探索经历了抢救性保护、整体性保护、生产性保护三大阶段。2021年8月，中共中央办公厅、国务院办公厅在《关于进一步加强非物质文化遗产保护工作的意见》中强调：“深入实施非物质文化遗产传承发展工程，切实提升非物质文化遗产系统性保护水平，为全面建设社会主义现代化国家提供精神力量”。这标志着我国非遗保护工作正式迈向“系统性保护”的历史新阶段。

非遗是历经世代传承人传递的活态文化遗产，其中蕴含着极为丰富的文化知识系统。这些系统不仅独立存在，而且在其文化生态系统中与其他文化事象相互作用，共同构成了一个更为宏观的复合系统。系统性保护即通过观照非遗系统自身的整体性、非遗构成要素的层次性、非遗对外在环境的开放性和非遗文化基因的稳定性，对非遗实施系统的、整体的乃至全面的保护。在当前非遗保护的学术与实践领域，系统性保护已逐渐成为一个重要议题，对于畲族纺织服饰类非遗而言，其保护策略的优化与升级显得尤为迫切。首先，对畲族纺织服饰类非遗进行更为深入的系统性分析，探究其外在物质表现及内在本质特征；其次，对其与民俗文化现象（例如畲族的婚礼习俗、“三月三”节庆等）的关系及其在当代社会中的嬗变现象等进行深入阐释；第三，基于文化创新的理论视角，综合运用科学设计思维，探索传统工艺与现代生活的创造性融合路径。这种创新不是简单的形式改良，而是要真正实现从外部“输血式”保护到内生“造血式”发展的转换，最终达成文化活态传承的目标。最后，整合数智人文技术路径，将人工智能、大数据、大语言模型等数字技术贯穿于畲族纺织服饰类非遗的记录、研究、展示、创新、传播全过程，构建科技赋能的文化保护新模式，提升保护效率，拓展非遗在现代社会的生存空间。综上所述，构建一套更为高效且全面的系统性保护方案是未来学者可以继续深耕的方向。该研究方向不仅是促进畲族传统服饰文化在现代社会中传承与活化的重要方式，而且对于维护文化多样性、增强民族文化认同及国家文化软实力具有深刻意义。

# 第三节　面向未来的畲族服饰设计创新需求

## 一、消费社会与符号需求

法国后现代主义哲学家与社会批判家让·鲍德里亚认为：“今天在我们的周围存在着

一种由不断增长的物、服务和物质财富所构成的惊人的消费和丰盛现象。它构成了人类自然环境中的一种根本变化。恰当地说富裕的人们不再像过去那样受到人的包围而是受到物的包围。”这种社会环境被其称为“消费社会”，物质资源十分丰富，商品不再局限于使用价值与交换价值两个维度，而更包含“符号价值”。消费者的“符号消费”观念凸显。所谓“符号消费”，“按让·鲍德里亚的观点消费者购买的不只是一个单纯的、可使用的实用商品。购买商品本身还传达出这样的信息：暗示消费者本人想成为某种人或是对于某种生活方式的向往。买东西变成了既是自尊的一种证明又是一种社会接受的方式。对符号意义的消费就成为日常生活中的普遍现象，从而消费成为人自我表达与认同社会的主要形式。”世界上第一个消费社会形成于20世纪前半期的美国，随后英国、法国、日本等发达资本主义国家相继进入了消费社会。2010年前后，较多观点认为：当下中国社会虽未完全达到经典消费社会的理论标准，却已呈现出若干消费社会的重要特征。例如：周宪认为“小康社会”是“消费社会的雏形或发展的一个阶段”；王亚楠认为：“中国还不具备西方消费社会的相关特征与指标，目前应该是以生产为主导的社会向以消费为主导的社会过渡”。经过15年的社会发展（2010~2025年），中国社会已进入新的历史方位。党的十九大报告明确指出，社会主要矛盾已经转化为“人民日益增长的美好生活需要和不平衡不充分的发展之间的矛盾”。在此期间，我国居民收入水平持续提高和消费结构优化升级，消费行为正从单纯满足物的使用需求向追求生活品质、文化体验和自我实现等更高层次需求转变，表明我国社会经济发展较之15年前消费社会特征更为显著。

我国的消费社会化进程同样伴随着消费符号化的特征，反映了当代消费文化的变迁。消费者从对商品使用价值的单一追求，逐步转向对其象征意义的诉求，即“符号消费”现象。传统文化，尤其是包括民族传统服饰文化在内的传统物质文化作为承载符号意义的重要媒介，在“符号消费”背景下具有满足消费者符号需求的属性。徐伟提出民族服饰蕴含多方面的历史记忆符号：其一，生存记忆符号，包括民族历史惯例内容、历史寓意内容，以及历史教育内容等；其二，审美符号，如尚力符号、阴柔符号、繁复符号、拙稚符号等；其三，历史文化符号，主要表现为与民族风俗相关联的符号意义，如象征穿着者身份；其四，伦常美德符号，伦常美德是从少数民族整个历史轨迹中传递符合人性与事物发展规律的真知灼见，反映少数民族社会认知活动的精神境界，民族服饰设计是这种民族反思精神与感性认知的对象化。这些民族服饰中蕴含的历史记忆符号，在当代社会中变成一种独特的设计灵感源泉，赋予创新设计产品独特、个性、内涵、底蕴、品位、吉祥寓意等现代消费者所关注的符号意涵。在当前，传统民族服饰文化符号的消费热潮持续涌现，形成了汉服运动、中式嫁衣、民族服饰体验等多元途径的“国潮热”现象，反映了当前时代消费者对于民族传统服饰文化符号创新设计的呼唤。一方面，传统民族服饰文化符号的消费行为成为建构民族身份认同的重要途径，中国消费者通过对汉服、非遗工艺品等传统文化符号的消费表达自己，期冀实现与历史记忆的联结和文化根脉的追溯。另一方面，传统民族服饰文化符号的消费热潮也是对西方消费文化的一种回应，体现了国人文化自觉心理的重建与文化主体性的觉醒。本书基于对Z世代群体的实证研究（有效样本量$N$=1040，女性占比60.48%，男性39.52%），发现67.02%的受访者具有传统民族服饰创新设计产品的消费行为，87.98%表现出明确消费意向。该数据说明传统民族服饰创新设计类消费产品在青年群体中具有广泛渗透性，体现了需求端视角下的民族服饰面向未来的创新设计需求（见表1-3）。

表 1-3　传统民族服饰创新设计类产品消费意向调研表

| 分析项 | 分析指标 | 人数 | 占比/% |
|---|---|---|---|
| 性别占比 | 男 | 411 | 39.52 |
| | 女 | 629 | 60.48 |
| 传统文化产品消费经历占比 | 有过购买产品的经历 | 697 | 67.02 |
| | 没有购买产品的经历 | 343 | 32.98 |
| 未来传统文化产品消费可能性占比 | 非常可能（60%～100%） | 266 | 25.58 |
| | 很可能（40%～59%） | 352 | 33.85 |
| | 可能（10%～39%） | 297 | 28.56 |
| | 不太可能（10%以下） | 125 | 12.02 |

## 二、中国风格与时尚品牌

中国风格简称“中国风”，按照《大英百科全书》的定义，中国风（Chinoiserie）是17～18世纪流行于欧洲室内、家具、陶瓷、纺织品和园林设计领域的一种风格，代表了欧洲对中国风格的奇特诠释。可见该界定最初是在中西文化比较的视域下建构起来的，其艺术诠释方式受欧洲古典艺术文化的影响，并不可避免地带有西方世界东方主义式的异域想象。在当代全球化语境下，中国风逐步演变为具有全球影响力的艺术风格之一，并在国内创意设计领域引发了一场文化自觉运动。越来越多的中国艺术家、设计师与本土品牌正在突破“他者”凝视的局限，从中国传统文化的参与者、积淀者及传承人视角，通过对传统美学基因的创造性转化，重构具有本土文化根脉的中国风叙事。中国风的内涵与外延早已发生变化，应指所有以中国民族民间服饰、民族传统手工艺、传统纹样、传统色彩等中国传统造物文化与设计美学为核心，通过视觉符号与物质载体呈现的风格样式。

自古以来，中国传统民族民间服饰是西方世界认识中国的重要媒介及表达中国风的重要灵感源泉。早在公元前 4 世纪，“中国”作为一个符号已经出现在西方的历史学和博物学著作中，中国被称为“赛里斯”（Seres）或“秦”（Sin-nim），意指“丝绸”。这种以纺织物作为文明代称的现象，印证了中国传统民族民间服饰文化在跨文化传播中的重要地位——丝绸作为古代中国最具代表性的文化象征物之一，其纹样、工艺与形制成为早期西方世界认知中国风格的重要媒介。17～18世纪，随着中西方贸易的逐渐繁荣，中国风成为盛行于欧洲的一种艺术风尚，王室勋贵对“异域”东方文明狂热追逐，他们亦步亦趋地“模仿”中国礼仪与穿着风尚，试图切身闯进绮丽梦幻、魂牵梦绕的理想世界。20世纪中后期以降，中国风作为一种跨文化审美现象持续不断地保持着生命力，特别是在服装服饰设计领域突出展现强烈的中国风格与国际时尚的交融与碰撞，诸多国际时尚品牌及中国本土品牌纷纷借鉴中国传统民族服饰元素进行设计创作，绚丽旖旎的民族传统服饰为品牌发展与现代时尚注入新的动能。

1977年，伊夫·圣·罗兰（Yves Saint Laurent）在尚未亲历中国本土文化语境的情况下，借助历史文献与视觉档案，在其秋冬高级定制系列中推出了“La Chine Impériale”主题创作（见图1-9）。该系列运用现代设计手法重构了传统中国意象：采用朱砂红、帝王黄等高饱和色调的丝绸面料，配合宽袖对襟、立领盘扣等中国传统民族元素，应用明清宫廷服饰中的云龙纹、缠枝纹、海水纹等传统纹饰，通过提花织锦与刺绣工艺呈现，成为西方时尚品牌中国风时尚设计的典型案例之一。1997年，迪奥（Dior）首席设计师约翰·加利亚诺（John Galliano）在当年秋冬系列的首秀中，重现20世纪30年代上海女子形象的中式时装设计，抹厚脂粉，擦腮红，刘海发，细眉黑眼睛，身穿改良的中国传统旗袍，细致而玲珑的雕花刺绣从胸口蔓延至腰腹两侧，一时间引爆了人们对于东方文明古国——中国的关注（见图1-10）。在此后的几年中，中国风成为加利亚诺的重要设计灵感，夸张明艳的色彩、传统意蕴的纹样、别致多元的配饰，无不充斥着独特的中国意蕴。其中国风服装也获得明星和上流社会女性的争相订购。著名影星妮可·基德曼（Nicole Kidman）和美国艺术收藏家安妮·巴斯（Anne Hendricks Bass）都曾订购一

图1-9　伊夫·圣·罗兰“Dream of the Orient”展览现场（摄影：蒂埃里·奥利维耶）

图1-10　1997年迪奥秀场上的中国风服装

款旗袍式黄绿色紧身礼服，足见其设计的吸引力。随着2008年北京奥运会的成功举办，中国风在国际时尚领域迎来了前所未有的高潮，与此同时，中国消费品零售市场也增长迅速。此经济文化背景为国际时尚品牌的中国风创作提供了丰沃土壤。2007年10月，芬迪（FENDI）耗资千万在居庸关长城举办时装秀，时任品牌设计总监时尚大帝卡尔·拉格斐（Karl Lagerfeld）特别为长城秀场追加设计多套中国风作品——包括以圆形为幸福象征的系列服饰，以及饰有丝绸、流苏的手袋等。2009年，拉格斐再度以“巴黎-上海”为主题推出香奈儿（Chanel）高级手工坊系列，将中式旗袍、斗笠、绿色军帽与汉字等元素融入品牌设计。2015年，乔治·阿玛尼（Giorgio Armani）春夏高定系列以“竹”为主题，借鉴汉唐时期中国女性所着襦裙的飘逸廓形，运用苏绣与珐琅掐丝工艺，将中国美韵与时尚设计完美融合。2022年，迪奥推出了一款黑色中长半身裙，采用羊毛和马海毛混纺面料制成，许多熟悉中国传统服饰的网友和汉服爱好者很快发现，这款裙子的设计与中国汉族女性马面裙在结构与外观上如出一辙。古驰（GUCCI）在2023春夏高级成衣系列中大量运用中国丝绸面料、提取传统民族服饰中的肚兜、盘扣、交领右衽等元素融合品牌文化基因及现代设计要素进行创新设计，一时间引发起了广泛讨论（见图1-11）。以上诸多实证案例充分可证中国传统民族服饰元素已然成为当代国际时尚品牌演绎中国风不可或缺的灵感源泉。

（a）中国传统马面裙　（b）迪奥马面裙　（c）古驰秀场中国风

**图1-11　时尚品牌的中国风演绎［图（a）摘自民族服饰博物馆］**

我国服装专业人才培养体系的构建相对较晚，其发展历程可追溯至20世纪80年代改革开放初期。与此同时，本土服装品牌意识的启蒙同样滞后于国际时尚产业，直至90年代市场经济体制确立后，随着国际品牌进入和消费市场升级，本土服装企业才开始逐步建立品牌化运营理念。服装设计人才培养及品牌理念建立的双重滞后深刻影响着我国本土时尚品牌的价值建构与国际传播。直至当代，中国时尚品牌在全球时尚体系中的文化辨识度与市场影响力仍难以与国际一线奢侈品牌比肩。然而，值得关注的是，中国时尚产业对传统民族民间服饰创新设计的探索实践始终保持着持续性的演进态势。相较于国际品牌对中国传统民族服饰元素的简单挪用，本土品牌凭借其与生俱来的文化优势，在审美表达上呈现出更为深层的文化自觉——其设计语言往往超越表象的形式模仿，而更注重“形”与“神”的辩证统一以及对中国传统造物精神内核的诠释。从高级定制到成衣设计，从休闲服饰到潮流单品，诸多中国时尚品牌正通过汲取传统民族民间服饰文化的实践路径，逐步实现品牌自我价值的塑构及中国风格的全球传播。

1997年，郭培女士创立“玫瑰坊”高定品牌，拉开了中国高级定制时装的序幕。作为中国高定领域的开拓者，郭培的设计作品承载着深厚的中国文化基因。中国传统民族民间服饰形制、纹样、工艺成为郭培高定作品的重要灵感源泉。如在“中国新娘”高定系列中，郭培运用对襟立领、大襟右衽、云肩飘逸等传统汉族新娘礼服服饰结构，融合苏绣、粤绣、盘金绣等非遗刺绣工艺，展现了高贵华丽的中式婚服之美。近年来，越来越多以中国风为灵感源的本土设计师时尚品牌火速出圈，成绩亮眼。2014年，由设计师朱崇恽创立的女性时装品牌ZHUCHONGYUN问世，品牌基于“大美不言，极简东方”品牌哲学，将自然生态、人文精神与艺术表达有机整合进行创意设计，运用富有韵律感的简约廓形与经过提炼的中式美学符号，构建出兼具文化深度与当代审美的服饰风格。2021年起，该品牌设计团队深入贵州苗族考察苗族传统服饰文化，通过解构重组苗族服饰形制结构、纹样符号与工艺技术等要素，打通了传统苗族服饰向当代时尚衣文化的转化通道。苗族服饰作为非物质文化遗产的物质载体，其中蕴含的多层次文化体系为品牌设计创新提供了丰富的灵感源泉，使品牌在一众设计师品牌中脱颖而出（见图1-12）。2017年，中国彝族姑娘龙红紫娓在英国伦敦创立独立首饰设计师品牌Soft Mountains（软山）。该品牌以“我们来自传统（We come from heritage）”为品牌标语，致力于将彝族传统工艺与现代设计语言相结合，推动彝族故事在国际时尚舞台的传播。彝族自古尚用银饰，软山将彝族的传统元素、图腾、故事等融入首饰设计中，如彝族索玛花、松花纹样、十字纹等，使传统不仅是装饰品，更是文化的载体。软山凭借其独特的民族文化基因和当代设计表达，迅速在时尚界崭露头角。2019年5月，国际权威时尚媒体《Vogue》（英国版）对这一新兴设计品牌进行了报道，使其成为首个获得该顶级时尚杂志关注的彝族设计师品牌。目前，软山在品牌官网、淘宝、小红书等多平台及线下买手门店进行售卖。由于拥有一定的国际知名度，软山还有一些海外客户，他们可以直接通过官方网站订购商品，目前美国是一个比较大的市场，其他国家的市场也在逐步考察和拓展中（见图1-13）。

（a）郭培中式嫁衣汉族云肩设计　（b）ZHOUCHONGYUN 苗系列高定　（c）苗族百鸟衣样本

图 1-12　中国时尚品牌中的民族服饰元素运用

图 1-13　彝族设计师品牌软山设计作品（图片来源于软山品牌 2024“花的哲学”宣传画册）

漫长历史积淀中形成的民族传统服饰以其独特的文化特质，为现代时尚设计提供了丰富的资源（见图1-14）。随着中国消费市场的持续扩容，以传统民族民间服饰为灵感的创新设计作品在国际时尚体系中的影响力也在逐步增强。畲族凤凰装作为中国风格体系的重要组成部分，其图腾纹饰、彩带编织工艺、精巧繁复的头饰等元素，构成了极具辨识度的“山哈”美学。尽管畲族凤凰装中蕴含的历史记忆与文化符号目前尚未得到充分挖掘和应用，但这一现状恰恰揭示了其在当代设计领域的巨大潜力，可为现代时尚设计提供创新切入点（见图1-15、图1-16）。通过对畲族凤凰装进行设计转译，时尚品牌既能增强产品的文化附加值及市场竞争力，同时又能为国际时尚注入更多元化的中国风格，促进中国故事的传播，增进文化自信，提升国家文化软实力。

图 1-14　苗族服饰的时尚设计探索
（林儒凡、邱若言、刘纾帆设计，指导老师：夏帆）

图 1-15　畲族凤凰装元素设计应用 1
（舒卓文设计，指导老师：夏帆）

图 1-16　畲族凤凰装元素设计应用 2
（李方园设计）

## 三、文化认同与文化复兴

文化是一个国家、一个民族的灵魂，文化兴国运兴，文化强民族强。2014年9月24日，习近平总书记在纪念孔子诞辰2565周年国际学术研讨会上发表重要讲话，指出要“努力实现传统文化的创造性转化、创新性发展，使之与现实文化相融相通，共同服务以文化人的时代任务”。2014年10月15日，全国文艺工作座谈会在北京成功召开，习近平总书记在讲话中将创造性转化和创新性发展对象的内涵扩展至中华文化：“传承中华文化，绝不是简单复古，也不是盲目排外，而是古为今用、洋为中用，辩证取舍、推陈出新，摒弃消极因素，继承积极思想，‘以古人之规矩，开自己生面’，实现中华文化的创造性转化和创新性发展。”党的十八大以来，以习近平同志为核心的党中央高度重视中华优秀传统文化的传承发展，2017年党的十九大报告首次将“两创”提升至同“二为”方向和“双百”方针相并列的重要地位：“要坚持为人民服务、为社会主义服务，坚持百花齐放、百家争鸣，坚持创造性转化、创新性发展，不断铸就中华文化新辉煌”。“两创”理论强调中华优秀传统文化是中华民族的“根”与“魂”，通过创新转化，能有效增强民族文化认同感与自豪感，实现文化复兴。

包括畲族传统服饰在内的民族民间传统服饰文化作为中华文化体系的组成部分，对其进行创新设计实践，不仅是对“创造性转化与创新性发展”理论的回应，更是通过文化符号重构实现族群文化认同强化，进而推进民族文化复兴的重要实践。文化认同是文化复兴的基础与关键，其内涵简言之包括两个维度：其一是对个体所属文化群体或族群文化的肯定、认可与赞同；另一个是个体对其他族群及文化群体文化的肯定与适应。提取民族民间传统服饰文化的纹样、色彩、工艺等核心符号，将其融入当代设计，使传统文化以直观、时尚、现代的形式重新进入公众视野，一方面可唤醒个体对于所属族群文化集体记忆，尤其促使年轻的民族个体了解本族文化，喜爱本族文化，实践本族文化，认同本族文化；另一方面，吸引国人关注原本可能被视为“过时”的传统民族民间服饰，在潜移默化间强化国人对中华文化的认知与认同。立足于新时代，以创新设计驱动文化认同显然包括本族文化认同及中华文化认同两个维度，且后者显得尤为关键。正如习近平总书记在 2024年全国民族团结进步表彰大会上的讲话中所强调的那样：“灿烂的中华文化是各民族共同创造的，铸就社会主义文化新辉煌必须不断增强对中华文化的认同，不断增进各民族文化互鉴融通。”

近年来，“汉服热”持续升温；贵州“村T”民族时装周广受关注；民族地区旅游换装摄影风靡……这些文化实践从虚拟社交空间延伸至实体文旅场域，由街头展演扩展至国际时尚舞台，充分彰显了传统服饰作为文化载体的当代价值。值得关注的是，这种现象背后反映的是活动策划者或践行者们对传统服饰文化的认同——他们不再将传统服饰视为静态的遗产，而正通过参与式文化实践，赋予其新的时代内涵。更重要的是在活动策划、践行者的实践过程中，越来越多的游客、网民参与其中，感受到浓厚独特的民族服饰文化魅力，增进了对于民族服饰文化的认同。从长期文化发展策略来看，运用现代设计方法论对传统服饰文化进行系统性创新，是推动文化可持续发展、增进文化认同、实现文化复兴的关键。这要求设计实践既要深入把握传统服饰的文化基因，又要精准对接当代生活美学需求，通过构建具有中国特色的时尚生活方式，推动传统文化从“博物馆化”“教科书式”的保护模式向“生活化”的传承模式转变。

第二章

# 畲族凤凰冠、髻的地域分布与制式差异

畲族善徙，其历史渊源最早可追溯至唐。明清以前，畲族的先民主要依赖于“刀耕火种”这一原始农业模式以维持生计，食尽一山乃他徙。明清时期，畲族先民逐渐从过去的游耕转变为定耕，并在闽东、浙南地区形成了主要聚居区，同时在广东、安徽、江西等地呈现出散杂分布的地理格局。在族群迁徙与定居的历史进程中，畲族的服饰文化经历了显著的演变，形成了多个同源异貌的分支。可以说畲族服饰文化的分化史，是一部吸纳迁入地的本土文化特征，并保持母体文化的主要特性，从而孕育出多种形态各异的服饰样式分支的历史。畲族女性的凤凰冠、髻作为畲族服饰文化中的核心要素之一，其多样性不仅映射出畲族文化的丰富性，而且深刻地体现了畲族与其他兄弟民族之间的交往、交流与交融。在传统社会中，畲民通过凤凰冠、髻来装扮自身，识别同胞的民族身份，以及辨别女性的个人信息，它们成为畲族人民日常生活中不可或缺的重要文化符号。对畲族女性的凤凰冠、髻的文化展开深入研究，对于全面理解畲族文化的独特性、保护文化多样性具有重要的意义。据调研，浙江、福建两地作为畲族的主要聚居区，其凤凰冠、髻的保存较完整。相较之下，其他散居地的畲民虽也有戴冠梳髻之遗风，但多数为现代借鉴自浙江、福建两地的典型样式。本章在田野调查与文献资料查阅的基础上，对畲族凤凰冠、髻的制式、组成部件、盘扎工艺进行系统的归纳与分析，以为接下来的深入研究奠定学术基础。

# 第一节　凤凰冠、髻的分布

畲族散布于我国浙江、福建、广东、江西、安徽、湖南、贵州七个省份一百多个县区内的部分山区。据国家统计局公布的第七次全国人口普查数据显示，浙江与福建的畲族人口总数占全国畲族人口总数的75%。浙江、福建两省是畲族凤凰冠、髻文化遗产的主要分布区域，并呈现出文化存续的集中性及用饰风俗的差异性两大空间特征。闽东、闽北及浙南三大畲族聚居区较完整地传承了地域原生凤凰冠、髻10类。本书以凤凰冠、髻代表性地域的行政区名对其进行命名区分，包括闽东地区的罗源式、福安式、霞浦式、福鼎式，闽北地区的延平式、顺昌式，浙南地区的景宁式、云和式、平阳式、泰顺式。在闽北光泽与闽西漳平一带也有两类凤凰髻式，本书分别称为“光泽式”与“漳平式”。

## 一、凤凰冠、髻的命名

畲族女性头饰俗称“gie”，现普遍采用“凤凰冠”与“凤凰髻”命名。凤凰冠属于外饰型头饰，主要运用外部装饰构件造型；凤凰髻则属于发式型头饰，以女子的头发为主要造型物。

据畲族风俗，不同年龄及身份的畲族女性头饰存在差异。这种差异在闽东地区表现显著，少女式（未成年或未婚女性）、妇女式（婚后女性）、盛装式（新娘）均有细分，其中少女式与妇女式统称“凤凰髻”，盛装式即“凤凰冠”。闽北顺昌式也存在少女（满16岁未婚）与妇女（婚后）的区别，均称“凤凰冠”。据传统风俗，其他地区也存在少女样式，主要为拖尾的麻花辫，民族特色并不显著，其妇女式与盛装式均为“凤凰冠”。

历史上个别头饰存在特殊称谓，如罗源、景宁及云和盛装头冠均称“狗头冠”；罗源妇女发式称“凰鸟髻”；霞浦盛装头冠称“公主顶”，妇女发式称“盘龙髻”。本书以代表性地区命名头饰，但受某类头饰辐射周边地域影响所致，产生“一式多名”的现实情况，如罗源式主要流行于罗源县，而在连江、古田、闽侯及宁德蕉城区飞鸾镇等地区亦尚此式，故又称“连罗式”“飞鸾式”等；“福鼎式”又名“霞浦东路式”，“霞浦式”又名“霞浦西路式”；“云和式”因丽水、莲都、宁国等地区也梳此式又称“丽水式”“莲都式”；“平阳式”又称“苍南式”。

20世纪80年代始，有学者根据闽东畲族女性凤凰髻的形制特征将其细分命名为“凤头髻”“凤身髻（凤凰中）”“凤尾髻”，分别对应罗源式、福安式及霞浦式凤凰髻，主要指代妇女样式。罗源少女式因其独特的圈形被称为“梳凤圈”；福安式凤凰髻因宽而外扩的造型又称“碗匣式”“匣盒式”。近年来，有学者称顺昌式凤凰冠为“盘瓠冠”，而顺昌畲民采借“凤尾髻”之名，称其冠为“凤尾冠”。浙南云和式与景宁式凤凰冠造型接近，且景宁乃中国唯一畲族自治县而致其服饰样式受关注度高、展示机会多，此二式分别冠以“雄冠”“雌冠”之名以示区分（见表2-1）。

表 2-1　畲族凤凰冠、髻的名称梳理

| 本书名称 | | 统称 | 史称 | 他称A | 他称B | 原生地域 |
|---|---|---|---|---|---|---|
| 罗源式 | 盛装式 | 凤凰冠 | 狗头冠 | 连罗式<br>飞鸾式 | — | 罗源、古田、连江、闽侯、宁德飞鸾镇等 |
| | 妇女式 | 凤凰髻 | 凰鸟髻 | | 凤头髻 | |
| | 少女式 | | — | | 梳凤圈 | |
| 福安式 | 盛装式 | 凤凰冠 | — | — | — | 福安县 |
| | 妇女式 | 凤凰髻 | | | 凤身髻<br>凤凰中<br>碗匣式 | |
| | 少女式 | | | | | |
| 霞浦式 | 盛装式 | 凤凰冠 | 公主顶 | 霞浦西路式 | — | 霞浦县 |
| | 妇女式 | 凤凰髻 | 盘龙髻 | | 凤尾髻 | |
| | 少女式 | | — | | | |
| 福鼎式 | 盛装式 | 凤凰冠 | — | 霞浦东路式 | — | 福鼎县<br>霞浦县（部分） |
| | 妇女式 | 凤凰髻 | | | | |
| | 少女式 | | | | | |
| 顺昌式 | 妇女式 | 凤凰冠 | 盘瓠冠 | — | 凤尾冠 | 顺昌县 |
| | 少女式 | | | | | |
| 延平式 | 妇女式 | 凤凰冠 | — | — | — | 延平区 |
| 景宁式 | 妇女式 | 凤凰冠 | 狗头冠 | — | 雄凤冠<br>雄冠式 | 景宁畲族自治县 |
| 云和式 | 妇女式 | 凤凰冠 | 狗头冠 | 丽水式<br>莲都式 | 雌凤冠<br>雌冠式 | 云和县、丽水市、安徽宁国 |
| 平阳式 | 妇女式 | 凤凰冠 | — | 苍南式 | — | 平阳县 |
| 泰顺式 | 妇女式 | 凤凰冠 | — | | — | 泰顺县 |
| 光泽式 | 妇女式 | 凤凰髻 | — | — | — | 光泽、铅山、贵溪 |
| 漳平式 | 妇女式 | 凤凰髻 | — | — | — | 漳平 |

## 二、凤凰冠、髻样式概论

福建省是畲族人口最为集中的地区之一，据调查，福建省有畲族374663人，占畲族人口总量的近50%。福建省的畲族凤凰冠、髻文化尤为丰富，田野调查资料显示，该地现存的畲族凤凰冠、髻有罗源式、福安式、霞浦式、福鼎式、顺昌式、延平式六大类。闽北光泽、闽西南漳平等地畲民过去也应有其独特的头饰样式，但现已消失，仅在历史文献中可查。罗源式包括凤凰冠和凤凰髻，主要流行于罗源县及其邻近地区。罗源式凤凰冠被全国各地畲民认作是最古老的样式，其冠体以竹制为主，冠头突出，冠尾翘起。罗源式凤凰髻则根据婚姻状况细分为少女型和妇女型，后者以高昂之态拟象凤凰特点尤为显著。福安式流行于福安地区，包括周宁县与蕉城区北部，其凤凰髻以其宽阔丰满的造型而闻名，妇女式发髻较少女式更为饱满。福安式凤凰冠外形类似倒伏的三角立方体，内部以竹篾编织，外部覆以红布，并用银片及料珠装饰。霞浦式分布在霞浦县及其周边地区，亦包括凤凰冠和凤凰髻两种类型。霞浦式凤凰冠尖顶向后上方延伸，凤凰髻则因尾部燕尾状特征而被称为“凤尾髻”，少女型与妇女型在盘扎方式上存在差异。福鼎式头饰以截顶锥形的凤凰冠和额前的歪梳或斜梳发髻造型为特点，凤凰冠一般与银制钗钏搭配使用。延平未婚女性以红绒线编发，成年后开始编梳具有延平特色的凤凰冠。顺昌式头饰以银（铜）簪构成的凤凰冠为特色，展现出饱满圆润的形态，成年女性日常佩戴，已婚与未婚在细节上有所区别（见表2-2）。

表 2-2　福建地区的畲族凤凰冠、髻

| 序号 | 样式 | 图片 | 分布地区 | 材质 | 特征 |
|---|---|---|---|---|---|
| 1 | 罗源式 |  | 闽东罗源县、古田县、连江县、宁德市焦城区 | 冠：竹筒、银片、料珠、发簪发钗等<br>髻：头发、红绒绳 | 冠：前高后低的一体式结构<br>髻：螺形发髻 |
| 2 | 福安式 | 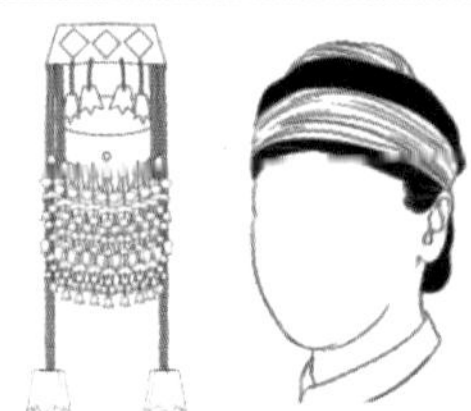 | 闽东福安县、宁德市部分畲村 | 冠：竹篾、银片（遮面门帘）、料珠等<br>髻：假发、红绒绳、扁方 | 冠：桶帽式结构，圣疏可拆卸<br>髻：宽厚匣式发髻 |
| 3 | 霞浦式 | 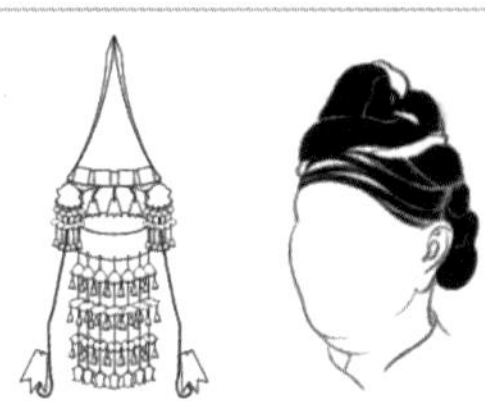 | 霞浦县西北部畲族乡镇 | 冠：同福安式<br>髻：假发、红绒绳、扁方发簪 | 冠：高耸筒帽式结构、圣疏可拆<br>髻：高耸盘曲式发髻 |
| 4 | 福鼎式 | 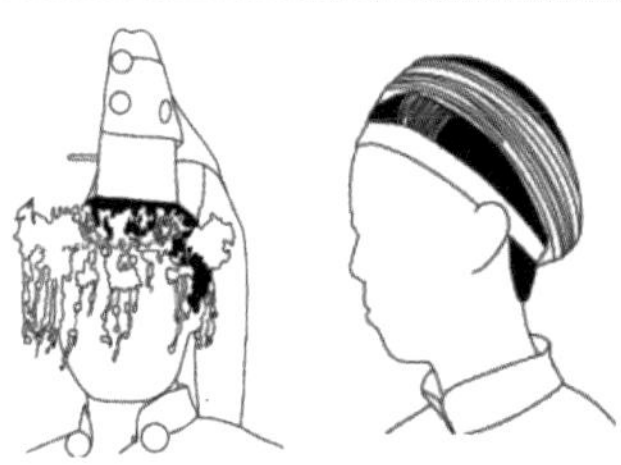 | 福鼎市、霞浦县境内东北部畲族乡镇 | 冠：竹篾、银片、银钏发钗<br>髻：红绒、网兜、假发、黑绉纱布 | 冠：截顶牛角式搭配银钏穿戴<br>髻：歪疏式发髻 |

续表

| 序号 | 样式 | 图片 | 分布地区 | 材质 | 特征 |
| --- | --- | --- | --- | --- | --- |
| 5 | 延平式 |  | 闽北南平市延平区畲村 | 组合钗式银冠、黑色绉纱布、网兜、红绒线 | 小开屏式发冠、冠发一体式结构 |
| 6 | 顺昌式 |  | 闽北南平市顺昌县境内所有畲村 | 红绒、料珠、银钗冠面、头帕、红绒绳、银发钗 | 大开屏式发冠、额前刘海呈八字形 |

光泽妇女过去“镶边青布包成尖头”，但此样式已完全无实物可考。20世纪80年代有文献载其凤凰髻融合了罗源式与顺昌式的特征，少女型以八字刘海和麻花辫为特点，妇女型则在结构上与罗源地区的凤头髻相似，额前保留八字形刘海，展现出独特的地域性头饰文化。闽西南畲族女性在清代尚且有“结草珠，若璎珞蒙髻上”的头饰，现已失传。新中国成立初期文献载闽西南漳平县传统头饰：采用乌布头巾配以四朵绒花，发髻于头顶盘绕，如今亦难见之（见图 2-1）。

（a）漳平式　　　　（b）光泽式

图 2-1　漳平式与光泽式凤凰髻（摘自《福建畲族服饰研究》）

浙江畲族女性的传统头饰仅有凤凰冠一类。浙江畲族凤凰冠有雌冠式（雌凤冠）、雄冠式（雄凤冠）、泰顺式、平阳式四类，其中雌冠式、雄冠式两种样式流传较广，认可度较高。云和雌冠式亦称“雌凤冠”，起源于云和县，在云和以北的丽水至安徽宁国之间的畲族散居地传统均尚此式。云和雌冠式以竹筒为基底，顶部装饰有三角形的红色自织条纹土布，俗称“红斑布”。冠体正面和侧面的银片装饰，经过精细的錾刻工艺，展现出极高的艺术价值。景宁雄冠式，又称“雄凤冠”，原流行于丽水景宁地区，现作为畲族的代表样式广泛流传。雄凤冠以竹制为主，覆以黑布，上端嵌银片装饰，正前方垂挂白色珠链，俗称“圣疏”。冠体后部斜插扇形银笄，固定白色琉璃珠链，辅以彩色珠链，形成独特的装饰风格。平阳式凤凰冠，曾是浙江平阳畲妇的传统装束，如今已难觅其踪。所幸，浙江省博物馆在1959年的文物征集活动中，成功收集到了一顶民国时期的平阳畲族凤冠，为研究这一文化遗产提供了实物证据。该凤冠由多个部件组成，展现了畲族女性佩戴凤凰冠时与钗钏搭配的别致装饰风格。泰顺式凤凰冠是泰顺地区畲族女性历史上的独特头饰。随着时间的流逝，这种头饰也逐渐淡出现代视野。冠体以竹筒制成，两边各有十条小珠链，长过膝，正面短珠末端各系着一个小银片，寓意十全十美（见表 2-3）。

表 2-3　浙江地区的畲族凤凰冠

| 序号 | 样式 | 图片 | 分布地区 | 材质 | 特征 |
| --- | --- | --- | --- | --- | --- |
| 1 | 雌冠式 |  | 浙江丽水莲都区、云和县、遂昌县、兰溪、安徽宁国县 | 竹筒、白色料珠、红色斑纹布、黑绉纱布、银发钗、银片 | 低矮角冠形结构、一体冠式，类似罗源式凤冠样式 |
| 2 | 雄冠式 | 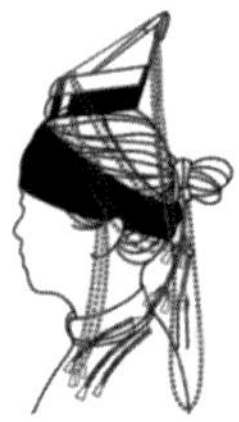 | 浙江丽水景宁畲族自治县 | 竹筒、各色料珠、黑绉纱布、银步摇、黑色图布、银片 | 高耸角冠形结构，一体冠式，类似罗源式凤冠样式 |
| 3 | 平阳式 |  | 浙南平阳县 | 竹筒、布片、头帕、银片装饰、白色料珠 | 筒帽式结构，一般与钗钏搭配使用，融合福建及浙江丽水、景宁地区的畲族凤冠特征 |
| 4 | 泰顺式 | 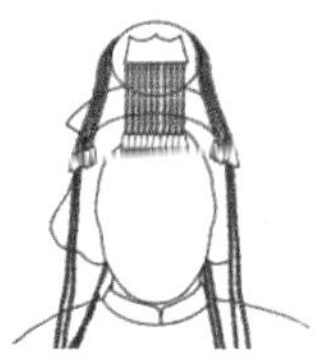 | 浙南泰顺县 | 竹筒、布片、头帕、银片装饰、白色料珠 | 筒帽式结构，两侧均有料珠装饰，两侧珠串长过膝，融合福建及浙江丽水、景宁地区的畲族凤冠特征 |

## 三、凤凰冠、髻文化存续与风俗差异

### 1. 文化存续的集中性

文化存续的空间集中性包括“存”与“续”两个方面：“存”是指畲族人口密集的地区文化的保存状况一般较为完整，反之则保存状况较差；“续”表现为形制的延续性，地理空间上相邻地区的头饰形制延续性越显著。畲族凤凰冠髻之形制特征既体现了“文化小传统”的地方性变异，又保持着“文化大传统”的地域结构性统一。闽东和浙南地区是畲族人口分布的核心地带，当地畲族凤凰冠文化不仅保存最完好，多作为畲族的典型样式宣传，且具有一定的地域性特征：闽东冠、髻均用，冠呈筒帽形；浙南仅用头冠，冠呈珠链形态。闽北的顺昌式、延平式凤凰冠文化呈现出独特的区域风格圈，但与畲族“主流文化圈”（闽东、浙南地区）的风格特征存在差异，且由于应用范围较小，现代的保存状况也不佳。进一步向闽西及闽赣交界地区扩展，可能是传统的凤凰冠文化在周边其他民族文化的影响下逐渐丧失了其独特性，仅能在历史文献中窥探其文化样貌。浙北、安徽、江西、广东等地畲族传统凤凰冠、髻文化的原生传承相对更加薄弱，现存文化多为后期采借。浙北与安徽一带的畲族传统中曾延续云和式凤凰冠，而现在多用景宁式代替；广东地区畲族现采借罗源式；江西在畲族文化的宣传影响下也选择购入代表性凤凰冠样式。贵州深处西南内陆与东南沿海的畲族同胞相隔甚远，其文化在周边苗族文化的影响下与东南地区畲族存在较大的差异，因此直到1996年才被认定为畲族的一支。以上现象深刻地反映了地理位置远离畲族“主流文化圈”后的民族文化特征弱化现象（见图2-2）。

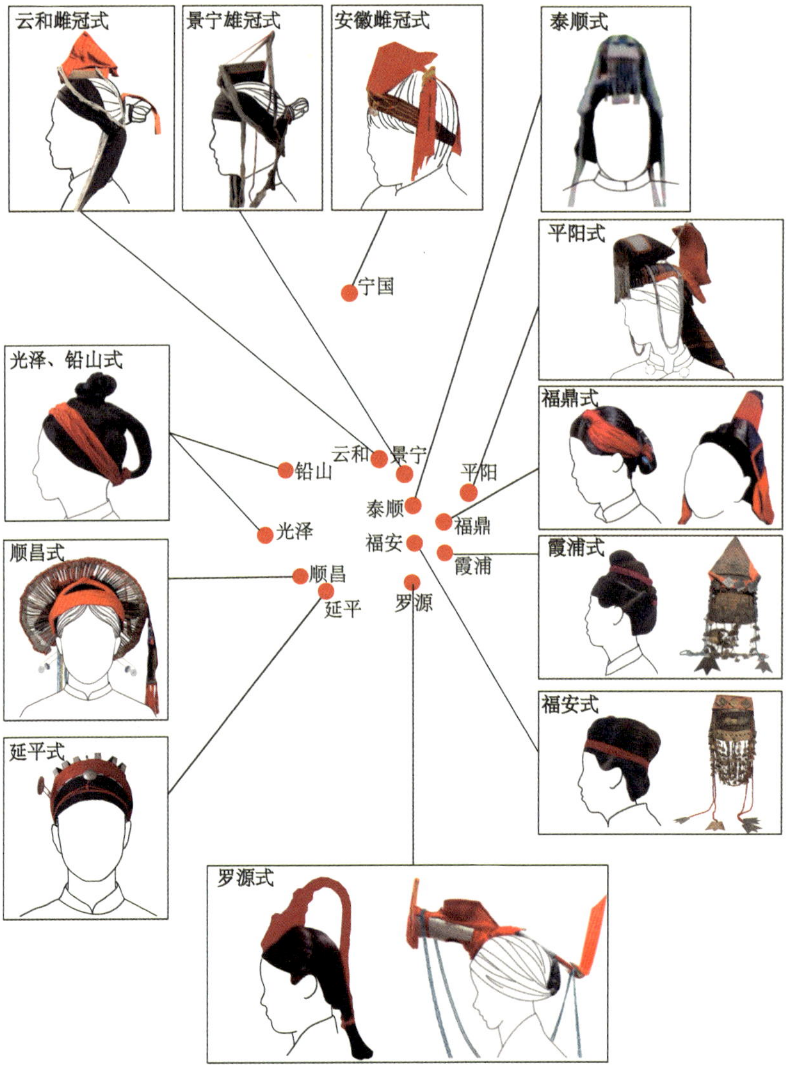


图2-2　畲族头饰风格的地域差异

### 2. 用饰风俗的差异性

畲族凤凰冠髻用饰风俗在整体上同样保持着“文化大传统”的一致性，但不同区域存在一定差异性。在浙江地区，畲族妇女日常佩戴凤凰冠作为一种头部装饰的现象十分显著；而在闽东地区，比较普遍地发展出凤凰髻与凤凰冠两类头饰样式。主要原因在于当地政府改装政策及生产劳动需求等方面的影响。据文献考证，闽东畲族女性采用“髻式”头饰的习俗比“冠式”稍晚一些，最早大约在清末民国时期。在此之前，妇女的日常发饰以高髻蒙布及装饰璎珞为特色。结合这类描述以及闽东地区现存可考的凤凰冠文物可以合理推测，彼时畲族女性在婚后的日常生活中所戴高髻多数为罗源式高冠。关于清末闽东畲族女性改装的原因，我们可以从光绪年间福建按察使司发布的一则告示中找到线索。该告示指出：“福宁府所属各县，见有一种山民，纳粮考试与百姓无异，惟状束不同，群呼为‘畲’，山民不服，时起争端。家主向山民劝改装束，与众一律，便可免此称谓，无不踊跃乐从。”通过分析这则告示可以合理推测：清末时期，闽东畲民属于有正式户籍身份之庶民，且畲民本身对于改装这件事持支持态度，这种态度促进了新型发髻的产生和发展。另一方面，畲族女性与汉族女性在日常生活习俗上存在显著差异，特别是在日常劳作的参与度方面。由于过去畲族女性需参与各类体力劳动，复杂的高冠在日常劳作中显得不够实用，这可能是促使闽东畲族女性改变头饰，采用更为简便的梳髻形式的重要原因。浙南地区畲族女性头饰的演变，趋向于更为精巧和便捷的小冠设计，同样反映出她们对于实用性的追求。闽北地区妇女婚后戴凤凰冠，顺昌的少女满16岁后也需佩戴头冠，只不过较妇女少了一条垂于耳侧的黑色巾帕与红色盖帕。

## 第二节　畲族凤凰冠、髻样式辨析

### 一、冠之式

#### 1. 竹冠珠饰式

（1）罗源式。罗源县位于中国福建省东北部，是福建省乃至中国畲族的主要聚居地之一。罗源县不仅畲族人口数量众多，而且畲族文化积淀深厚，保留完整，是全国的畲族文化重镇。罗源畲族服饰获评国家级非遗，其女子的头部装饰，作为该民族文化的重要组成部分，具有独特的学术研究价值。罗源畲族女子的头饰包括凤凰冠和凤凰髻两类，本书均称其为“罗源式”。罗源式不仅在罗源县有深厚的传统根基，也在与之相邻的连江县以及宁德市蕉城区飞鸾镇的畲族聚居区广为流传。在丰富的地理文化背景影响下，罗源式头饰也被称作“飞鸾式”或“连罗式”等。

罗源式凤冠是畲族头饰文化中的一个经典样式，被全国多地畲族认为是最传统的头饰样式，最早见载于元代，彼时有西方探险家称其为“大角筒”。通过对比清代与现代的罗源凤冠，可以观察到它们在形制和结构上保持了较高的一致性，但在材料选择和制作工艺上出现了较为明显的时代差异。在清代，罗源式凤冠的主体部分通常采用当地生长五六年的老竹制作，严格挑选竹筒尾部的1～2节，以确保冠体的坚固与美观。然而，竹材质的耐久性问题，特别是易受虫蛀的影响，限制了古代凤冠的长期保存，这也是导致传世的古代凤冠极为罕见的重要原因之一。罗源式凤冠冠体与冠头一般要裹一层粗布，这种麻布由畲族妇女手工制作，以红底黄条纹为特征，通过特殊的折叠与缝合技术，形成了冠头的类似三角形的不规则多边形结构。此外，包裹冠体的麻布外层镶嵌一层薄银片，上面錾刻有牡丹、莲花、菊花、蝴蝶和龙头等传统纹样，这些纹饰不仅起到装饰作用，更承载着深厚的文化象征和审美价值。冠体正前方插有银杆一根，上面缀挂着红黄两色的流苏遮面，冠身前部上方两侧连接有蓝色珠链，清代用石珠，现在则多以蓝玻璃珠代替。珠链尾部连接的月牙形红色木钗，钗头镶有银片，并与一块红布相连，红布内部裹有竹编物，用以支撑造型。据说这一设计象征着凤鸟的尾部，体现了畲族文化中对凤凰的崇敬。罗源式凤冠的佩戴还需借助红色和黑色绒线进行辅助造型，这些细节的处理不仅增强了头饰的视觉效果，也反映了畲族头饰艺术的精致与细腻。整体而言，罗源式凤冠的制作工艺和材料选择，不仅展现了畲族人民对自然材料的深刻理解和巧妙利用，也体现了他们在传统与现代之间寻求平衡和创新的文化智慧（见图2-3、图2-4）。

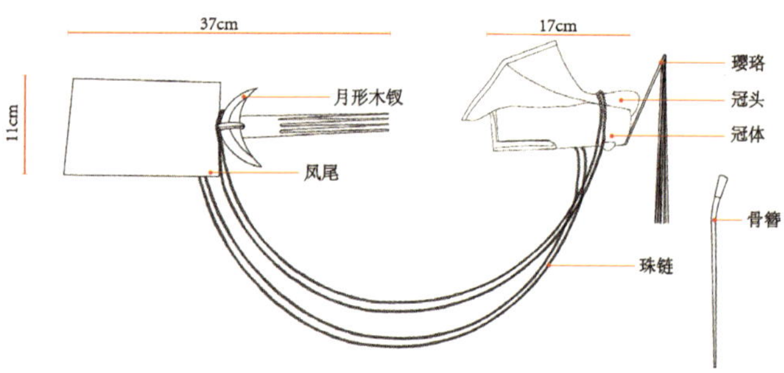


图 2-3　罗源式凤凰冠部件及尺寸

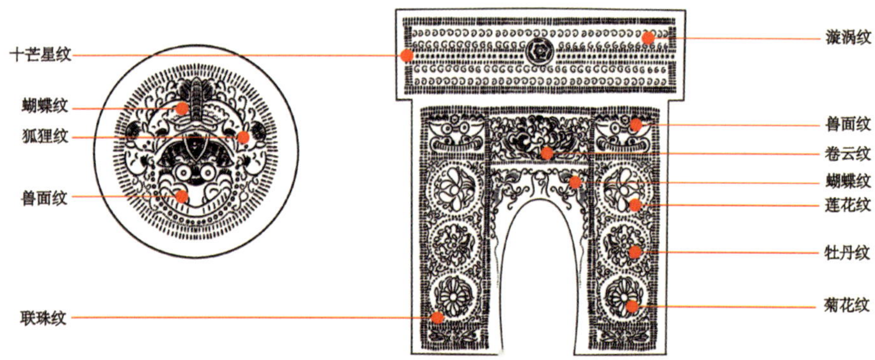


图 2-4　罗源式凤凰冠冠体正侧面银饰纹样

罗源式凤凰冠的佩戴仪式是畲族服饰文化中对精致工艺和审美追求的一个缩影，佩戴凤凰冠过程的复杂性体现了畲族先民对头部装饰的重视程度。对于发量不足的畲族女性而言，佩戴凤凰冠往往需要借助假发或红绒绳来实现特定的发型设计。佩戴罗源式凤凰冠的程序可概括为以下几个关键步骤。首先，将头发梳理至脑后并均等分作两束，用黑色绒线在大约距离发根15cm处进行捆扎，确立发型的基础结构。随后，将两束发髻合并，并使用红色绒线在发辫中部和尾部进行捆扎，在捆扎至20cm处时将红色外裹银片的木钗插入发髻，用红色绒线继续捆扎固定木钗及发髻，最终形成一条色彩对比强烈的红色长发辫。在此环节中，假发（或红色绒绳）的使用至关重要，它提供了必要的造型长度，便于后续将发辫盘绕成螺形髻。接着，将后脑部位的发辫向前翻，搭于额前，并用脑后剩余的黑色绒绳尾端向上捆扎，初步固定发髻的位置。继而将捆扎好的红色绒线棍状发辫绕于额头上方，形成盘螺状的发髻，在功能上有助于后续凤凰冠的稳固佩戴。最终将凤凰冠冠筒固定于已经盘制好的螺形髻上，并通过斜插微弯的骨簪的方式来最终固定凤凰冠以保持其稳定性（见图2-5、图2-6）。

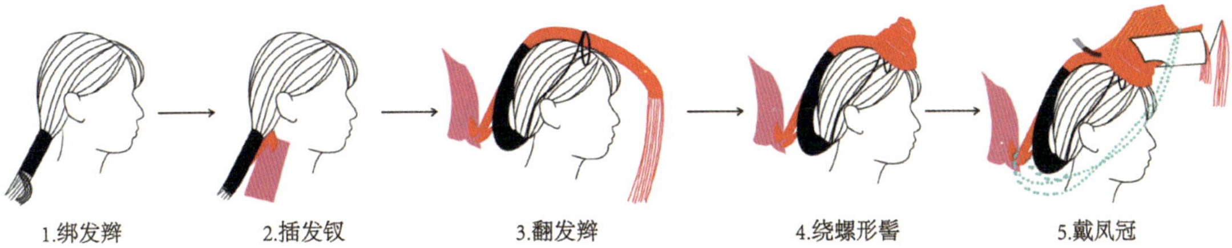


图 2-5　罗源式凤凰冠的戴冠步骤

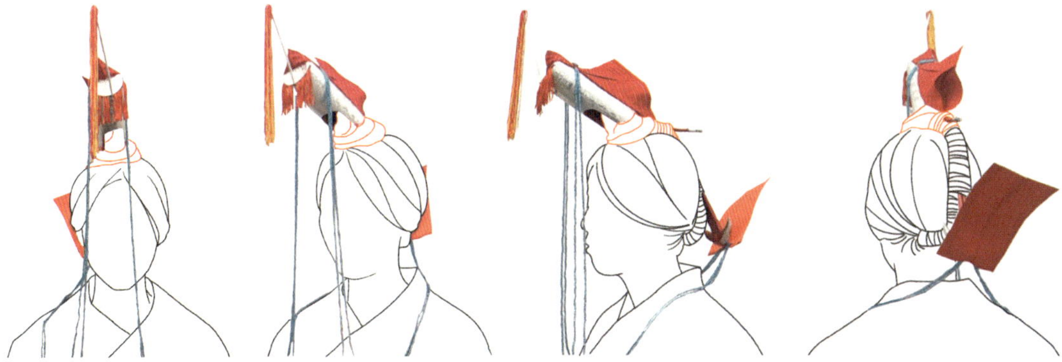

（a）正面　（b）侧面 1　（c）侧面 2　（d）背面

图 2-6　罗源式凤凰冠穿戴完成效果图

（2）云和式。云和式凤凰冠又称“丽水式”“莲都式”“雌凤冠”或“雌冠式”（见图2-7），是一种具有地域特色的传统头饰，其流行区域主要分布在浙江省丽水市的云和

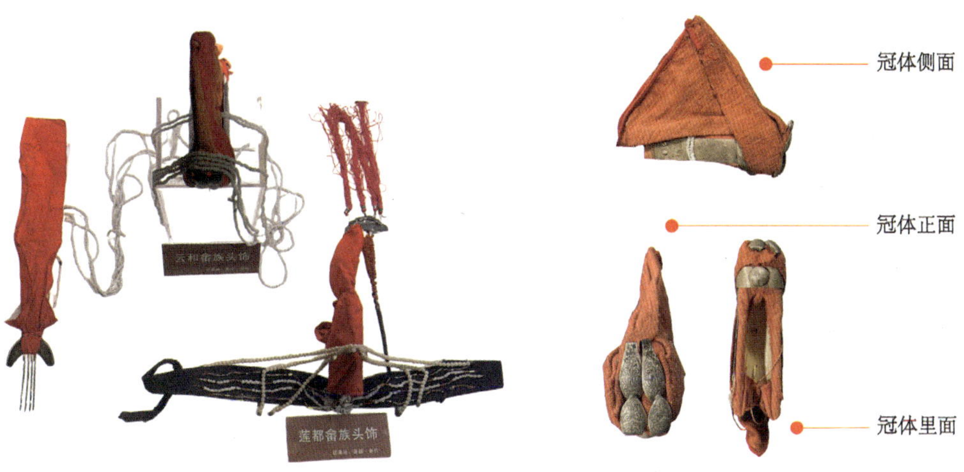


（a）整体　（b）细节

图 2-7　雌凤冠整体与正、侧、里面细节图［图（a）拍摄于中国畲族博物馆；图（b）为蓝文鑫收藏］

县与莲都区，在安徽省的畲族聚居区，早年也有畲民头戴雌凤冠的影像资料。不同地区的雌凤冠在造型上差异不大，均由冠身、琉璃珠、发簪等几个主体部分构成，而具体的装饰细节方面可能有所不同。

云和式凤凰冠由冠体、红斑布、银牌、头面、挂绳、银钗、珠链等部分组成（见图2-8）。冠体的主体部分采用竹筒材质，其上方插入木杆以支撑三角形的红色自织条纹土布，这种土布在当地被称为“红斑布”。冠体的尺寸约为长12.5cm、宽2cm、高12cm，底部两侧通过红绳固定于发髻，以确保头冠的稳定性（见图2-9）。冠体的正前方与侧面装饰有精美的银片，这些银片经过錾刻工艺处理，展现出极高的工艺水平和艺术价值，如图2-10所示。在冠体正面的银饰设计上，主要有两种形状：花瓣形和正圆形。其中，花瓣形银饰主要流行于云和地区，正

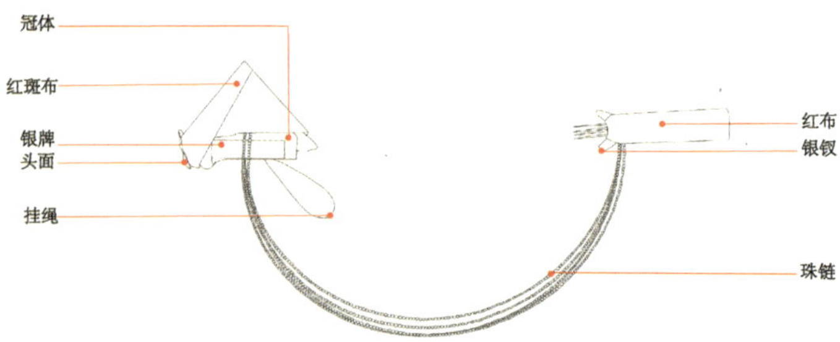


图 2-8　雌凤冠结构部件图解

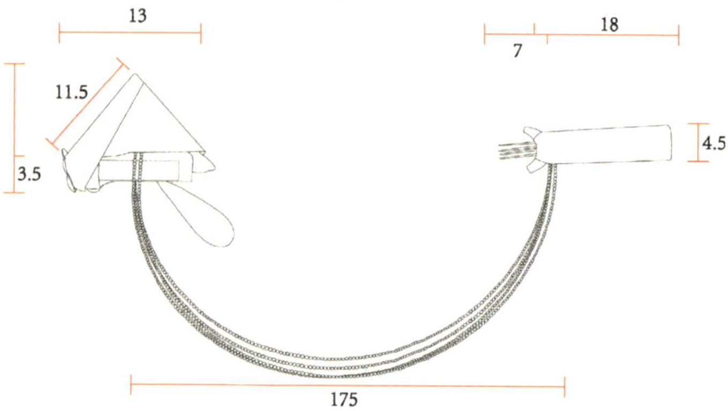


图 2-9　雌凤冠的尺寸标注（单位：cm）

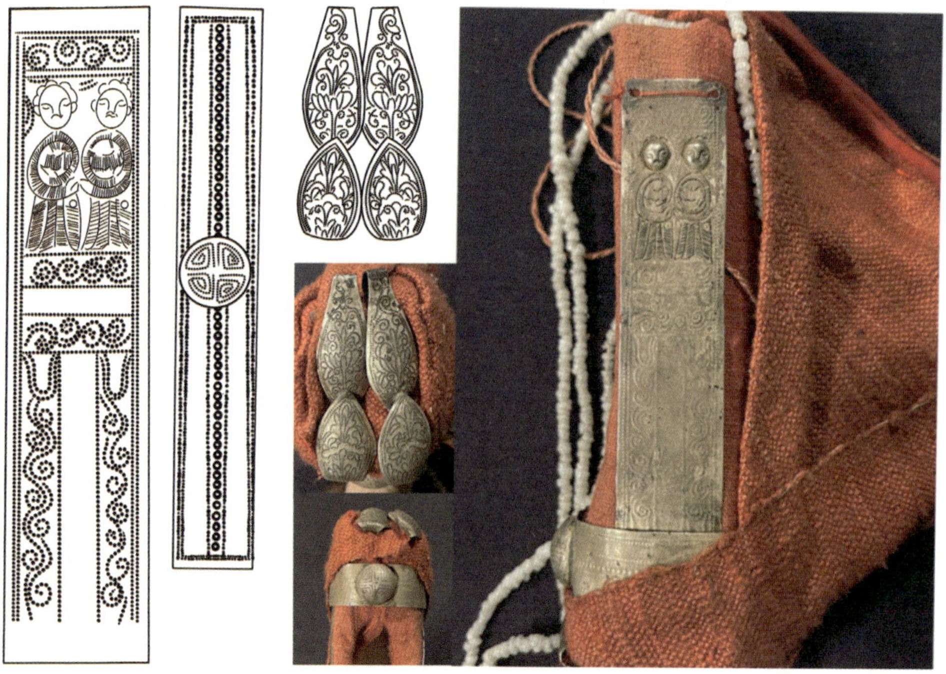

图 2-10　云和地区雌凤冠的银饰纹样（蓝文鑫收藏，拍摄于浙江美术馆）

圆形银片则是莲都地区的特色样式。此外，从头冠顶部垂下的白色琉璃珠串，分别垂挂于冠身中间部分的左右两侧，珠链尾部相连，总长约3.5m。珠链的尾端连接着一根7cm长的银制月形发簪，发髻上还拖挂着一条十几厘米长的红布，象征着“凤尾”。除了上述装饰外，戴头冠时还需要用一片黑色的蚕丝绉纱作为辅助。这片绉纱长1.6m、宽25cm，束于额头，不仅起到固定头冠的作用，还可以遮挡女子的发际线，增加头饰的整体美观度。

在畲民家中，传统古冠的留存数量相对较少。造成这一现象的原因可以归纳为两点。首先，凤凰冠作为畲族女性传统的头饰，从她们的婚礼之日便开始佩戴，去世后也要戴冠入殓，体现了畲族文化中对头冠的重视以及其在女性一生中的象征意义。其次，由于凤凰冠的主要材质为竹制裹布，这种材质容易受到虫蛀的侵害，导致其难以长时间保存。幸运的是，云和畲族服饰的传承人蓝文鑫先生不仅收藏了这种传统冠式，还亲自演示了佩戴雌凤冠的步骤，具体如下。

第一步，发髻的准备。首先将长发梳于脑后挽成椎髻状，这是佩戴头冠的基础。然后用丝质黑色绉纱绕头一周，在后脑勺处打结，绉纱的两端垂挂于两肩，这不仅起到了固定的作用，也增加了头冠的美观度。第二步，头冠的初步固定。将头冠主体部分放置于前额偏后的位置，利用冠身底部的细红绳勾住发髻，实现头冠的初步固定。第三步，琉璃珠串的装饰。将两侧的白色琉璃珠串在后脑勺交叉后挂在头冠前部，这一步骤不仅增加了头冠的装饰性，也体现了畲族文化中对“色”与“形”的审美偏好。第四步，银钗的固定。将系有红布的月形银钗插入椎髻中，进一步固定头冠。簪头的红布自然下垂，遮挡住后脑的椎髻。第五步，珠链的最终调整。将两边垂挂下的珠链于耳后侧穿过黑绉纱，并垂挂于两侧肩膀，完成整个头冠的佩戴过程（见图2-11、图2-12）。

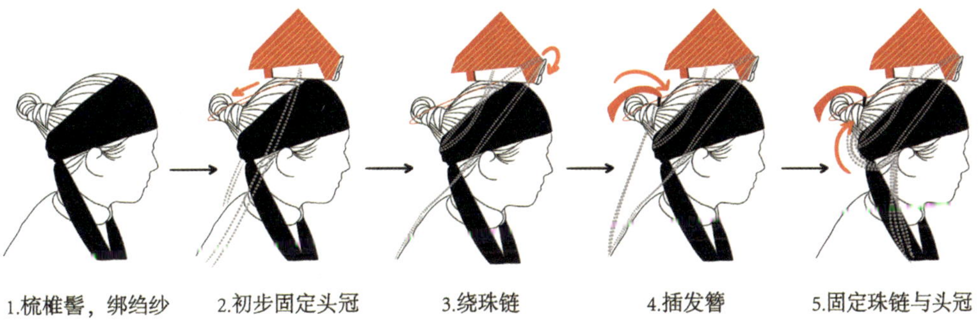


图 2-11　雌凤冠的戴冠步骤解读

图 2-12　雌凤冠穿戴效果

（3）景宁式。景宁式凤凰冠又称“雄凤冠”或“雄冠式”，是畲族凤凰冠的一种代表样式，主要流行于浙江景宁一带（见图2-13）。景宁作为中国唯一以畲族为主体民族的自治县，其文化遗产保护机制的建立与发展相对较为领先。景宁式在设计上展现出的卓越挺拔特质，相较于雌凤冠，更具有强烈的视觉冲击力和文化表现力。因此，在对外文化交流与宣传中，雄凤冠逐渐被塑造为浙江畲族妇女头冠的标志性象征。在浙江乃至福建、安徽、江西等畲族聚居区域，雄凤冠在诸如“三月三”等重要的民族节庆活动中频繁出现，其穿戴已成为畲族文化传统与身份认同的重要标志。

雄凤冠的佩戴部件与雌凤冠大致相同，主要由绉纱、冠体、珠链、银笄几个部分构成（见图2-14）。头冠的主体部分为竹制，覆以黑布，长约10.5cm，宽2cm，高15cm（见图2-15），上端嵌雕刻各式纹样的银片装饰（见图2-16），正前方垂挂着6条40cm左右长的白色珠链，俗称“遮面”。据说“遮面”象征畲族祖先忠勇王化身成人时用以遮挡面部的盖布，平时穿戴绕垂于面部两侧，人生仪礼场合则垂于面中。冠体后部斜插着一根扇形银笄用以固定各色琉璃珠链，白色琉璃珠链长约135cm，左右各两条，前端连接冠体前部，后端连接扇形银笄。还有两根彩色珠链长106cm，其中一根尾端连接一根12.5cm长的方形笄，笄上也垂挂数条长长的银链，链子尾部挂着数个小巧的银制奇喜牌。戴

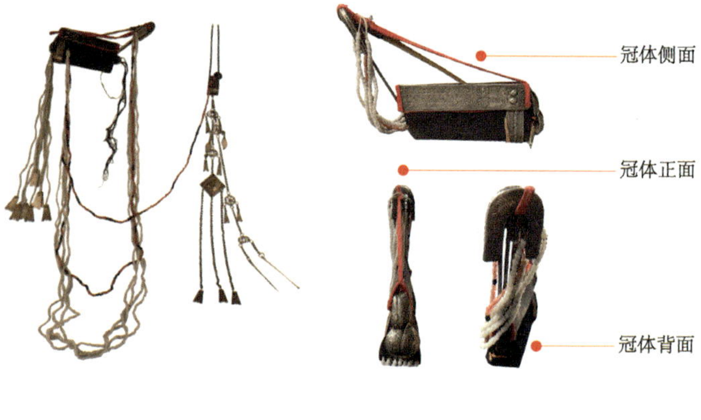


（a）整体　　（b）细节

图 2-13　雄凤冠整体与正、侧、背面细节图
[图（a）为中国畲族博物馆藏品；图（b）为蓝文鑫收藏]

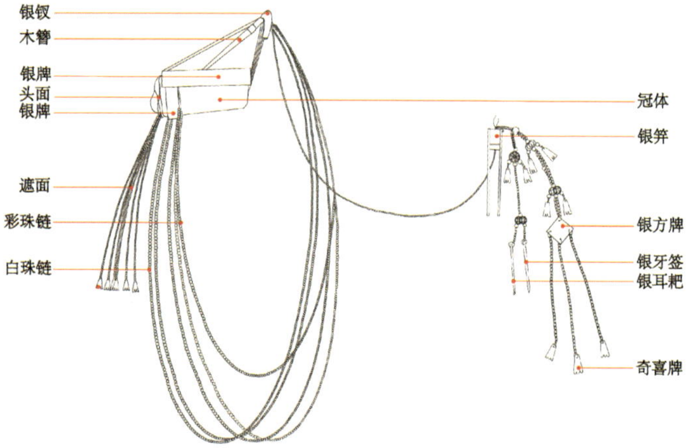


图 2-14　雄凤冠的结构部件

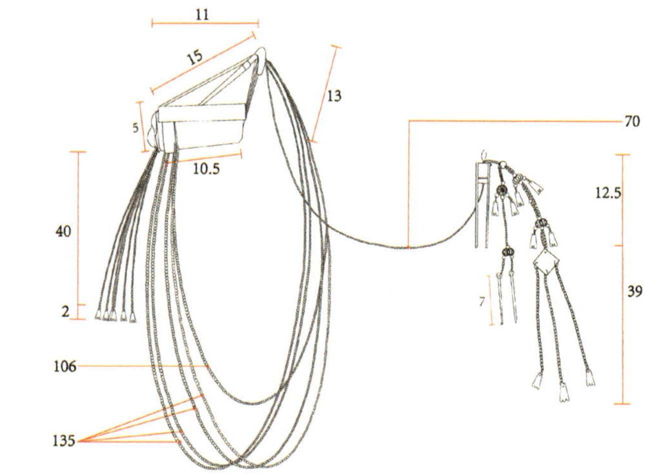


图 2-15　雄凤冠的尺寸标注图（单位：cm）

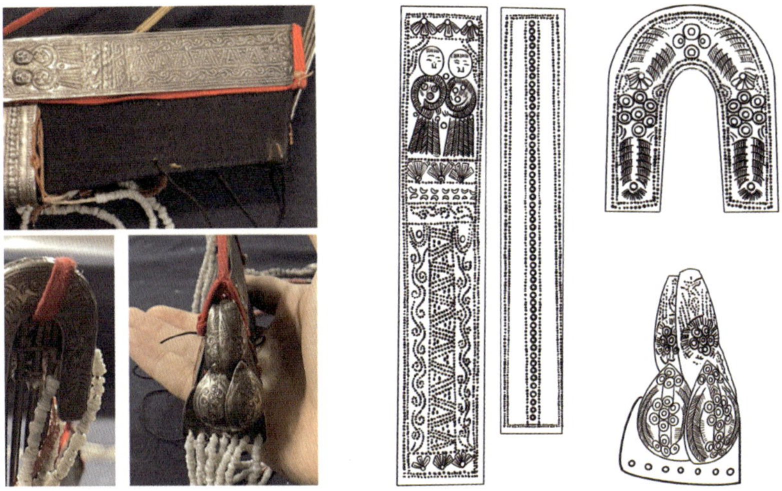

图 2-16　雄凤冠的银饰纹样（蓝文鑫收藏，拍摄于浙江美术馆）

雄凤冠时也需要用到黑色蚕丝绡纱辅助，尺寸与雌凤冠相仿。

在对畲族传统头饰的研究中，景宁式凤凰冠作为女性头冠的代表样式之一，其装饰性和佩戴步骤较云和式雌凤冠更复杂。以下是对佩戴景宁式凤凰冠步骤的详述。第一步，绡纱的固定。佩戴过程首先从固定黑色蚕丝绡纱开始，将绡纱绕头一周后，在左侧耳后打一个结实的结，并让纱带自然垂挂。这一步骤不仅为头冠提供了稳固的基础，而且绡纱的垂挂也增添了一种流动的美感。第二步，冠身的初步定位。将冠身主体放置于前额偏后的位置，利用冠身自带的黑色细线挂住脑后发髻，实现头冠的初步固定。这一步骤确保了头冠与头部的贴合度，为后续装饰的添加提供了稳定支撑。第三步，珠链的梳理与加固。对冠后簪上垂挂的珠链进行梳理，将两侧珠链在后脑勺处交叉，并挂于冠身前端。珠链的交叉和挂置增强了头冠的稳定性，珠链的光泽和色彩也为头冠增添了丰富的视觉效果。第四步，珠链的装饰性分布。将冠前垂于面部的六条珠链进行左右均分，穿插于冠身前部的加固珠链中，并让其垂于两侧遮住耳朵。这一细节的处理，既保持了头冠的端庄，也通过珠链的分布展现了一种对称和平衡的美感。第五步，笄的插入与银链的垂挂。斜插方形笄于发髻的右侧，笄上连接的银链垂于肩右侧。与此同时，左侧垂下的绡纱与右侧的装饰银链形成呼应，使得头冠左右两侧的造型在视觉上呈现出一种均衡和谐的美感（见图2-17、图2-18）。

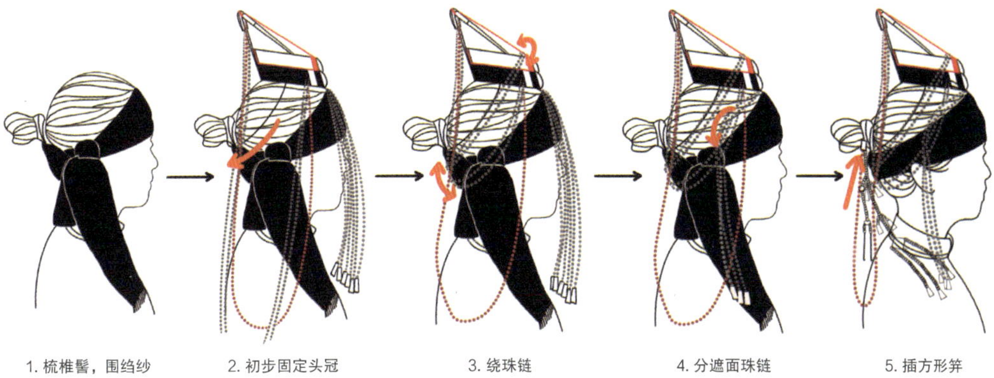


图 2-17　雄凤冠的盘扎方法解读

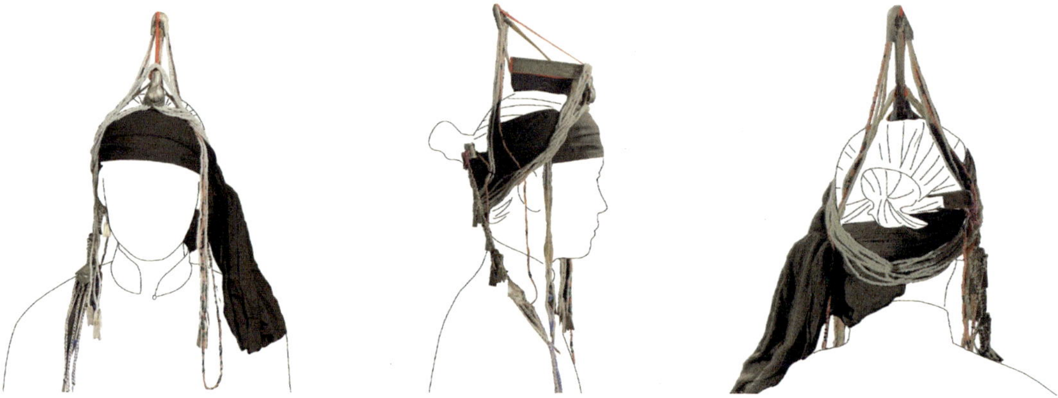

（a）正面　（b）侧面　（c）背面

图 2-18　雄凤冠穿戴效果

（4）平阳式。平阳畲族如今主要分布于浙江省温州市平阳县的青街畲族乡一带，当地畲族女性有其独特的凤凰冠式——平阳式（见图2-19）。平阳式凤凰冠最早的记载见于民国许蟠云《平阳畲民调查》，该文曰："妇女之装饰，除衣服外，尚有钗钏之美，用助其美。顶上有帽，以二英寸[1]许之毛竹管制成，外裹以布，上置以长寸许之长方小板，板之两端，都以珠穗，两旁复赏以长串珠，经耳际垂于两眉。帽下周围，更以银制之花，插遍头上，复有珠串由前额垂及眼际"，然而这种装饰由于"颇似古昔帝后之冠冕""唯近因预避免人嘲笑，已不复作此种装束矣"。

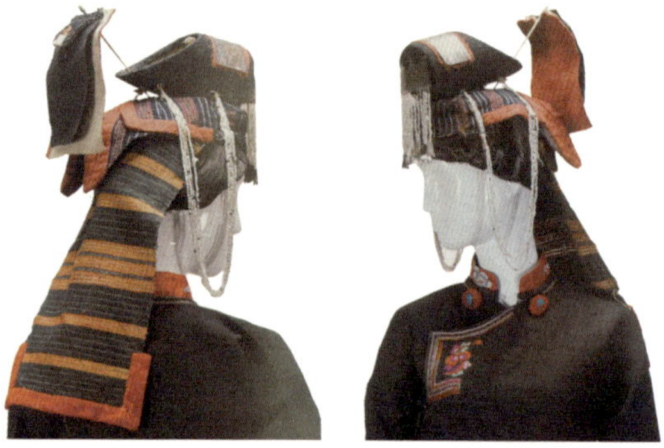

（a）背面　（b）侧面

图 2-19　平阳式畲族凤凰冠

（摘自《山哈风韵·浙江畲族文化特展》）

通过上述文献可知，自民国起平阳式凤凰冠就已经逐渐在平阳畲族女性的生活中退隐，直至现在已很难见到畲族女性佩戴此类凤凰冠的景象。1959年，浙江省博物馆对平阳县桥墩门公社营溪大队进行了一次文物征集活动，成功收集到了一顶民国时期的传统平阳式畲族凤凰冠。该凤凰冠冠的尺寸为长约35cm，宽约15cm，当地畲民称其为"笄"，由笄栏、笄龙、笄管、笄牌、笄柱、笄绊、笄须、笄把、笄帕、笄披等部件组成。佩戴时，首先将头发直接盘绕于头部一侧，然后在头顶覆盖一方形的罗帕，帕的尾部自然垂落于肩背部。紧接着，将一个外部裹有黑色布料并镶嵌有银饰的竹制冠体平放于头顶的罗帕之上，并加以固定。最后，在竹冠的尾部斜插入一根装饰有布片的簪子，以完成整个头冠的装饰。笔者在对《平阳畲民调查》一书中所收录的老照片进行详细分析比对后发现，凤凰冠作为一种主体头饰，在佩戴时往往与精致的银钗相结合，形成一种独特的装饰风格。完整佩戴时，银钗被巧妙地环绕于佩戴者头部的前侧，形成一种环状的装饰效果。这种簪钗的装饰手法在形式上与福鼎地区流行的头饰风格具有明显的类似关系，很可能源于地域间的文化交流。

[1] 1英寸=2.54cm。

（5）泰顺式。泰顺县位于浙江省南端，毗邻福建省，其建制始于明代景泰三年（公元1452年），县名蕴含“国泰民安，人心效顺”之寓意。该县有畲族人口约两万，占全县总人口的6%。泰顺畲族的凤凰冠与平阳畲族凤凰冠在形制上极为相似，差异主要体现在装饰细节上。据历史文献记载，泰顺式凤凰冠，畲语称“gie”，是女子结婚时所戴，其构造特点为：冠的主体造型物竹筒直径约10cm，长度约17cm，前部及后侧部分用黑布包裹，中间冠体用红布包裹，尾缀红布一片，两侧各饰有数条短珠链，缀于面侧，正面亦有10条短珠链，末端系以小银片，寓意“十全十美”，冠体前侧两边连接尾部有长珠链数条。据图像资料分析，泰顺式凤凰冠的两侧珠链装饰多且密，赋予其更具装饰性的视觉效果，与平阳式形成差异。在中国畲族博物馆所藏的泰顺银花钗与平阳、福鼎地区的银花钗在形制上极为相似，此类银花钗可能亦为婚礼时与凤凰冠搭配使用的饰物（见图2-20、图2-21）。

图 2-20　泰顺式畲族凤凰冠（模特：汤婷丽，拍摄于中国畲族博物馆，头冠文物由寻畲记提供）

（c）侧面

（a）正面　　（b）内部　　（d）细节

图 2-21　泰顺式凤凰冠实物细节图（2025 年 3 月拍摄于中国畲族博物馆，文物由寻畲记提供）

## 2. 筒帽银帘式

（1）福安式。在福建省福安地区，包括周宁县与蕉城区北部的畲族聚居地，畲族已婚女性在婚礼等重要仪礼场合，会佩戴一种更为精致华美的福安式凤凰冠。该凤冠样式类似筒帽结构，承载着畲族文化中对美的崇尚与追求，体现了该畲族支系特有的审美观念和文化表达（见图2-22、图2-23）。

（a）正面　（b）侧面　（c）顶部

图 2-22　福安式凤凰冠（2023 年 11 月拍摄于宁德市猴盾村）

（a）正面　（b）侧面 1　（c）侧面 2　（d）背面

图 2-23　福安市凤凰冠的穿戴效果图（2025 年 3 月拍摄于中国畲族博物馆）

福安式凤凰冠，作为福建省福安地区畲族女性的传统头饰，展现了独特的地域文化特色和精巧的工艺技术。该头饰的外形样式类似于一个完全向后倒伏的三角立方体，其内部以竹篾编织为筒帽状骨架，外部用红布或格纹布覆盖，形成立体的三角顶盖，巧妙地遮掩了支撑结构。福安式凤冠从正面看是一个规则的四边形冠帽样式，外层装饰有精细錾刻的方形银片，这些银片通过复杂的金属錾刻工艺技术制作而成，一般是由当地专门的银匠打造。正前方通常以三片较大的银牌层叠装饰，最下方的银牌下悬挂九条由银片串联的长链，俗称“圣疏”，既起到装饰作用，也具有遮面的功能。凤冠的前侧、两侧及尾部装饰有彩色琉璃珠链和银饰链，每条珠链下端悬挂倒钟形的银牌，赋予头饰以华丽感和动态美。历史上，每顶福安式凤冠均由手工精心打造，虽然基本廓形保持一致，但装饰细节因制冠人的工艺水平、价格预算和审美观念等因素而呈现差异化（见图2-24、表2-4）。在宁德市中华畲族宫就

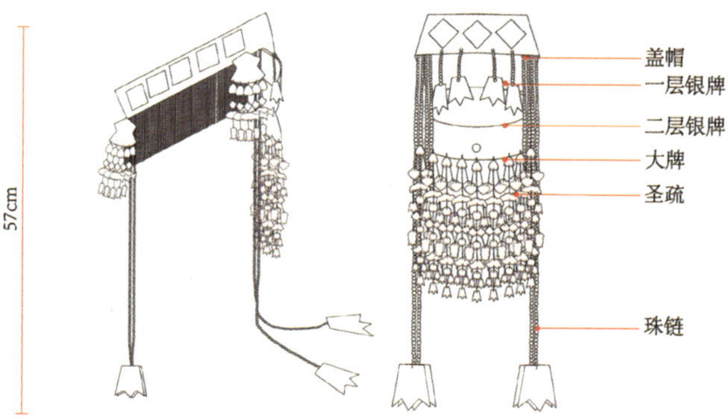


图 2-24　福安式凤凰冠的造型结构

表 2-4　福安式凤凰冠装饰银片造型、纹样（根据实际资料绘制）

| 银片造型 | | 纹样 | | | 银片造型 | | 纹样 |
|---|---|---|---|---|---|---|---|
| | | 1 | 2 | 3 | | | |
| 菱形 | 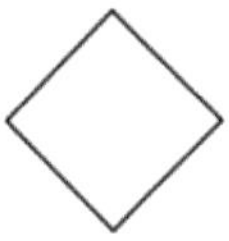 |  |  |  | 沙漏形 |  |  |
| 倒钟形 |  |  |  |  | 圆形 | 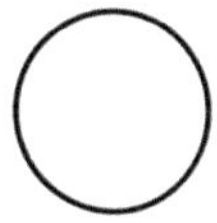 | 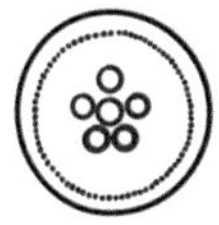 |
| 正方形 |  |  | | | 棕形 |  |  |
| 鱼形 |  | 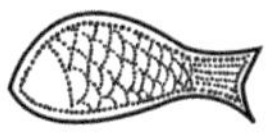 | | | 云朵形 |  |  |
| 倒鱼形 |  |  | | | 双菱形 |  |  |
| 如意形 |  |  | | | | | |

收藏有一顶独特的清代福安式凤凰冠，其正面与侧面采用正方形雕立体花纹的银片装饰，形成了一种独特的视觉效果，仿佛为凤冠披上了一层结实的甲片，展现出较为独特的视觉效果。

佩戴福安式凤凰冠无需复杂的步骤，仅要将发髻盘旋于头顶呈锤锥状，再将冠扣戴于顶，用两侧的红绳系住脸颊即可。佩戴完成后，冠前门帘遮挡面部，冠身呈前高后低的倒伏状，冠尾垂挂的装饰灵动摇晃，极具民族特色。

（2）霞浦式。霞浦县位于福建省东北部沿海地区，东临东海，南部和西南部与连江县、罗源县、宁德市的海域相接，西北与福安县相邻，北部与福鼎市接壤。这一独特的地理优势赋予了霞浦县“闽浙要冲”和“海疆重镇”的美誉。霞浦县的历史可追溯至清雍正十二年，其管辖范围在历史上较为广阔，包括现今的霞浦、福安、福鼎、宁德等地区。在广阔的历史地理空间的深远影响下，霞浦畲族的服饰文化呈现出两种不同的风貌：霞浦东路式与霞浦西路式。本书将霞浦西路式称为“霞浦式”，将霞浦东路式称为“福鼎式”。

霞浦式凤凰冠在当地被称为“公主顶”，是一种具有典型女性始祖崇拜象征意义的头饰，是当地畲族女性婚礼仪式时佩戴的特殊礼仪冠戴（见图2-25、图2-26）。霞浦式凤凰冠整体造型类似于圆锥体，由上下两个部分拼合成冠，冠体下半部分内层框架以竹箨（笋壳）制成，底部凤凰冠口圆扣戴于发髻上，左右各有一条红绳，系挂在下颌部位固定发冠。冠顶部分以竹条编成立体角形框架，框架外侧蒙上深色格纹花布，在冠顶边缘处缝红布饰方形银片点缀。霞浦式凤凰冠与福安式凤凰冠造型极其相似，冠体正前方有三块长方形雕花银片遮挡，最下层最大的银片上系挂着九条遮面用的银饰，俗称“线须”或“圣疏”。婚礼时将“圣疏”遮于面中，宛若门帘。最传统的霞浦式凤凰冠在正中上部还需装配上一块精致银制小方镜，并配微型剪、尺、书、镜等物件，据传是高辛皇后的凤凰冠遗制，可趋吉避凶。霞浦式凤凰冠上有大量精致的雕花银片，花纹各不相同，但主要以龙纹、鱼纹、蝶纹、石榴纹等吉祥寓意的纹样为主（见图2-27）。福建省宁德市霞浦县半月里村畲族民间博物馆收藏了一件清代霞浦式凤凰冠，冠体正前方银片上单独嵌上了二龙抢珠的装饰银片，龙须做弹簧状立体造型，戴冠行走时龙须与“圣疏”伴随步幅跳跃抖动，十分灵动。

（a）正面　　（b）侧面

图 2-25　霞浦式凤凰冠
（2025 年 3 月拍摄于中国畲族博物馆，阮晓东收藏）

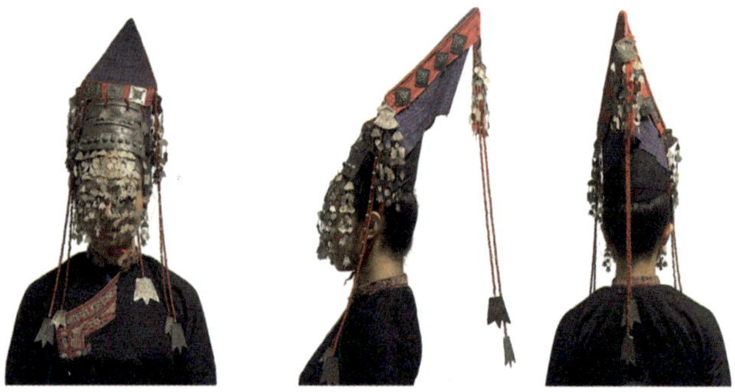

（a）正面　　（b）侧面　　（c）背面

图 2-26　霞浦式凤凰冠穿戴正、侧、背面效果图
（2025 年 3 月拍摄于中国畲族博物馆，模特：李娜）

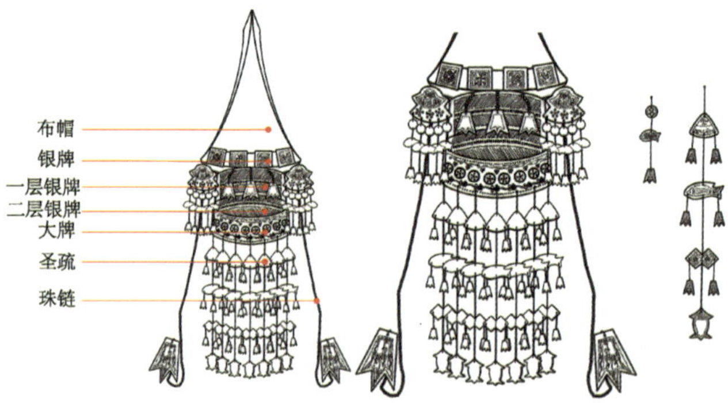


图 2-27　霞浦式凤凰冠正面结构图与银饰纹样图
（根据实物资料绘制）

（3）福鼎式。福鼎市位于福建省东北部，其名称来源于市内最高峰福鼎山。福鼎市现有畲族人口约3.2万，是畲族的历史文化重地之一。福鼎地区的畲族女性大婚之日需佩戴福鼎式凤凰冠（又称霞浦东路式凤凰冠），其外形似截顶锥形，形似牛角，佩戴于头部正中位置。冠身是用竹筒制成框架，框架外蒙上红布或黑布。冠正前方镶有两块较大的长方形银片，银片上錾刻了丰富的纹样装饰，有乳钉纹、牡丹纹、花草纹等，两侧还铭有银匠的姓名、制作时间等。凤凰冠后尾部垂挂两条长长的飘带，此外还吊挂着一块长11cm左右的木簪。冠体两侧呈立耳状，两侧布料下垂至肩部。结婚时，凤凰冠一般需与一组银制钗花搭配穿戴（见图2-28），一组银钗花一般有左、中、右三朵，合簪于额前发髻。三支银钗花

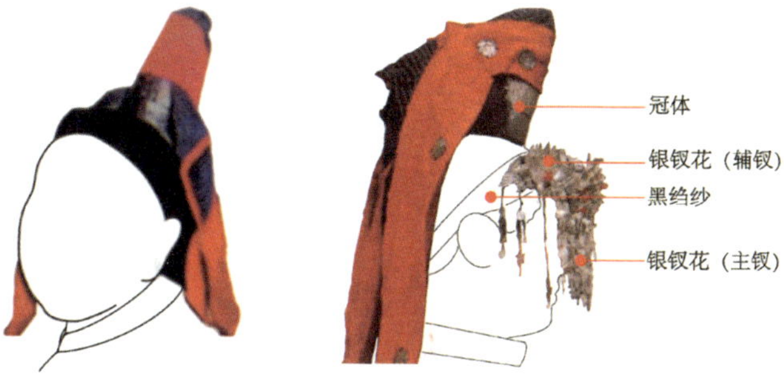


（a）完整造型图　　（b）结构分析图

图 2-28　福鼎式凤凰冠及其佩戴效果
[图（a）摘自《山哈风韵·浙江畲族服饰特展》；图（b）摘自《福建霞浦畲族服饰工艺与文化》]

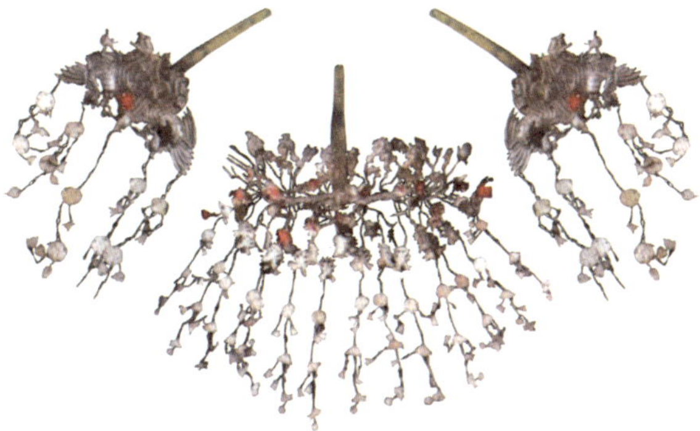

图 2-29　福鼎式凤凰冠的凤凰钗
（摘自《福建霞浦畲族服饰工艺与文化》）

又分上、中、下三层，上层雕刻八仙及吉祥动物图样，中层为狮子图样，下层为凤鸟图样。凤鸟口衔银牌，垂挂下来遮挡住额头（见图2-29）。这种银花钗样式独特、工艺精湛，据说是在当地汉文化影响下形成的独特文化产物。

### 3. 簪钗一体式

（1）延平式。福建省南平市延平区畲族支系的女性头饰较前者更特别，以其独特的设计将银质组合式发钗与发丝精妙结合，创造出既简洁又清新的凤凰冠造型。延平畲族的梳妆习俗，作为一项承载深厚文化意义的传统，已于2021年10月被正式纳入第九批市级非物质文化遗产代表性项目名录。该习俗主要流传于延平区的五个民族村落及相关自然村，包括水南街道的岭炳洋村（以该地的头饰样式为代表）、西芹镇的吉洋村、夏道镇的水井窠村、洋后镇的洋后村和坑门村，以及夏道镇的鸠上、徐洋、小鸠、文田、小坪村和西芹镇的坑底村、后甲村等。据当地村民介绍，延平畲族女性会根据生命周期的不同阶段，佩戴相应类型的头饰，包括儿童头饰、少女头饰、中青年头饰、新娘头饰、老年头饰以及丧偶头饰等。然而，经过笔者的实地考察，发现这些传统头饰之间的差异并没有那般明显。据传统风俗，未婚畲族女性通常只用几根大红绒线和头发一起编成辫子，平时垂于脑后，劳动时盘在头上，呈圆形，直至成年后方开始编梳具有延平特色的凤凰冠（见图2-30）。至于年长的女性，她们在梳理发髻时倾向于使用颜色较深的绒线，该习俗与福建省罗源、福安等地区畲族支系存在相似之处，反映出不同支系畲族文化的共性特征。

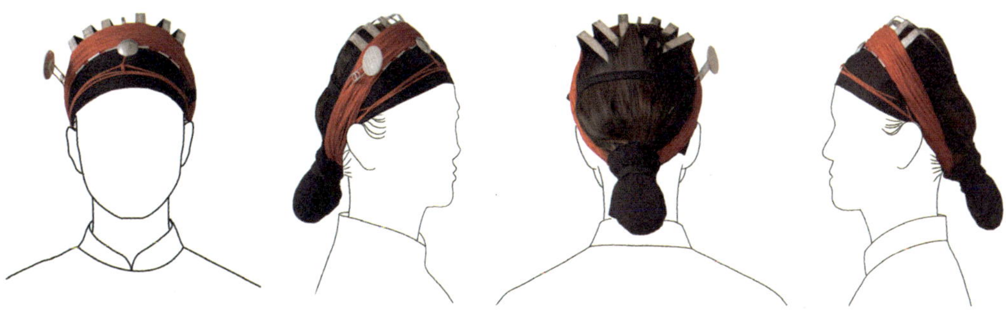

（a）正面　　（b）右侧面　　（c）背面　　（d）左侧面

图 2-30　延平式凤凰冠完成效果

在盘扎延平式凤凰冠的过程中，所需材料的选择与准备遵循特定的文化传统。银饰在这一头饰中占据核心地位。一套完整的银饰品包括一组六支的银簪、一支圆形镜簪。其中圆形银簪戴在正中间，象征“照妖镜”，具有驱邪避祸、保佑平安的寓意。紧随其后的是一组六支的银簪，钗的设计前宽后尖，每支银簪上细致地錾刻有童子纹、动物纹、牡丹莲花纹、云纹、连枝花纹等吉祥图案，体现了畲族人民独特的艺术审美（见图2-31、图2-32）。此外，当地畲族女性还会用日本龙洋[1]制成一根银簪，进一步丰富头饰的装饰效果，由此可见畲族女性头饰艺术中的时代性特征。除银饰之外，延平式凤凰冠的制作还需一根预制的红色头绳，用于基础的固定与造型；一束长约240cm的大红色或二红色的缠头绒绳，用以增强头髻的稳定性与视觉效果。此外，还有一条长三尺（1尺=33cm，下同）、宽一尺的黑色水纱（类同云和、景宁的黑色绉纱）在盘扎过程中发挥多重作用：首先，作为假发使用，增加发髻的丰盈度；其次，通过巧妙的缠绕，美化脸型；最后，对于年长的女性而言，水纱还具有遮盖白发的实用功能。

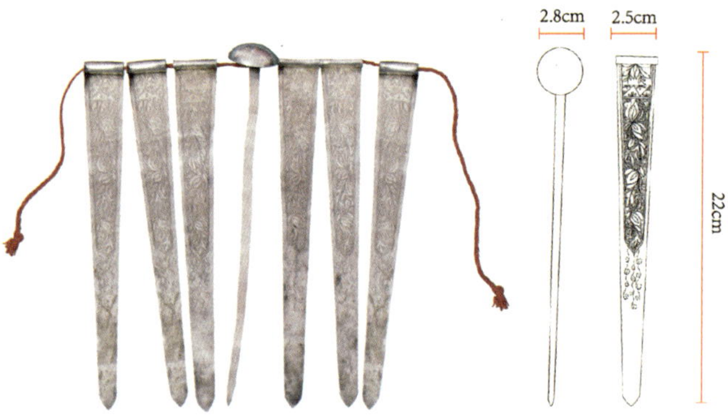

图 2-31　延平式凤凰冠银饰及其尺寸
（拍摄于南平市延平区岭炳洋畲族村）

（a）正面　（b）侧面

图 2-32　延平式凤冠银饰用法正、侧面复原

在延平畲族聚居区，目前掌握传统延平式梳妆技艺的畲民日渐稀少。笔者在对岭炳洋村的田野调研过程中，有幸见到了村妇女主任魏兰英家中新近打制的传统头冠一副，并由她亲自演示了这一传统盘发技艺。整个盘发过程如下。首先，将长发分为前后两个区域，前区头发较少，在头顶部位扎成小辫，此举旨在增加颅顶发量的丰盈感，并为后续固定发簪提供便利。随后，将前后发区的头发汇集成一股马尾，垂于后肩部。接着，使用黑色绉纱布沿额头部位环绕一周，并在后脑马尾下方打结固定。紧接着，采用预制的红绳在额头部位环绕数周，通过精细的编织技巧，形成两股红绳造型。此步骤颇为复杂，需要先将红绳前部的小圈口置于额头中央，再将两侧红绳绕至脑后固定。之后，将剩余的红绳头尾相接，变成两股线，再次环绕额头两周并固定。红绳上缝制的黑色布条

[1] 由于中日之间的贸易往来需要，《马关条约》签订以后，日本把日本龙洋定为贸易专用货币，作为占领市场、控制闽台乃至中国政治、经济文化的工具，大量向闽台输入龙洋。据当地村民说，过去畲族女性出嫁时男方会以日本龙洋作为彩礼。

垂于面颊左侧，留作后续使用。在完成上述步骤后，取出俗称“照妖镜”的圆形银簪，围绕额头前的小圈口环绕两周，然后插入发间。银簪的柔韧性允许其翻折成理想的高度。随后，将组合簪套的前端套入额前上方的红色绒绳中，后部插入发间，并翻折至与“照妖镜”相同的高度。接下来，将左侧预留的黑色布条沿后脑绕至右耳后固定，以加固组簪。然后，用红色绒绳在组合簪上方环绕数周，形成鲜明的颜色对比。最终，将马尾套入黑色网兜中，形成椎髻状，并在右侧斜插入一根圆形银簪作为装饰。至此，整个盘发步骤宣告完成。这一盘发技艺不仅体现了延平畲民的审美观念，而且深刻反映了其丰富的文化内涵和民族特色。由于掌握此技艺的人数不多，因此对其进行传承与保护显得更具重要意义（见图2-33、图2-34）。

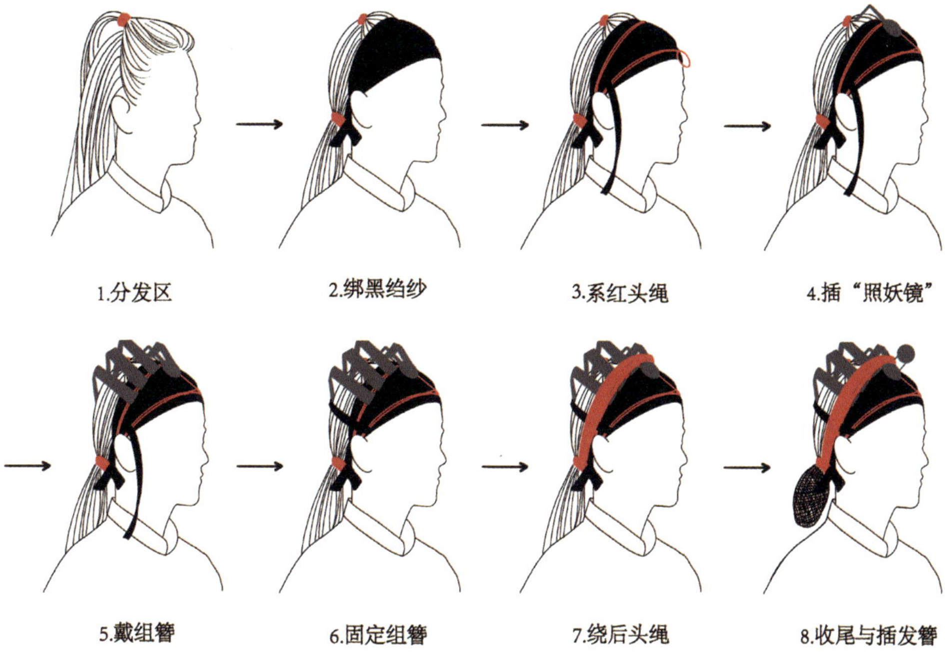


图 2-33 延平式凤凰冠的盘扎步骤示意（根据出野资料绘制）

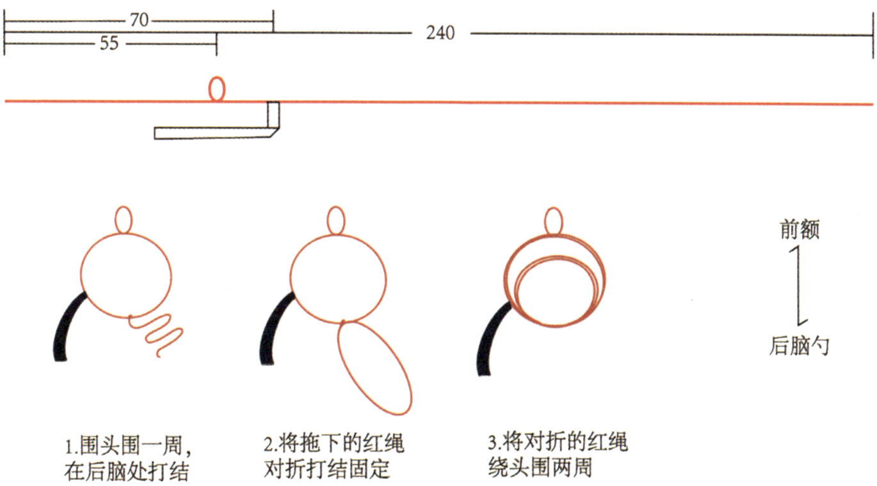


图 2-34 步骤 3 材料结构与步骤详解（单位：cm）

在西芹镇后甲村，流传着一种简化版的延平式凤凰冠，其外观与经典的延平式凤凰冠相似，但在制作过程中采用了更为简便的梳扎技术。具体步骤如下。首先，将女性的头发聚集于脑后，形成锤椎状的发束，并使用银质发簪六支，按照一定的顺序插入发顶。随后，利用黑色发夹将发簪固定于发束之中。接着，采用一根带有小圈口的红绳，将其固定在组簪的前部，并与脑后的头发紧密相连。此外，将俗称为“照妖镜”的发簪穿过红绳的圈口，再次插入发顶。最终，使用数根红绒绳对发髻进行捆扎，完成整个造型。据当地村民所述，后甲畲村的居民原籍岭炳洋村，而这种简化版的凤凰冠是在迁徙过程中逐渐形成的（见图2-35）。

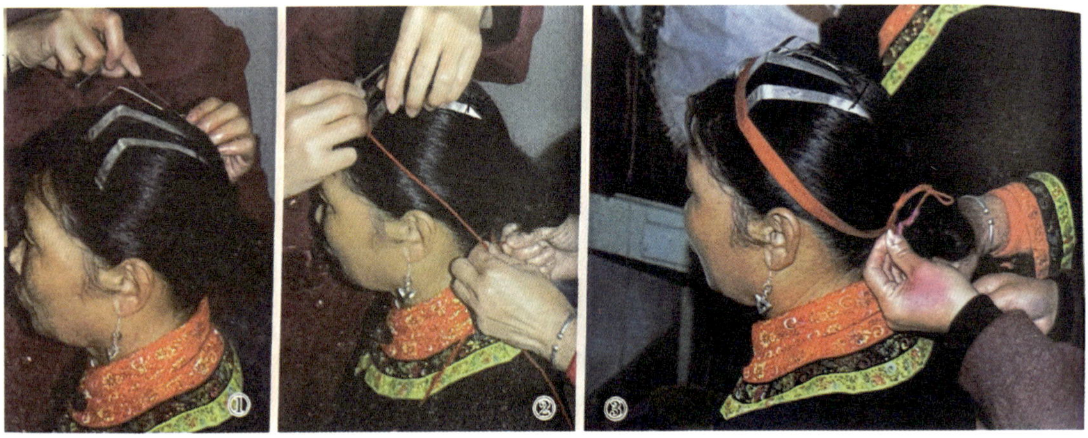


图 2-35 后甲村较简化的延平式凤凰冠（摘自《延平畲族志》）

（2）顺昌式。顺昌县位于福建省西北部，该县域内分布着包括井垅村、下沙村、溪兰村、余墩村、上凤村、吴秀村等在内的11个畲族行政村，以及43个畲族自然村。顺昌县畲族女性拥有一种十分独特的头饰，称为“顺昌式凤凰冠”或“凤尾冠”。该头冠的主体由数十至上百根精心雕刻的银簪构成，这些银簪被巧妙地插满整个头部，形成了一种类似凤凰开屏时尾部的形态，其造型饱满而圆润，展现出极高的审美价值。在传统社会中，顺昌县的畲族成年女性（满16岁及以上）每日都会佩戴这种凤凰冠，且已婚、未婚女性的凤凰冠在佩戴方式上存在微妙的差异。现在只有在重要的场合，顺昌畲族女子才会佩戴预制的简化凤凰冠，不再有诸多讲究。尽管从现代视角来看，传统银簪构成的凤凰冠可能显得沉重且佩戴不便，但在当地流传着一种旧时的俗语：“米饭下去就梳头，梳头过后就捞饭”，可见过去顺昌畲族女性将佩戴凤凰冠熔铸为日常生活的一部分。顺昌畲族女性不仅在这样的日常实践中装扮自身，同时也在无声地传达着个人的社会信息和文化身份。更重要的是，她们在集体无意识之中塑造了顺昌畲族服饰文化的独特性和标识性，使其成为该地区畲族传统文化的重要组成部分。

在研究顺昌畲族的凤凰冠的过程中，笔者发现其盘发过程涉及多种部件，包括冠面、冠帽、银钗、银耳耙、琉璃珠、头帕等（见表2-5、图2-36）。凤凰冠的冠面呈扇形，由百十根钗三个编一组组构而成，钗的数量与材质（银或铜）根据家庭的经济状况而有所差异，其数量最少60根，最多120根，常见的配置还有80根、90根或108根等。每根簪子的长度大约在16～18cm，簪头通常为圆形或桃心形，簪尾则设计为便于插入发髻的角形。每根簪子上的纹样都是独一无二的，包括喜鹊、凤凰、花草等吉祥图案（见图2-37）。

表 2-5　顺昌式凤凰冠部件明细

| 部件名称 | 传统名称 | 材质 | 尺寸 | 功用 |
| --- | --- | --- | --- | --- |
| 冠面 | — | 银、铜 | 半径20cm | 主体造型物 |
| 冠帽 | 头旁 | 丝瓜瓤、黑布、红绳 | 非固定尺寸 | 支撑冠面 |
| 笄 | 畲语“gie” | 黑布与刺绣 | — | 装饰头冠、象征已婚身份 |
| | | 红布 | 长10cm，宽8cm | |
| | | 琉璃珠、银笄 | 银笄长10cm | |
| 弯弓夹状银钗 | 畲语“居边中” | 银 | 长17cm | 装饰头冠 |
| 银耳耙 | 畲语“靡西坡” | 银 | 长22cm | 固定“笄” |
| 头帕 | 畲语“弄须牌” | 红绳 | — | 装饰与固定 |

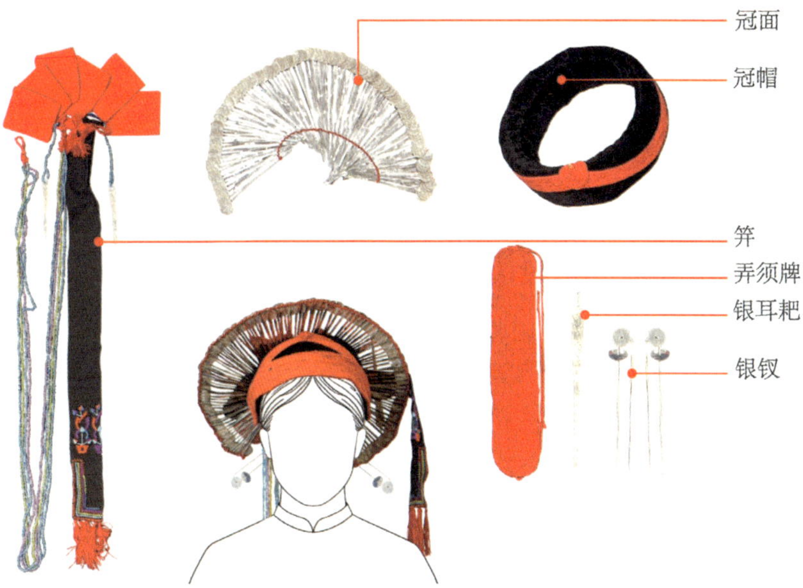


图 2-36　顺昌式凤凰冠的部件图解（2024 年 6 月拍摄于顺昌畲族馆）

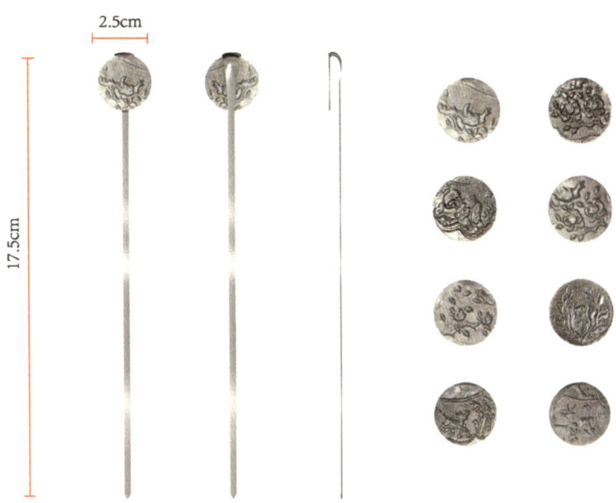


图 2-37　顺昌式凤凰冠银簪复原图（根据顺昌县博物馆藏凤冠文物复原）

冠帽俗称“头旁”，在凤凰冠中起到支撑和固定扇形冠体的作用。传统冠帽的制作工艺包括使用晒干并锤扁的丝瓜瓤与薄竹片作为里料，外部包裹黑色布料，并在正中用红绳环系一根短木签称“笄芯”用以固定冠面的左右位置（这一步据传统需在盘发时现场制作完成），两端配有细绳，可以系成环帽状以适应不同头围。然而随着时代的发展，现代的预制冠帽通常直接制成帽形，省去了两端系绳的步骤，使得冠帽的使用更加便捷，但同时也限制了其适用性，仅适用于特定头围的人群，同时固定“笄芯”的红绳与“笄芯”也预先固定在冠帽上，省去了盘发时缠裹“笄芯”的烦琐步骤。

除了主要的冠面与冠帽外，盘戴顺昌式凤冠的过程还涉及一系列特定的装饰物，包括：弯弓夹状银钗，长约17cm，畲语中称为“居边中”，其设计模仿弯弓的形状，是构成凤凰冠的重要组成部分；银耳耙，长约22cm，畲语发音为“靡西坡”，其造型类似于传统的挖耳勺，用于固定和装饰凤凰冠；琉璃珠串数根，两根较短的琉璃珠串上挂有一条长约10cm的银笄，珠串的光泽与色彩为凤凰冠增添了丰富的层次感与装饰效果；红布帕6～8片，作为基础的装饰层，为凤凰冠提供了鲜明的色彩对比以及表达畲族族群文化的同一性特征；头帕一片，畲语中称为“弄须牌”，作为覆盖前额的红色片状装饰物，传统上一般用多根红绳围缠头部数周装饰；黑布帕一片，畲语中称为“gie”，即为“笄”，笄上一般由戴冠者自己刺绣丰富的纹样装饰。琉璃珠串、银笄、红布帕及黑布帕通过首尾相连的方式组合成统一整体的装饰部件。头冠上是否装饰琉璃珠、红布帕与黑布帕装饰部件组合，是区分已婚与未婚女性身份的标识。不过该风俗在某些顺昌畲族村寨中或有细微差异，成年未婚的畲族女子在戴冠时也会使用琉璃珠与红布帕作为装饰，而仅以黑布帕作为婚否的标识（见图2-38、图2-39）。

如图2-40所示，顺昌式凤凰冠的佩戴过程精细且复杂，其步骤如下。第一步，分发区，做刘海。首先，需将头发分为前部和后部两个发区。在前部发区的左右两侧，分别挑出一缕发丝，形成八字形刘海，并使用红绳固定前后发区的发根。第二步，扎马尾。将前后发区的头发合并成一股，并再次使用红绳进行捆扎。第三步，盘头。将合并后的头发分成两股，分别从左右两侧绕至前额上方，并盘成圈状，利用黑色发夹进行固定。第四步，戴冠帽（“头旁”）。将预制的黑色冠帽戴于头顶，冠帽前端立起，为后续支撑银冠面做准备。第五步，绕“弄须牌”。佩戴红色头帕（畲语称为“弄须牌”），这不仅进一步稳固头旁，还有助于遮挡发髻线。第六步，插冠面。将由数百根银簪（或铜簪）编织而成的冠面戴

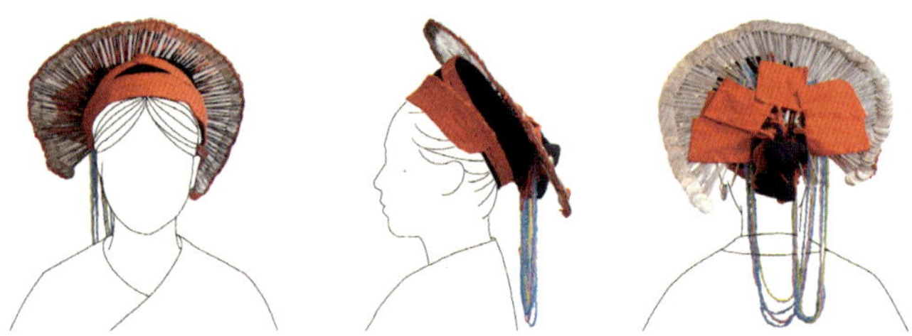

（a）正面　（b）侧面　（c）背面

图2-38　顺昌少女式凤凰冠盘扎效果

（a）正面　（b）侧面　（c）背面

图2-39　顺昌妇女式凤凰冠盘扎效果

于头顶，前端正中固定于头旁的“笄芯”，尾部插入脑后的发髻间。第七步，插银笄。使用两根银笄横斜插入冠面与头顶发间，进一步增强冠面的稳定性。第八步，铺红帕。将红色布帕分散铺于冠面上方，利用琉璃珠链及银簪固定帕角。第九步，戴“笄”（戴黑帕）。将黑布帕戴于冠上，右侧叠折成角形，左侧自然下垂，并在左侧冠面上斜插一根银制挖耳勺以固定黑帕。第十步，斜插银发钗。将两根弯弓形银钗斜插于后脑部的发髻间，完成整个戴冠过程。少女式与妇女式佩戴的基本步骤相同，主要区别在于省略了第七至第九步装饰银笄、红帕、黑帕等步骤（见图2-39、图2-40）。

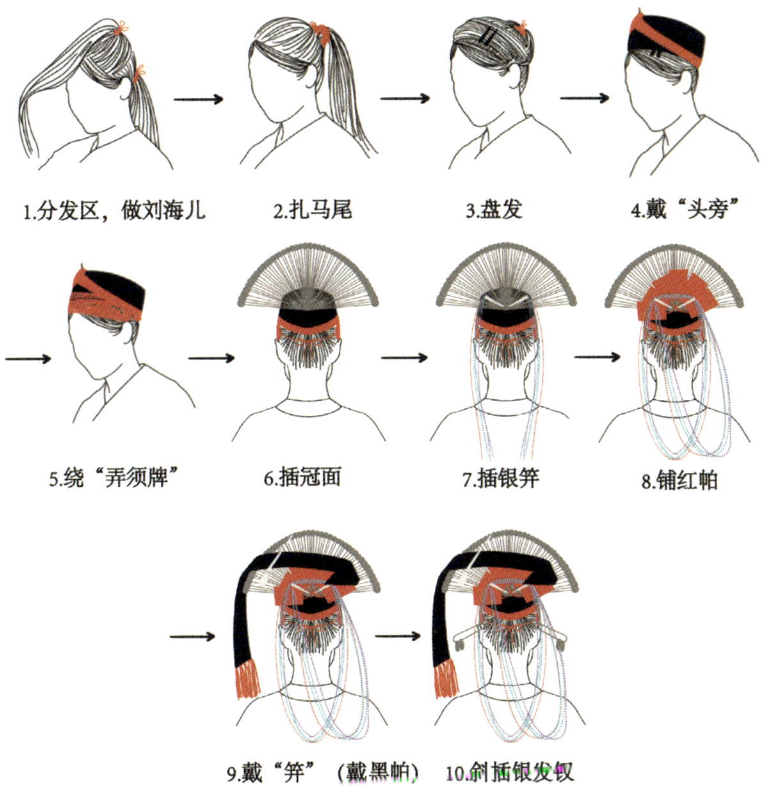


图2-40 顺昌畲族凤凰冠的戴冠步骤示意（根据田野资料绘制）

## 二、髻之式

### 1. 凤头式

罗源式凤凰髻又名“凤头髻”“凤头式”“凤凰头”，是以女子自身的头发为基础，通过特定的编发技巧来塑造出凤凰的形态。根据年龄和婚姻状况的不同，凤头髻又细分为少女式和妇女式两种风格，其中尤以妇女式的凤头髻造型特别引人注目，其设计昂扬向上，象征着凤凰高昂的脖颈形象。

罗源一带的畲族女性自民国时期起便发展出了一种“以髻代冠”的盘发习俗，这一传统随着时间的推移而逐渐成熟。最初，这种发式被称为“凰鸟髻”，而随着其形态的演变，现在更普遍的称呼是“凤头髻”。相较于凰鸟髻，凤头髻以其更为高耸的特点而著称。凤头髻通常呈现为螺盘状，其高度会根据佩戴者的年龄与个人喜好而微调。一般年轻妇女的凤头髻更为高耸，装饰常采用鲜艳的红色或玫红色绒线，而年长妇女则偏好较低矮的发髻，绒线颜色更为素雅，如黑色或蓝色，这与民国时期的凰鸟髻样式相似（见图2-41）。随着时代的发展，凤头髻的盘扎方式也经历了现代化的演变。一种现代的样式采用了预制的冠帽来协助盘扎，这种创新方式使得梳发髻的女子无需过长的头发，只需头发能够披散至肩膀下方10～15cm即可完成发髻的盘扎。

（a）已婚畲族妇女凤头髻

（b）老年畲族妇女凤头髻

图 2-41　传统罗源式凤头髻式样

在对罗源畲族女性传统盘螺形凤头髻的梳法进行分析时发现，其梳法与前面提到的戴凤凰冠的前置步骤一致，故在此不作赘述。本书着重介绍大约于20世纪80年代才开始出现的新型罗源式凤头髻的梳扎方法，以记录该独特的盘扎流程和技术细节。新型罗源式凤头髻的梳扎起始于将女性的头发梳理并拢于后脑勺，随后平分成两股，并利用黑色绒线进行基础捆扎。继而，这两股头发再次用黑色绒线合并，形成单一的发束。此步骤后，引接一个高约50cm的预制高冠辅助，冠体内部结构由细竹和铁丝构成，以提供造型支撑，外部则采用多种颜色的绒线缠绕，旨在增强头冠的美观性与结构稳定性。梳扎时，将冠的尾部插入已用黑线缠绕的发髻之间，并准确固定于适当位置。冠的前部分则放置于额头前方，利用冠两侧的黑色绒线将其稳固地绑定于头部，确保头冠的整体稳定。为了加固并装饰头冠，采用长达1m的紫色绒线围绕冠体底部进行围捆，增加头冠的视觉效果。最终，使用一条红色的纱制巾帕（该巾帕的选择可根据个人喜好进行变化，也可采用不同颜色的绒线代替）捆扎脑后的发髻，巧妙地覆盖头冠与发髻的连接处，实现视觉上冠与发的和谐统一（见图2-42、图2-43）。这一现代梳扎方法不仅体现了传统与现代的融合，也展现了罗源畲族女性在保持文化传统的同时，对美和功能的不断探索与创新。

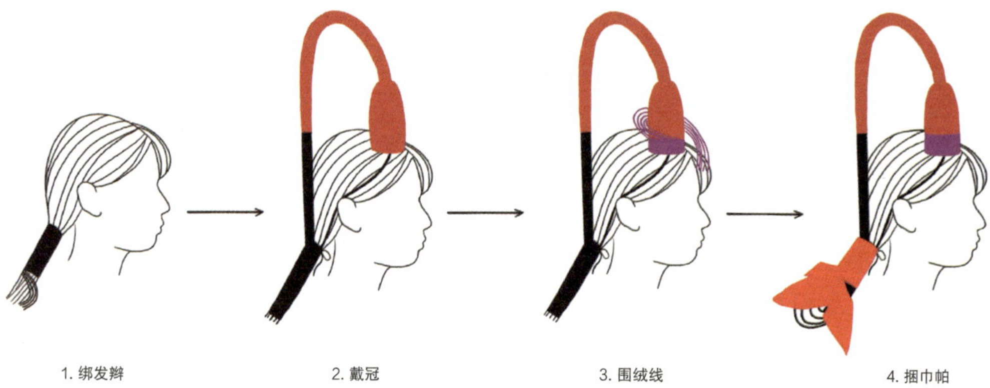


图 2-42　罗源妇女式凤凰髻的盘梳步骤

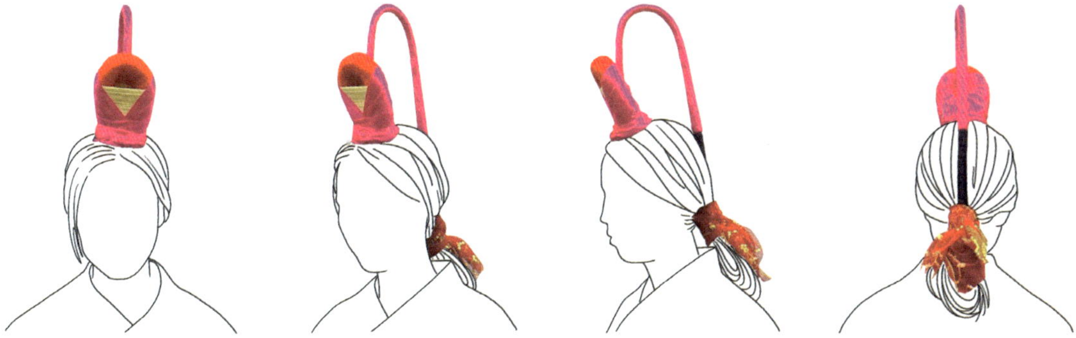

（a）正面　（b）侧面 1　（c）侧面 2　（d）背面

图 2-43　罗源妇女式凤凰髻的盘扎效果

罗源少女发髻，俗称“梳凤圈”，制作过程相对简便，核心步骤涉及将后脑勺的头发束成一束，随后采用红色绒线进行整体缠绕。缠绕完成后，缠绕有红绳的发束从头部右侧开始，环绕头部一周，最终在后脑勺处固定。在现代社会，为了提高操作的便捷性，当地畲族未婚女性更倾向于采用预先制作完成的红色发圈，直接套于头部。部分发圈上装饰有银质挂坠，这些挂坠在佩戴者行走时因碰撞而产生跳跃，从而赋予发型以动态的美感（见图2-44）。

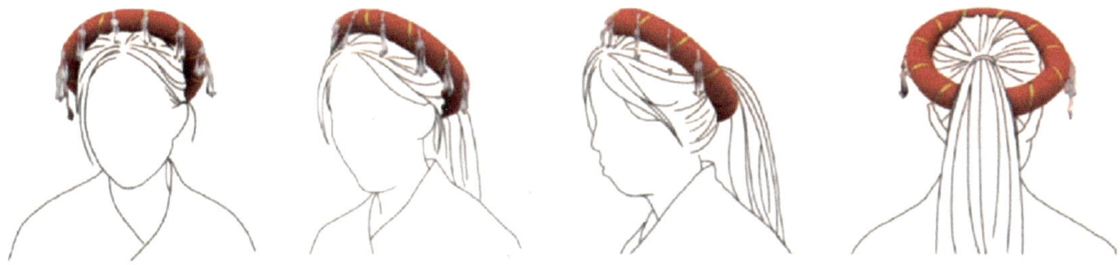

（a）正面　（b）侧面 1　（c）侧面 2　（d）背面

图 2-44　罗源少女式“梳凤圈”的盘扎效果

## 2. 凤身式

凤身式是福安一带畲族女性的发髻样式，学界通常称之为“福安式凤凰髻”。该发式因其宽阔和丰满的整体造型，与凤凰的身形相似，因此民间俗称为“凤身髻”或“凤凰中”。在盘扎凤身髻的过程中，当地畲族女性常将真发与假发相结合，运用独特的编织技艺，创造出匣盒式的发髻结构，并将其稳固地置于头顶部位，故又称之为“匣盒式”“碗匣式”。凤身髻发式根据年龄和社会地位的差异，进一步细分为少女式与妇女式两种风格。

在少女式凤身髻的编盘过程中（见图2-45），头发初步被划分为前、中、后三区。其中中区占据主要发量，并以红色绒线在发根部进行缠绕数周固定；前区次之，后区仅保留少量发丝于后脑部，同样以红绒线捆扎牢固。在编盘过程中，将前区头发向后梳理，与中、后区头发汇集成一股，期间可加入预制的假发以扩充发量，继而再次以红绒线紧密缠绕以稳固造型。在右侧鬓角处特意保留的一缕发丝，将在后续步骤中发挥其作用。随后，将包含假发的马尾以逆时针方向环绕前额，形成桶帽状的立体

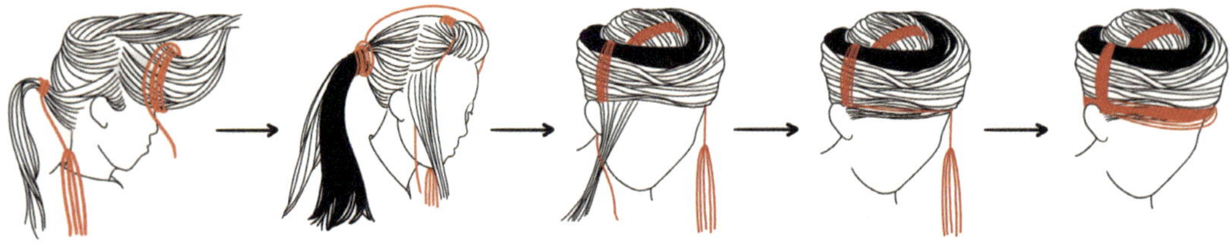


图 2-45　福安少女式凤身髻的盘扎步骤示意（根据田野资料绘制）

结构。在此环节，为解决可能出现的碎发问题，传统上使用从植物精华中提取的茶油抹在头发上，现在可用定型喷雾代替，这一步不仅可以将碎发丝处理干净，还可以赋予秀发光泽感。继而，将前区缠绕时余下的红绒线沿发髻底部环绕前额数周，用以支撑并加固发髻结构。同时，利用预留的鬓角发丝，从右侧梳向左端，将发尾与红绒线尾端用手捻成一撮后固定于后方发髻之中，这一手法在民间俗称“做前眉”。最终，将后区拖留下的数根红绒线再次环绕前额，以实现对发髻的进一步加固与支撑。完成盘扎后的少女式发髻在右侧一般会留有明显的一道红绒线围捆的条形结构，这也是与妇女式在装饰手法上的不同之处（见图2-46）。

图 2-46　福安少女式凤身髻的盘扎效果

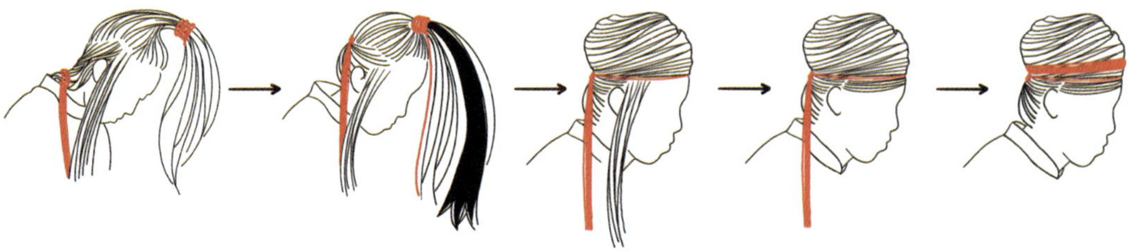


图 2-47　福安妇女式凤身髻的盘扎步骤示意（根据田野资料绘制）

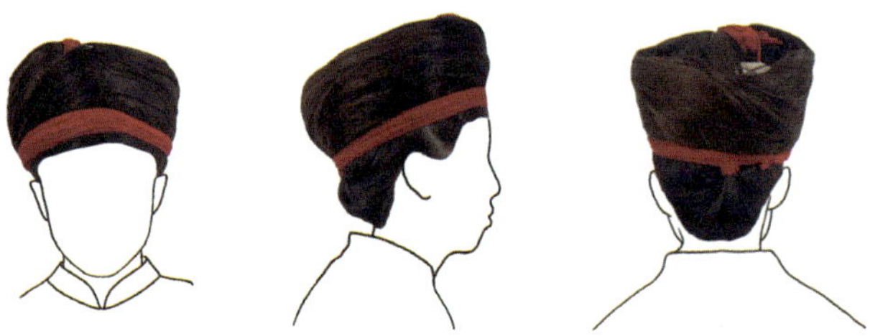


图 2-48　福安妇女式凤身髻的盘扎效果

福安妇女式凤身髻以其更为宽阔和丰满的造型著称，其顶部开口处相较于少女式更显外扩（见图2-47、图2-48）。在造型过程中，发丝被分为前后两个区域，前区拥有较多的发量，后区则相对较少。发根处以红绒线紧束，并在右侧鬓角处预留一绺发丝以备后续造型使用。后区发丝向上翻梳，与前区发丝结合，并在加入假发后再次用红绒线固定。随后，将合并后的发束自右侧向左侧环绕额头上方，环绕一周，利用传统茶油或现代定型产品固定散落的碎发。接着，使用前区预留的红绒线沿发髻底部环绕数周，以增强发髻的稳定性和支撑力。鬓角的预留发丝被梳紧至左侧额头，并与红绒线尾部交织固定，形成与少女式同样的“做前眉”效果。最终，使用后区的多根红绒线缠绕发髻，以一根八字簪压于顶部，完成整个造型。八字簪在妇女式盘发造型中并非作为结构性要素不可或缺，其主要功能倾向于装饰性质，在现实生活中，簪的尺寸与表面装饰图案呈现出多样性特征（见图2-49）。同时，在福安妇女式凤身髻的盘扎过程中，绒线的颜色选择因使用场合与佩戴者的年龄而异，黑色、蓝色、红色绒线的使用分别代表了老年、中年和青年的不同阶段。此外，若为丧偶的妇女，则采用绿色或白色的绒线，以此表达特定的社会和情感状态。这种色彩的使用不仅体现了畲族文化中的年龄和身份标识，也展现了对传统礼仪的尊重和遵循。不过，现在由于传统发式本身在生活中的使用频次降低，导致如今很难看到不同绒线色彩的发髻样式。

图 2-49　福安八字簪（摘自《中国少数民族设计全集·畲族卷》）

在进行田野考察期间，畲族人大代表雷梅娇女士亲自示范了传统盘发技艺的各个环节，并提出了目前精通此技艺的人数正逐渐减少的问题。这一趋势主要受两大因素影响：一方面，传统发髻的制作流程本身相当烦琐，且步骤繁多，完成一个完整的发髻需要耗费大约20min；另一方面，现代发型的流行使得畲族女性日常的头发长度不再满足传统发髻的制作要求，从而无法达到传统造型的丰满与流畅。在现代社会背景下，当需要呈现传统发髻时，人们更倾向于采用预先制作的仿髻式头冠，这种头冠可以直接佩戴，以简化烦琐的盘发程序。然而，能够精制此类仿髻的工匠数量并不多，导致仿髻的市场价格较高，一顶仿髻的价格可能高达数千元（见图2-50）。传统凤身髻的盘扎技艺，作为一项非遗，其传承与发展正遭遇着种种困难与挑战。

（a）正面　（b）侧面　（c）顶面

图 2-50　预制福安式凤凰髻

## 3. 凤尾式

霞浦式凤凰髻的尾部特征为散缀下来的燕尾状（坠壶状），因此得名“凤尾髻”。历史上，这种发髻也被称为“盘龙髻”“凤凰盘”。在年轻未婚女子和已婚女子之间，凤尾髻的盘扎方式存在明显的差异。为了区分这两种不同的发髻风格，本书将年轻未婚女子盘扎的凤尾髻命名为“少女式凤尾髻”，而将已婚女子所盘的凤尾髻命名为“妇女式凤尾髻”。

霞浦少女式凤尾髻造型独特，呈扁圆形，与福安少女式凤身髻较相似（见图2-51、图2-52）。首先，发式制作者需对头发进行精心分区，将头发分为前部两个基本等量的发区以及后部一个发区。后部发区通过红绳的适度系挂，形成向下分散且垂坠的燕尾状造型。随后，前部发区被进一步细分为左、中、右三个部分，其中间部分的头发通过红绒线的紧密系结，为整个发式的稳定性打下基础。前中部的头发向后翻折，与后部发区的红绳结合，形成一股，这一步骤增强了发式的结构性。接下来，将前右侧的头发向后梳拢，并与后方头发合扎成一股。随后，将合扎好的马尾与前左侧发区的头发一起，从左向右梳绕额头一周，形成额前的刘海造型，这一造型又称为“齐眉”，用以修饰面部轮廓。最后，将捆扎后发区的长绳沿刘海边缘围绕数周，完成整个发髻的制作。在整个盘扎过程中，霞浦少女的发髻通常不使用其他装饰物，而是依靠黑色发夹来辅助造型。

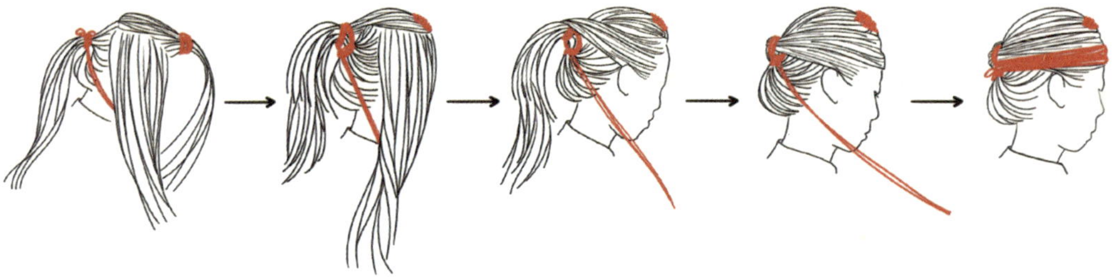


图 2-51　霞浦少女式凤尾髻的盘扎步骤示意（根据田野资料绘制）

图 2-52　霞浦少女式凤尾髻的盘扎效果

霞浦妇女式凤尾髻造型奇特，云髻高扎（见图2-53、图2-54），盘梳时步骤也比较复杂。首先将头发分为前后两个发区，后部发区的发量较多，用红绳扎紧；再将前发区正中的一撮头发高梳，周围留出一些头发备用；接着将前发区周围预留的头发自左向右梳成一撮，扭成一股，向后梳，额前被长发遮挡额眉形成刘海；然后将前后发区的三股头发扭成一股整个向前翻梳，在这一步发量较少的可掺入假发辅助造型；接下来将前方梳好的一股头发整个自左向后扭转成高髻状，并用发夹固定于头部；最后用红色绒绳绕头顶高髻底部数周，有的在发顶中央插入錾刻精致纹样的八字簪，完成盘发。霞浦妇女式凤尾髻特征有二：其一为头顶“盘龙状”的高髻；其二为发尾处蓬松突出的“凤尾”造型。为使尾部造型更加突出，有女子梳发时在后发区发间放一支长约20cm、直径约3cm裹着黑布的竹箨卷筒，用红绒线扎紧其中段，往上折，呈斜角。

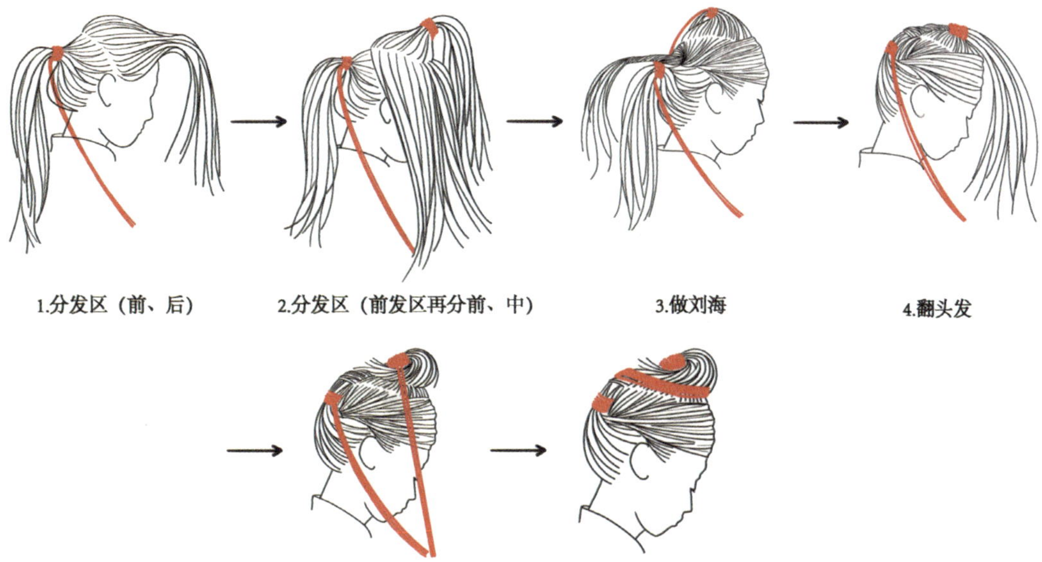

1.分发区（前、后）　2.分发区（前发区再分前、中）　3.做刘海　4.翻头发　5.做高髻　6.捆红绳，簪发簪

图 2-53　霞浦妇女式凤尾髻的盘扎步骤示意（根据田野资料绘制）

（a）正面　（b）侧面　（c）背面

图 2-54　霞浦妇女式凤尾髻的盘扎效果

（a）整体图　（b）细节图

图 2-55　霞浦畲族女性的花笠［图（a）拍摄于茶岗畲族村］

霞浦妇女日常劳作时，还会在凤尾髻上扣戴一顶精致花笠（见图2-55）。这种花斗笠直径约38cm，窝深约8cm，顶高约3cm，重量只有普通斗笠的一半或三分之二。编织斗笠的竹条极细，其宽度仅1mm，用其编成的斗笠细致精巧，花纹均衡且丰富，饶有民族风情。编织一顶花笠需要经过选竹、破篾、编织、装饰等工序，从选材到制作，历经30多道工序，历时约一周，纯手工制作的花斗笠才能制作完成。斗笠一般还装饰以彩色料珠以及固定用的绸带。由于编织这种斗笠的技艺要求高，艺人稀缺，故弥足珍贵，在过去多作为陪嫁之物。平时偶得一顶花笠，则视为珍品，仅节日赴会、走亲访友时才戴上；改着汉妆者，则收贮为珍藏之物。

## 4. 其他样式

（1）福鼎式。福鼎畲族女性除凤凰冠外，还有一类独有的发髻样式。福鼎式虽与罗源式凤凰髻、福安式凤凰髻、霞浦式凤凰髻并称“闽东四式”，但未发展出独有的命名体系，本书暂称之为“福鼎式凤凰髻”。福鼎式凤凰髻最大的特征就是歪梳或斜梳，分为妇女式与少女式两类。

盘扎福鼎式凤凰髻前需预备以下材料：一条长约45cm的红色棉质细绳，用以基础固定；一条1m长的黑色蚕丝绉纱，作为主要的包裹材料；若干缕假发，以供发量不足时使用；另外还需一簇长约60cm的红色绒线，将1.2m长的红色绒线簇中间用细绳扎束，分为两段制作而成，用来盘发。对于妇女头饰的制作，还需附加一个22cm长的红色绒线簇，其尾部附加一根细绒线，专用于最终的固定作用；一个黑色网状发兜以及四个曲形发夹，用以辅助固定发型。此外，还需准备6个长约10cm的弯弓状发夹，其中一对连接有银链，以及若干根银制发簪，用以增强头饰的稳定性并增添装饰效果。图2-56为福鼎式凤凰髻盘扎材料。

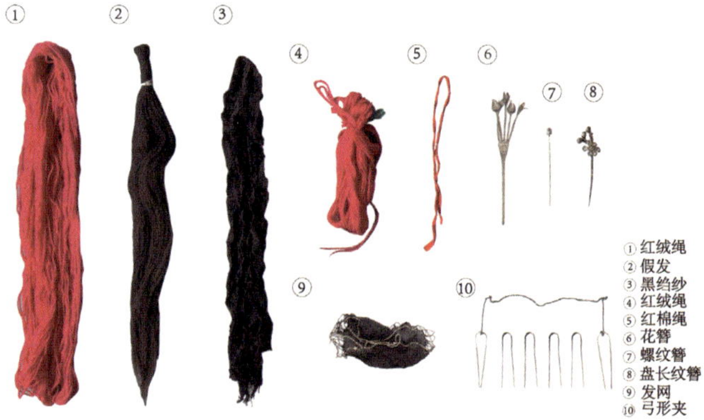


图 2-56 福鼎式凤凰髻盘扎材料

盘扎福鼎少女式发髻的过程中，首先需对女性的头发进行区域划分，将头发分为前、后两个区域，前发区的发量应占总发量的三分之一，后发区则占据剩余的较大比例，并需用红绳在发根处进行固定，状似马尾；随后，从前发区两侧各梳理出一缕头发，紧贴耳部轮廓，做出曲线状的鬓角造型，鬓角的发尾与后发区的马尾合并，并用红绳捆绑固定；接着将前发区剩余的头发与假发结合，从右至左进行斜梳，并在额头左侧用红绳捆绑，将发尾与后马尾合并为一束；随后将后马尾部分编织成麻花辫，并在尾部用单根红绒线固定，该红绒线的另一端连接数根红绒线，以备后续使用；接着，取出预先准备好的黑色蚕丝绉纱布，从前额处向后环绕，至后脑勺处交叠，再环绕至头顶，并使用黑色发夹进行固定；最后，将麻花辫自右向左环绕头部一周，利用备用的多根红色绒线对发髻进行裹缠，以完成整个发髻的盘扎过程（见图2-57、图2-58）。

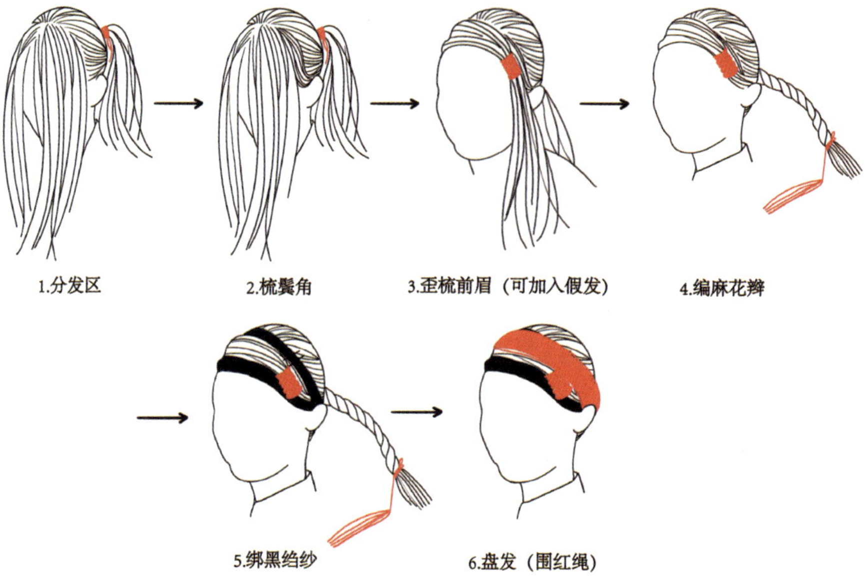


图 2-57 福鼎少女式凤凰髻的盘扎过程示意（根据田野资料绘制）

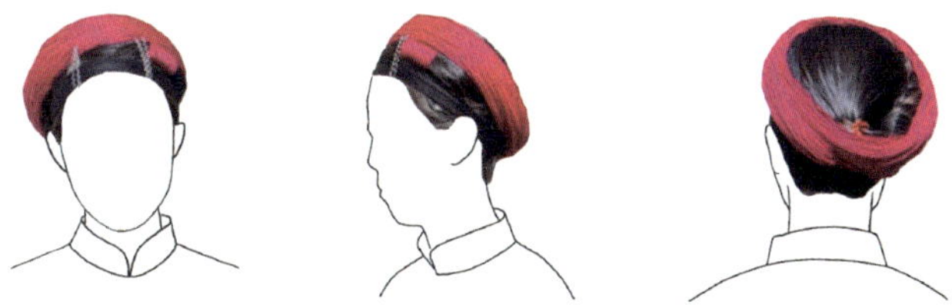

（a）正面　（b）侧面　（c）背面

图 2-58　福鼎少女式凤凰髻的盘扎效果

福鼎妇女式发髻盘扎方式较少女式更复杂。首先将头发分成前后两个区域，后发区发量占比三分之二，用黑绳捆扎牢固，前发区头发较少且分左右两撮；将后发区的头发盘成圈状用黑色细网纱布兜住，网口有细绳抽紧后围捆发髻，再将前发区右边分出的一缕头发沿耳根处做出顺滑的鬓角形状，发尾缠绕住后部发髻固定；接着将前发区剩余的头发向左歪梳理掺入假发后用红色绒绳捆扎数周；用黑色蚕丝绉纱布绕头围捆一周，黑纱布不仅可以辅助发髻造型使头发更加牢固，还可以从视觉上增加女子发量；然后将预制好的红色绒绳发圈套在歪梳的头发上，将头发自左向右翻梳成遮挡额眉的刘海，刘海左右两侧各用两个弯曲如蛇状的银发夹固定；最后将预制发圈尾部拖留下的一根绒绳与刘海发尾处系紧，在后部发盘处插入7根银簪装饰，完成发髻（见图2-59、图2-60）。

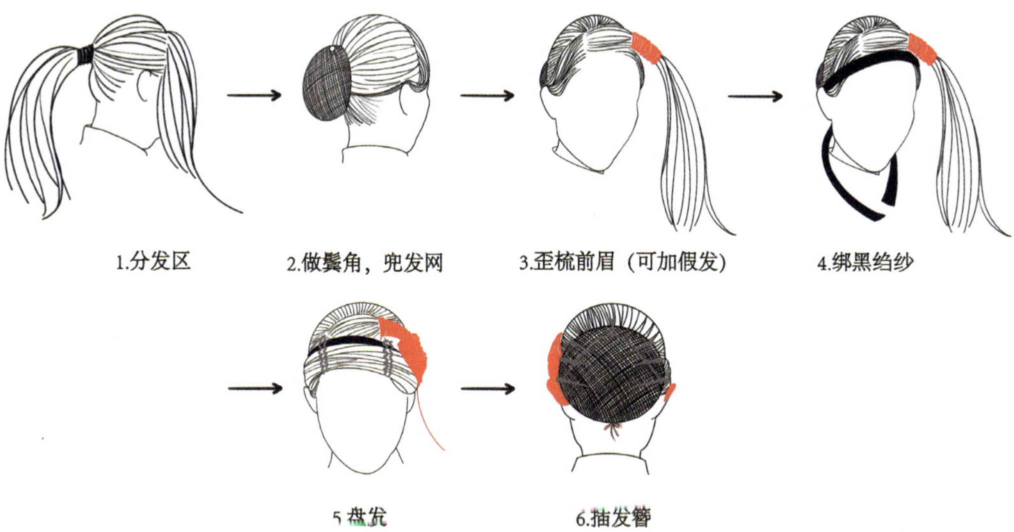


图 2-59　福鼎妇女式凤凰髻的盘扎过程示意（根据田野资料绘制）

（a）正面　（b）侧面　（c）背面

图 2-60　福鼎妇女式凤凰髻的盘扎效果

（2）光泽式。光泽县隶属于福建省南平市，位于福建省西北部，武夷山脉北段，闽江上游富屯溪源头。该县与江西的贵溪、铅山及南平市的邵武、建阳、武夷山等县（市）毗邻。光泽的畲族较少，据载，光泽畲族主要有雷、兰、钟三姓，共543户，2744人。据文献载，光泽地区的畲族女性："头发盘梳在头顶上，或螺式或截筒高帽式，发间束红色线绒，鲜艳夺目，端庄秀丽。"从这一描述看，光泽的畲族女性发饰应与罗源式凤凰冠、髻较类似。20世纪80年代，有学者图文并茂地记录了光泽地区的少女及妇女发饰，可见与罗源式类似，应该是在罗源式的基础上进一步演变的结果（见图2-61）。目前这种样式的发髻在该地业已失传。潘宏立在《福建畲族服饰研究》中较详细地记载了光泽妇女式发髻的盘扎步骤可供追溯，兹引于下。“先用豪猪刺理直头发，将头顶中间的头发扎起，随后将其余头发梳拢于脑后并束好，再与中束头发合扎，结成螺髻，插上长约10cm的小银簪，然后蒙上黑色包头巾，也有不戴包头巾的，最后用黑白花色的红色带子缠绕。”

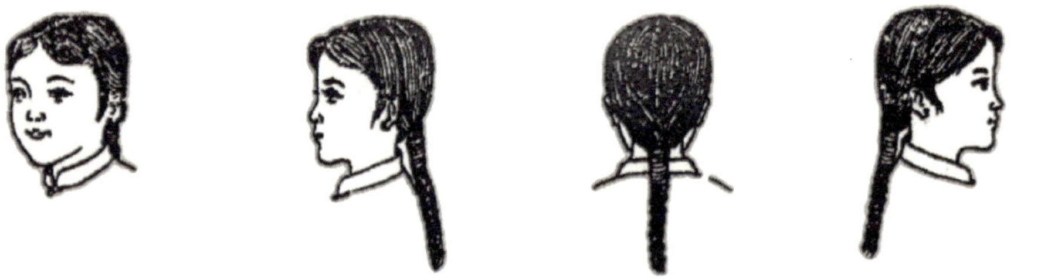

（a）光泽少女式凤凰髻

（b）光泽妇女式凤凰髻

图 2-61　光泽少女式与光泽妇女式凤凰髻（摘自《福建畲族服饰研究》）

笔者根据上述记载绘制了对应的盘扎步骤图解，以期更清晰地表达盘扎头饰的具体步骤。在绘制的过程中发现光泽式畲族女性发髻的前额有八字刘海造型，这种特征在潘宏立的论文中未得到强调，因此本书在实践操作的基础上，将这一盘扎步骤加入步骤图解中，将步骤补充完整（见图2-62）。

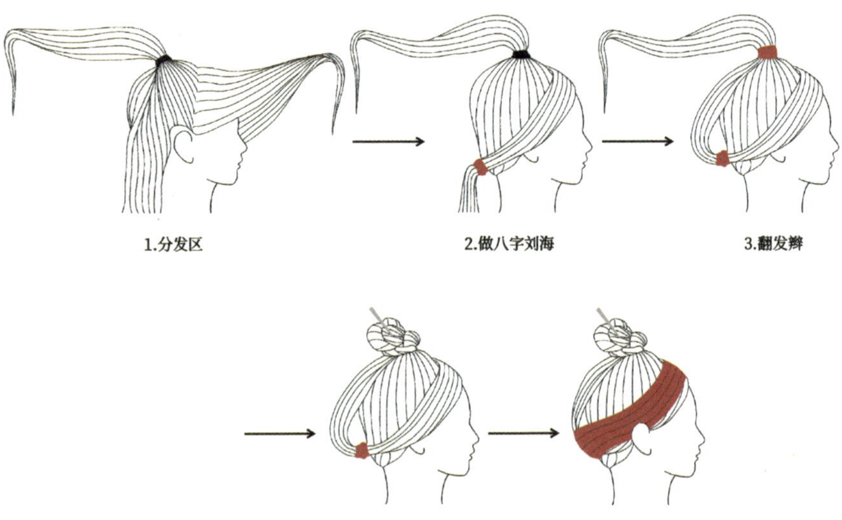


图 2-62　光泽妇女式凤凰髻的盘扎步骤图解（笔者绘制）

（3）漳平式。漳平市位于福建省西南部，畲族是该市的主要少数民族之一。漳平的畲族人口主要集中在桂林街道的山羊畲族村，这里是漳平畲族人口最多、最集中的村落。20世纪50年代初（1952年）《漳平县少数民族情况》这一调查报告中记载了当地畲民的装饰，尤其对畲族妇女的发饰进行了描述：“民族服装已改变，男人及中年以下女人均和汉族相同，50岁以上女人装饰略为不同，其头发式向上梳，在头顶绕上一团，有头巾是乌布做的，加四粒绒花，穿插大鼻子鞋，据说过去女人也有银项、手镯，及穿百褶裙等装饰，现在已没有。”接上文可知漳平的民族改装现象较其他地区而言较早，女性发髻相对而言最难改变，遵循了民族改装过程中从下半身装束到上半身装束再到头饰的一般规律。80年代有学者对漳平畲族女性发髻的盘扎方式进行记录（见图2-63、图2-64），兹引于下。“少女头饰无明显民族特点，与光泽式少女头一样，背垂长辫，上下两端扎红头绳。妇女发式明显与当地汉族不同，梳法较简单：先将头顶中央的头发集拢用红头绳打结，随后将四周余下的头发拢于脑后，并绾成坠壶状。接着再把后束头发向上翻，与头顶的发束联合扎上红头绳，插上银簪，最后把头发绾成螺髻，罩上发网。冬天有的还抱着四角缀有红绒球的方头巾，头巾包好后，头顶并立着二朵红绒球，两肩各垂着一朵，显得耀眼悦目。”

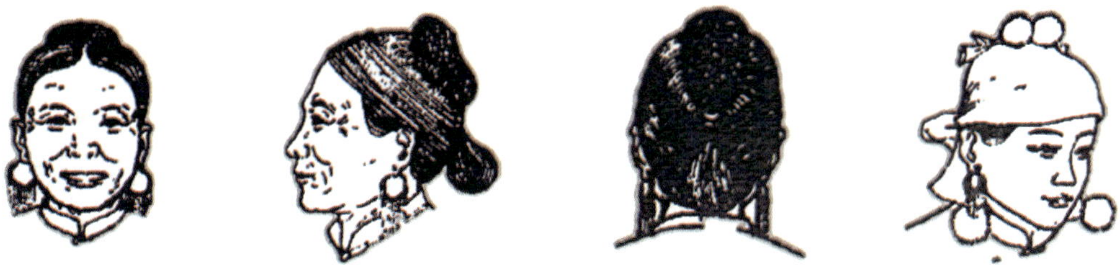

（a）正面　（b）侧面　（c）背面　（d）包头巾样式

图 2-63　漳平妇女式凤凰髻（摘自《福建畲族服饰研究》）

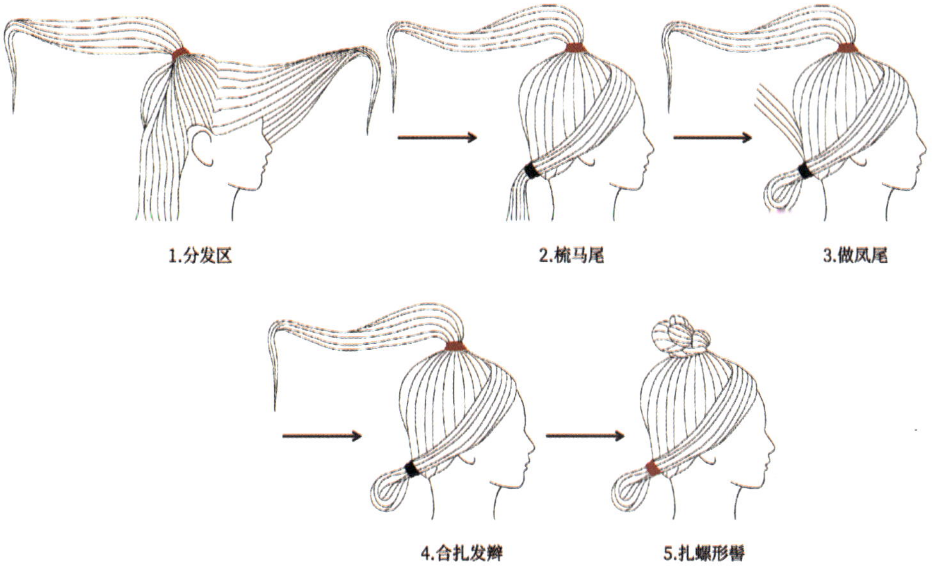


图 2-64　漳平妇女式凤凰髻的盘扎步骤图解（笔者绘制）

从以上描述可见，漳平地区的妇女发髻也有“螺髻”这一典型的罗源式发髻特征，因此，笔者合理推测在过去当地妇女以罗源式凤凰冠为主要发饰，后来由于这种凤凰冠穿戴不便或者其他原因，她们脱掉了凤凰冠转梳发髻，而“螺髻”作为戴凤凰冠的重要一步，这一标志性特征得以保留，但由于地理文化的原因，当地女性创造出一种独特的螺髻样式，与罗源式形成了不同的艺术表现形式。

第三章

# 畲族凤凰冠、髻的历史变迁与演变脉络

畲族凤凰冠、髻是动态发展的文化符号。本章基于历史文献资料及田野资料，系统考察畲族凤凰冠、髻的历时性嬗变轨迹，着重分析其从形制统一到文化分异，最终实现文化再生的完整演进过程，并深入剖析推动这一演变的多维影响因素。研究显示，在畲族凤凰冠、髻形成地域分异过程中，其文化呈现出明显的脉络演进规律，具体表现为迁出地与迁入地头饰文化之间保持着文化基因的延续性。本章结合畲族历史迁徙路线，阐释畲族亚支系凤凰冠、髻文化之间“同源异相”的辩证关系，勾勒凤凰冠、髻的脉络演进线路。在方法论层面尝试建构了“传统文化-民族迁徙”的互证式研究框架，为其他民族传统文化研究提供可资借鉴的参考模式。

# 第一节　凤凰冠、髻的历史变迁及影响因素

从时间维度解析凤凰冠、髻制式的变迁是本节的核心内容。研究表明，历史上畲族凤凰冠、髻的变迁经历了统一、分异、历简、新制四个发展阶段。其中统一与分异两个阶段主要发生于1949年以前。在这一时期，凤凰冠、髻从统一的制式向地区性样式的形成进行转变，并最终形成了多个区域性样式分支。历简与新制两个阶段主要发生于1949年以后，表现为不同地区凤凰冠、髻制作工艺、穿戴样式、制作材料的简化以及造型特征的夸张化与凤凰图腾的具象应用。在不同历史阶段下，畲族凤凰冠、髻发生形制变迁是多种因素综合作用的结果，涉及文化自我生长、地理环境、政治政策、族人意志、生活方式、审美观念等诸多方面影响因素。

## 一、凤凰冠、髻的历史变迁

### 1. 统一

畲族先民在隋唐之际就已聚居于福建、广东、江西三省交界处的凤凰山区一带，在较长的一段历史时间内他们“椎髻居左衽之半”。所谓椎髻，历史悠久且样式简洁，为中国古代先民广泛使用。梳髻时头发往后梳，尾部盘绕打结成银锭状，也有加入假发为饰的。畲族先民最初盘扎的椎髻发式虽无直接相关的图片资料可考，不过由于以上文献为汉人所书，因此笔者推测彼时畲族传统椎髻样式与当时汉人的椎髻无异，梳于脑后，似锤锥状。这种椎髻作为畲民最为传统的发式，一直延续至清。李调元《卍斋琐录》载：“广东朝阳有峯户，山中男女椎髻跣足。”又有《归田琐记》曰：“今之连江，罗源及顺昌诸邑，山谷间有一种村氓，男女皆椎鲁……谓之畲民。”顺治《潮州府志》载：“潮州府民有山峯曰徭僮，自言槃瓠之裔，其种有而，曰平鬃，曰崎鬃。”平鬃、崎鬃皆为潮州方言，可释为“低髻”“高髻”，也应属于椎髻之类。

明清之际除椎髻外，畲族女性头饰冠戴一种独特的冠式见载于各类文献，可见此头饰应为彼时各支系畲族女性的通用式样。闽西有诗云：“（畲族）家家新样草珠轻，璎珞妆来别有情。”乾隆《汀州府志》引《猺民纪略》载：“畲客妇人不笄饰，结草珠若璎珞蒙髻上。”所谓“草珠”应是绿色的石珠，“璎珞”装束则为斜插于冠上的红色流苏装饰。闽东地区的畲族女性亦以此冠式装饰头部，福安畲族“妇人高髻蒙布，加饰如璎珞状”，侯官县畲族妇人“高髻垂璎”，古田畲妇“头戴冠子，以巾覆之，或以白石、兰石珠络缚冠上；或夹垂两髻，与居民较异”。笔者认为，以上畲族女性佩戴的冠式从描述上看均与罗源式凤凰冠类似，应为畲民盛装时穿戴，而平时则梳椎髻。清代的《皇清职贡图》对这种推测提供了可供印证的资料：“（古田畲妇）以蓝布裹发，或戴冠状如狗头”“（罗源）女挽髻，蒙以花布，间有戴小冠者，贯绿石，如数珠垂两鬓间”，可见畲族女性当时确有两

种发饰，或挽髻（椎髻），或戴冠。

实际上，关于这种冠的记载最早始于元代，欧洲旅行家鄂多立克在游记中描述："（服装畲族）已婚妇女都在头上戴一个大角筒"。结合清代畲族原住区（广州）也有畲族女性戴这类头饰的文献记载："妇女高髻垂璎，头戴主冠蒙布，饰璎珞状"，笔者推测这种头饰应是继椎髻后畲族先民在原住区内形成的一种头饰风格，明清之际伴随民族的大规模迁徙，这种头饰广泛流布于福建各地，浙江与江西等省区在清以前应该也戴这类头饰，因为他们是从福建迁去的，且在清代历史文献中，浙江、江西两省畲族妇女的头饰亦与这类头饰十分相似，应是以该头饰为母版发展出的地域性式样分支。

### 2. 分异

如前所述，根据目前已有文献分析，畲族女性头饰的差异化演变最早可追溯至清中期（嘉庆）以前，其地域分布特征最初显现并主要体现于浙江处州（今丽水地区）一带。畲族最早在南宋淳祐年间迁入浙南云和山区，至清代已有数百年的发展历史。据文献分析，清代浙江处州（清代处州十县：云和、景宁、丽水、青田、缙云、松阳、遂昌、龙泉、庆元、宣平）畲族女性头饰风格相当一致，其制式应与云和式雌凤冠相仿，这表明至少在清中期，浙江地区的畲族女性冠式已经完成了由传统罗源样式向雌冠式的演变。

清嘉庆年间，丽水县督学屠本仁所作长诗《畲客三十韵》曰："（丽水畲妇）筠筒绿棚髻，布幅青搭额"。这是目前可查的浙江畲族女性头饰的最早记载，可见当时丽水（属处州）畲族女性戴"筠筒"发冠，额上搭着一块青布，即戴冠前用以围缠额头的黑色绉纱。清同治年间景宁畲妇："断竹为冠，裹以布，布斑斑，饰以珠，珠累累"，云和地区（同治）畲族女性"戴布冠，缀石珠"。从上述文献可以看出，当时景宁畲妇布冠应与雌冠式同。所谓"布斑斑"即红色条纹斑布，这是一种畲民自制的用以包裹头冠的土布，在田野调查过程中有畲民向笔者展示了这种自制土布，红色为底，饰以黄色斑纹。清末（光绪）魏兰先生所书《畲客风俗》一文图文并茂地描述："清代浙江（处州）畲妇额顶，戴以竹筒，筒外包以花布，镶以银。筒后又饰以红布，其旁缀以石珠。竹筒大寸许，长约二寸[3]有奇。"民国时期有文献追溯了清代处州一带的畲族女性头饰制式及尺寸："妇人之首所戴，有曰狗头者，可置于头，若柱然。其制为长二寸余之竹筒，外包花布，边镶以银，悬珠玉，后垂赤布，结发。亦有仅着一巾，如日本乡妇者。"综上可见，在清嘉庆浙江处州地区的畲族女性头饰的整体风貌便已与原本的制式不同，其特征为二寸竹筒、外包斑布（红布、花布）、饰银、筒后饰红布及缀石珠，即云和式雌凤冠（见表3-1）。

表 3-1　清代浙江处州畲族女性头饰文献

| 时期 | 地点 | 文献名 | 文献摘录 | 制式分析 |
|---|---|---|---|---|
| 嘉庆 | 丽水 | 《畲客三十韵》 | 筠筒绿棚髻，布幅青搭额 | 竹筒、青布搭额 |
| | | 《畲妇》 | 覆髻筠筒缀石珠 | 竹筒、石珠 |
| 同治 | 景宁 | 《景宁县志》 | 畲民……妇女椎髻跣足，断竹为冠，裹以布，布斑斑，饰以珠，珠累累 | 竹冠、斑布裹冠、饰珠 |

[3] 清代1寸≈3.2cm，下同。

续表

| 时期 | 地点 | 文献名 | 文献摘录 | 制式分析 |
|---|---|---|---|---|
| 同治 | 云和 | 《云和县志》 | 畲民戴布冠，缀石珠 | 布冠、石珠 |
| 光绪 | 处州 | 《处州府志》 | 冬夏以花布裹头，中为竹冠，缀以石珠，妇女皆然，未嫁者否 | 竹冠裹花布、石珠 |
| | | 《畲客风俗》 | 畲妇额顶，带以竹筒。筒外包以花布，镶以银。筒后又饰红布，其旁缀以石珠 | 花布包竹筒、镶银、筒后饰红布、石珠 |
| | 遂昌 | 《遂昌县志》 | 妇女帕蒙头，高冠缀石珠 | 高冠、石珠、帕子 |
| 民国（追溯文献） | 处州 | 《清碑类钞》 | 妇人之首所戴，有曰狗头者，可置于头，若柱然。其制为长二寸余之竹筒，外包花布，边镶以银，悬珠玉，后垂赤布 | 竹筒、花布、镶银、后垂赤布 |

表 3-2 《各县区苗夷民族概况》资料节选

| 地区 | 头饰描述 |
|---|---|
| 连江 | 发梳凰形，覆与额部 |
| 宁德 | 妇女发髻束以红巾 |
| 福安 | 女子之服饰稍异，发间特以三簪，用红布围箍 |
| 福鼎 | 女服饰迥异汉装 |
| 顺昌 | 发上盖以铜簪一百零八条，簪下箍以布圈，已婚者于簪上加红布数片 |
| 南平 | 头系红髻，束带，与汉服迥异 |
| 闽侯 | 女人则头戴竹管，长约九寸，缠以红布 |
| 罗源 | 梳凰鸟髻 |

在现存可查的历史文献资料中，关于畲族女性头饰地域性分异现象的记录主要集中于民国时期。1937年的《各县区苗夷民族概况》（表3-2），对福建地区畲族女性头饰的地域特征进行了较全面的记录和描述。据该表记载，民国时期福建地区仅有闽侯的畲族女性还戴着传统冠式：“女人则头戴竹管，长约九寸，缠以红布”，而其他地区已形成头饰风格的差异，连江、罗源、宁德、福安皆一改过去的戴冠之风，转而梳发以为髻。南平地区畲族女性“头束红髻，束带”，从这一描述看，这种发饰似乎非冠式而为髻式，但结合民国《建瓯县志》（在清代建瓯隶属于建宁府，南平属于延平府，但建瓯与南平接壤），可对当地畲族女性的头饰有更清晰的认知：“头结椎髻，用红布缠发，长约六寸如船式首饰”，可见此制式头饰与本文延平式相仿，应是当时建瓯、南平一带的区域样式，“六寸如船式首饰”即延平式凤凰冠之组钗。顺昌畲族女性“发上盖以铜簪一百零八条，簪下箍以布圈，已婚者于簪上加红布数片”，可见顺昌畲族当时已形成了极具当地特色的头饰样式。

通过综合分析畲族历史文物资料，笔者认为清中期以来畲族女性头饰的地域性分化现象初露端倪并逐步发展，至民国时期地域性样式的分支才逐渐形成规模。景宁畲族博物馆收藏了一顶编号为390的浙江景宁畲族雄凤冠。据了解，这顶冠为景宁畲族博物馆征集于浙江景宁县张后山村的一件藏品，清光绪三十一年（1905年）制作。可见，清末浙江处州景宁地区已经形成了异于处州其他县区的地域性头冠样式分支。民国时期（1931年），哈·史图博在《浙江景宁敕木山畲民调查记》（以下称调查记）一文中首次对这种浙江景宁雄凤冠的形制、制材与造型做详细的图文记录：“头饰是由一个三边为棱柱体形状的10

厘米长木支架构成，它的长轴是放在正中面上的。支架上罩着黑色棉布，其前面和两边镶上薄银片。有两根银制的棒状物以往上往后的方向安在木架上……”可见，雄凤冠清末出现，直至民国才逐渐在景宁畲族中形成趋势，并固化为一种区域文化符号。此外，福建霞浦半月里村畲族民间博物馆收藏了一顶清末霞浦式凤凰冠，该顶冠呈现出较强烈的地域特征，冠顶尖而立，装饰精致的银牌数片；宁德中华畲族宫馆藏一顶清末福安式凤凰冠，尖尖且向后倒伏的造型已可见其与传统罗源式之间的差异，此外，冠外银片包裹紧密，呈现出一种独特的甲胄风凤凰冠的独特形式。

## 3. 历简

有学者提出观点，认为在新中国成立至1978年的前三十年间，“我国社会主义经济是在计划经济体制下运行的”。计划经济体制下的生活资料统一调配模式，为研究当时畲族服饰文化的存续状况提供了宝贵的客观资料。这些资料证实了自新中国成立至20世纪80年代，畲族传统服饰（头饰）文化经历了一段相对稳定发展期。在这一时期，畲族传统服饰文化稳定传承的依据不仅在形制上表现为地域性传统服饰装饰元素及样式特征的进一步演进（见图3-1、图3-2），而且在供需方面表现为传统服饰制作原料需求量巨大。这里有几处福建省的畲族妇女服饰供应、补助记录可证。1962年《福建省商业厅、民政厅关于少数民族商品供应的联合通知》详细记录了畲族服饰材料供应的数据，这些数据为我们提供了对当时畲族服饰文化需求的量化依据。据该通知记载，除了为困难户安排的棉布10万市尺（1市尺≈0.33m，下同）和棉花1万市斤（1市斤≈0.5kg，下同）外，还特别为妇女缝制衣边袖口和绑腿等辅助材料，额外分配了棉布5万市尺，羽纱（白色）4000市尺。此外，为了装饰之需，还调拨了毛领300市斤、红头线500市斤、

（a）清末　（b）民国　（c）新中国成立后

图 3-1　罗源式畲族女性服饰上装的装饰变化
[图（a）为林章明收藏；图（b）拍摄于中华畲族宫；图（c）拍摄于畲族民间博物馆]

（a）70 年代以前　（b）70 年代　（c）80 年代

图 3-2　20 世纪 70 年代以前、70 年代、80 年代罗源式凤头髻的形制演变
（摘自《福建畲族服饰研究》）

纱织带1000市斤、绣花线500罗以及大号角梳3000个。1964年，福建省民政厅与福建省商业厅联合发布了关于畲族成年女性服饰补助用布分配的相关通知。该通知显示，共计分配了87906市尺补助布票，其中福安地区分配量最多，为66408市尺布票，而龙溪专区分配量最少，仅为158市尺补票（见表3-3）。

表 3-3　1964 年福建省少数民族地区补助布票分配情况

| 地区 | 数量/市尺 | 地区 | 数量/市尺 | 总量 |
|---|---|---|---|---|
| 福州市 | 1598 | 福安专区 | 66408 | 87906市尺 |
| 闽侯专区 | 15080 | 南平专区 | 3386 | |
| 晋江专区 | 673 | 龙溪专区 | 158 | |
| 龙岩专区 | 156 | 三明专区 | 447 | |

注：摘自《福建省民政厅、商业厅关于少数民族地区寒冷山区贫困户补助棉被及发给畲族成年妇女服装补助用布的联合通知》。

改革开放以前，国家不仅对畲族妇女制衣服所需的布料等进行补助，还对这种民族特需的银饰品（包括头饰）也进行统一分配与调度。1976年，福建省共计拨发生产少数民族特需用品原材料白银20万克（即6400小两），在宁德地区福安、罗源两县定点生产供应。福安生产点负责生产供应本县、霞浦、福鼎等地区的畲族特需银饰的加工制作与交付，罗源点则生产本县、连江、古田、宁德、福州等地区。据数据显示，罗源加工点计划加工畲族妇女头饰（髻面）184付，用于婚庆；福安加工点加工蜈蚣头夹1235条，供给霞浦、福鼎日常穿戴，头钗1852付，供给霞浦、福安、福鼎、顺昌、邵武日常及婚庆使用。在少数民族特需用品生产、供应的过程中，相关部门倡导“努力提高生产效率，减少原材料消耗，降低成本和价格，产品要以小件、实用为主，在题材内容和艺术造型上，要以毛主席‘百花齐放，推陈出新’‘古为今用，洋为中用’文艺方针为指导，要反映社会主义的时代风貌”，其中降低价格成本、小件、实用为主的号召反映了当时畲族女性头饰正在经历一个新的历史演变阶段——历简。

畲族女性头饰的“历简”现象可被深入理解为畲族女性头饰文化在历史发展脉络中所经历的文化简化过程，这一过程反映了畲族传统文化对时代变迁的适应（见表3-4）。畲族女性头饰的简化现象，具体体现为传统头饰在形制、制作工艺以及穿戴方式上的逐步简化。如前所述，这一简化趋势可能最早始于20世纪70年代，并不断持续至今，从开始的个别地区、个别装饰样式的简化到整个畲族地区、整个头饰结构及其穿戴模式的转变，畲族女性头饰的简化程度日益加深。以浙江丽水地区的雌冠式为例，传统戴冠步骤包括梳发髻、围缠黑色绉纱布、戴冠、插簪等复杂环节。然而，从90年代末的老照片资料可见，原本围绕头部的黑色绉纱已简化为预制发圈，直接套在头上，且妇女的刘海依然保留在前额，这一变化标志着头饰形制的简化。2005年，徐健超在《畲族服饰艺术》一文中，通过展示戴雌凤冠的畲族女性群像，更清晰地揭示了圈帽式雌凤冠的现代风貌。尽管样式上的差异不大，但穿戴方式及制作工艺的简化，无疑为畲族女性头饰的现代转型留下了深刻的时代烙印。除此之外，其他地区的畲族女性头饰也普遍有简化的现象陆续出现，罗源式凤头髻也在80年代形成了一种“以冠代髻”的简化发髻样式；福安式凤身髻也有新制的仿髻冠帽，用假发制成，戴于头部十分方便，据说这种冠帽是最近几年才开始出现的且制作费

表 3-4　传统畲族女性发饰与简化样式比较分析

| 名称 | 传统样式 | 简化样式 | 介绍 |
|---|---|---|---|
| 雄冠式 |  |  | 传统的雄凤冠是盘扎在头上的，需要借助黑色绉纱等造型物形成冠髻合一的效果；简化版则直接佩戴于头部，且制作工艺呈明显的工业化特征 |
| 雌冠式 |  |  | 传统的雌凤冠是头发与冠的互动，两者共同造型；简化版雌冠不仅造型方式简单呈圈帽状，而且工艺细节及制作材料也较简单 |
| 罗源式 |  |  | 传统的罗源式凤凰冠需要用红色绒线围捆住发髻再盘绕于头顶；简化版则用假冠代替，直接佩戴在头上 |
| 福安式 |  |  | 传统福安式凤凰髻以真发加红色绒线盘扎而成，形似碗匣状，头发需多且长；简化版则以假发做成帽形，对发型无要求 |
| 顺昌式 |  |  | 传统的顺昌式凤凰冠数百根银簪密缝成冠面插于发间，形似凤尾开屏状；简化版呈帽形，工艺简单且造型低平，凤凰开屏状态不显著 |
| 延平式 |  |  | 传统的延平式凤凰冠工艺复杂，簪上纹样丰富，盘扎于发间；简化版则为预制帽形，直接系扣于尾部，对头发的长短没有要求 |

用较高，一顶就要上千元；顺昌式凤凰冠盘冠面每一根簪上的纹样在过去都不相同，现在新打的冠面簪上图案仅有一种，更有的用简易的冠帽代替，冠帽上的簪以白铜或铝片为之，工艺上差得很远，造型也不如以前好看；延平地区近年来新打的簪子上纹样十分简单，甚至有更简单的帽式凤冠，直接戴上省去繁杂的盘发步骤。

### 4. 新制

在时代的荡涤与冲击下，畲族女性的头饰文化尤其是凤凰冠，正经历着较大的演变：一批新制头饰迅速渗透至畲族民众的日常生活乃至用于文化展览的博物馆之中。凤凰冠作为畲族女性传统盛装的重要组成部分，其新制作品在创作上呈现出多样化趋势。本书所指的新制凤凰冠现象，与前述历简的凤凰冠有所区别，主要是指在传统凤凰冠的基础上进行艺术性的再创作和创新。这些新制凤凰冠在样式上更为夸张，装饰亦更为繁复，因此其实用性在日常穿戴中受到限制，更多地被视作一种艺术展示品，或在某些特定的、较为隆重的场合中使用。

2022年，江西服装学院服饰博物馆从其丰富的非物质文化遗产（非遗）展品中精选出与江西地域文化紧密相关的非遗类别，策划并举办了两场引人入胜的线上非遗展览活动。其中，“有凤来仪——畲族凤凰冠集萃展”作为主题展览之一，特别呈现了五款新制的景宁式凤凰冠以及一款丽水式（云和式）凤凰冠。通过展览所提供的详尽展示资料，我们可以观察到这些新制景宁式凤凰冠在设计上普遍保留了传统凤凰冠的核心元素，包括竹制冠体、珠链以及冠体上的角形装饰或银钗等。在对新制凤凰冠与传统凤凰冠的高度进行比较时，可以发现其差异显著。新制凤凰冠的平均高度为56.4cm，其中最高者达到了69cm，而最低者约为46cm。此外，新制冠体的色彩运用相较于传统景宁式凤凰冠亦有所突破，多数采用红色和蓝色布料包裹竹制冠体，与以往以黑布裹冠的传统样式形成了鲜明对比。值得注意的是，这批新制凤凰冠在装饰风格上展现出了明显的夸张趋势，其中一款景宁式凤凰冠在高度上进行了增加，同时在横轴装饰上进行了创新。该冠的左右两侧银制簪钗上各悬挂着五条白色珠链，这一设计不仅增强了凤凰冠的视觉效果，也体现了对传统凤凰冠装饰艺术的现代诠释和创新（见表3-5）。

表 3-5　江西服装学院博物馆藏新制凤凰冠（部分）

| 图片 | 名称 | 尺寸 | 材质及说明 |
|---|---|---|---|
| 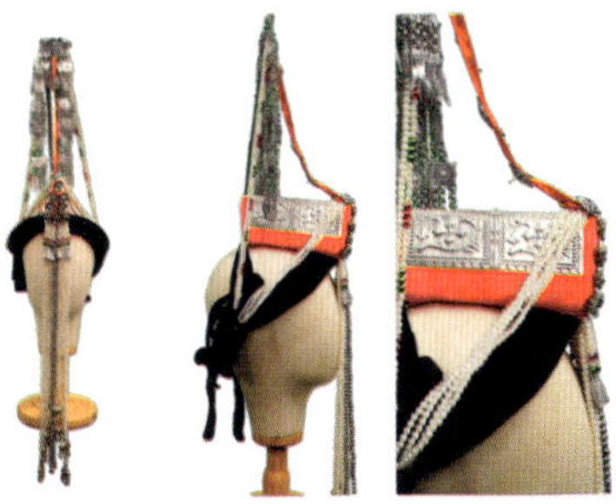 | 景宁式凤凰冠1 | 帽子长14cm，系带帽子高69cm | 竹制冠。凤身支架裹红布，头面左右两侧各镶两枚花纹银片；额面镶八颗银花，下饰珠链喇叭吊坠覆面；额面顶部用软布索连接支架后端银骨挣，左右珠链弧形盘绕头面两边结于头箍后侧；支架后端以两根包锡箔纸竹片拼成狭长凤羽状银骨挣，顶镶银金，饰反蕉叶银吊坠；左右两侧各悬珠链结于头箍后侧 |
| 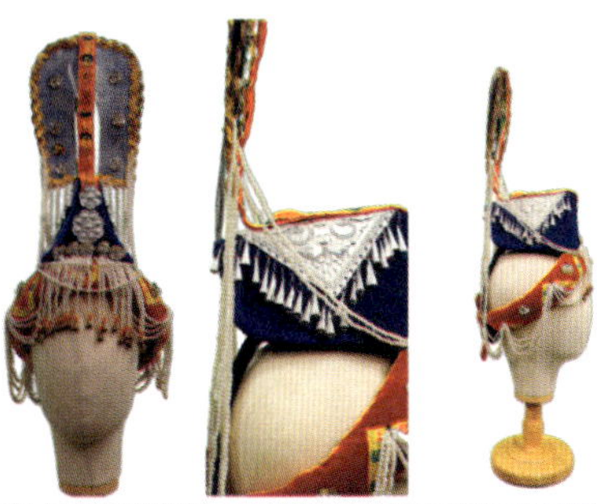 | 景宁式凤凰冠2 | 帽高50cm，帽宽23cm，帽长17cm | 竹制冠。凤身支架裹蓝布，头面左右两侧各镶一枚倒三角蝶纹银片，下饰喇叭吊坠；额面上下各镶大小银花两枚、水晶花五颗，下饰短珠链吊坠，侧面长珠链左右弧形结于头箍侧后；额面上部以布索包银片连接支架后端银骨挣；银骨挣以大铝片拼成倒U形，象征凤尾；左右银骨挣上各悬五条珠链，垂于头箍后侧，象征凤脚 |

福建地区几类代表性的畲族女性头饰样式，其新制样式的涌现也体现了传统与现代设计的交融。图3-3所示的新制霞浦式银凤凰冠，其底层采用红布围裹，外层以银质折线形装饰构成框架，该框架上精心钉缀13片方形银牌，每片银牌上均錾刻有不同形制的纹饰。冠的中央部位以银丝和银花巧妙制成类似凤尾的装饰造型，冠的下层则悬挂三层较大的银牌，银牌上仅以三只精致的立体凤鸟造型作为装饰，凤鸟中央镶嵌翠绿色宝石，两侧配以透亮的黄色宝石，最后一块银牌下方则坠以9条银链，链尾各挂一枚银牌，形态各异，包括钟形、鱼形、锁形等。相较于传统霞浦式凤凰冠，新制银冠在银质材料的使用上更为广泛，几乎覆盖整个冠体，而在部分装饰上展现出简化的工序。据传，这类新制银冠的制作流程极为复杂，从设计方案的制订到雕刻成品，需经过五十多道纯手工工序，涵盖了设计图样、熔炼范铸、锤打成形、雕刻、掐丝镶嵌、组合焊接、精修、表面处理等关键步骤。其中，掐丝镶嵌工艺尤为引人注目，因其在传统霞浦式凤凰冠中尚未出现，可视为现代工艺技术与传统头饰文化融合的重要标志。在福安式凤凰冠、罗源式凤凰髻中，亦可见新制花样的涌现。这些新样式的凤凰冠通常会夸张地使用凤凰元素，从这个角度来看，传统的制式已发生了显著的转变，因为传统的凤凰冠并不直接采用这种夸大的凤鸟图腾进行装饰。这种转变不仅反映了现代设计理念对传统头饰文化的重新诠释，也展现了畲族文化传承与创新的动态演变过程（图3-4、图3-5）。

（a）整体　　（b）细节

图 3-3　新制霞浦式银凤凰冠整体及细节展示（林仕元制）

（a）整体　　（b）细节

图 3-4　新制福安式凤凰冠整体及细节展示（拍摄于宁德师范学院）

（a）整体　　（b）细节

图 3-5　新制罗源式凤凰髻整体及细节展示（拍摄于福鼎茶岗畲族村）

## 二、凤凰冠、髻的历史变迁释因

### 1. 1949年以前的凤凰冠、髻变迁影响因素

（1）文化自我生长。唯物辩证法深入剖析了事物演进的普适法则，凸显出万物皆处

于错综复杂、永无止境的相互关联与动态发展之中。畲族女性头饰，这一深植民间的习俗文化现象，其流变轨迹亦契合此规律，彰显出鲜明的文化自我生长特质。文化自我生长，恰是畲族女性头饰一种样式向另一种样式（多种样式）演进的关键内驱力之一。

本书所言文化自我生长，并非意味着文化在与外界彻底隔绝的封闭环境中独自成长。事实上，任何文化现象都难以做到与其他异质文化完全绝缘。即便畲族群体长期栖居于偏远山区，与外界文化接触相对有限，但各种形式的文化交流仍时有发生，或直接或间接、或主动或被动、或冲突或平和。此处所指文化的自我生长性，实为文化内在固有的一种根本属性，可视为深植于文化基因中的自我生长之潜能。当畲族文化遭遇其他异质文化冲击，或族人发现新材料、新技术、新方法，抑或外部政策环境生变，又或畲民察觉某款式头饰能更好地满足特定功能需求时，头饰文化便可能发生变化。此变化过程或漫长渐进，或因偶然事件而产生突变。畲族女性头饰，作为族群审美情趣的直观展现、族群文化的物质载体以及族人日常生活的实用物品，其内里蕴含的文化自我生长性，注定会在特定时刻催生某种文化变异。文化自主生长永不停歇，有时其表现或许微妙难察，但日积月累，终将量变引发质变，为人们所感知。

（2）地理环境变迁。地理因素在畲族女性头饰差异化演变过程中扮演着至关重要的角色，其影响主要体现在两个层面。

首先，天然地理阻隔对本民族文化间的持续性交流传播构成了显著制约。施联朱在新中国成立后的畲乡调研中这样回忆：“在从浙江云和县去景宁畲乡的路上，要翻山越岭，过河涉水，整体穿行于遮天蔽日的深山老林之中……在福建，交通更加艰巨，畲乡山区尽是羊肠小道，崎岖难行。从福州去罗源八井畲乡，要坐船经连江，以漆黑的夜晚为掩护，出闽江口，冒着马祖蒋军的炮轰危险，绕着海岸行驶，到罗源湾后，还要步行几十里，历时两天，才抵达罗源县城……”由于地理环境的限制，不同地区之间的文化交流与互动频率降低，导致各地区在服饰形制上的创新与变革难以及时传播与共享。这种信息流通的不畅，使得各地畲族在头饰制作上更多地依赖本地传统与资源，从而在一定程度上阻碍了畲族女性头饰形制的统一，促使它们朝着各自独特的方向发展演变。

其次，不同地理环境下可利用资源存在差异，也是造成服饰形制差异的重要因素。自然资源的不同造成头饰制式的差异，例如景宁地区拥有十分丰富的银矿资源，这为当地畲族头饰的制作提供了充足的原材料。因此，在雄凤冠的制作中，可以大量使用银饰品进行装饰，使其在形制上显得更为华丽、繁复。相较之下，雌凤冠由于受到资源限制，可能在银饰品的使用上相对较少，从而在形制上呈现出不同的简约风格。另外，在社会资源的利用方面，畲族头饰的制作实践呈现出一种独特的匠人手工艺与族人口头传承相结合的特征。这些头饰通常由当地的银匠手工打造，银匠们在制作过程中，必须依赖畲族民众的口头描述来获取头饰的样式、图案等关键信息。这种口头传承方式使得头饰的制作过程充满了不确定性和个性化因素。银匠们在遵循传统描述的基础上，还会融入个人的工艺风格与偏好，如对某些图案的细微调整、对装饰布局的独特构思等。这种依赖口头传承与个人创造的制作方式，不可避免地导致了凤凰冠形制上的多样性与差异化。每个银匠的技艺水平、审美观念、创新思维都不尽相同，从而使得每一套头饰都可能成为独一无二的艺术品，展现出丰富的地域文化内涵与民族特色。

（3）统治阶级意志影响。明代中叶以后，在福建、广东、江西边区，越来越多"新民"向化，这部分"新民"中有很大一部分是畲民。所谓"新民"，指的是那些正式纳入国家治理体系并编入户籍的民众。畲民编户为"新民"的直接证据主要体现在两个方面：首先，畲民开始参与国家治理体系下的科举考试，这标志着他们逐渐融入了国家的文化和教育体系；其次，畲族从"不税不役"的状态开始交纳税收并被征用抗寇，这表明他们在经济和社会责任方面也逐渐与国家的其他民众趋于一致。此外，随着畲民逐渐被纳入国家治理体系，其传统服饰文化在统治阶级意志的影响下必然会向主流中心文化聚拢，特别是在男性服饰方面，在国家政策的规定下最早开始与齐民服饰趋于一致。清末有相关政策（宗族政策、政府政策）要求畲民（包括女性）改变传统服饰，其中别致的传统头饰自然也很可能成为被易换的对象。例如，上杭县钟姓畲族在其族约中提及要求族人"戒异服：《诗》曰'彼其之子，不称其服'，盖异服与异言同警，服之不衷，身之灾也。世有一等人，立异矜奇，衣冠不正，最令人厌。不知为工者，只知各勤其业，奚容外慕！夫纷华即绸缎纱罗，服有等级，草野编氓何敢上拟缙绅之贵也！家无斗米，服值千缗，非其所衣而衣之，亦自与异服同罪。愿告族人当戒异服。"再如，光绪年间福建按察使司发布一则告示指出："福宁府所属各县，见有一种山民，纳粮考试与百姓无异，惟状束不同，群呼为'畲'，山民不服，时起争端。家主向山民劝改装束，与众一律，便可免此称谓，无不踊跃乐从。"这也反映了在统治阶级意志的影响下，畲民对其服饰的改造。

（4）畲民有意为之。畲族女性头饰在支系识别方面具有显著的功能，不同地区的畲族女性头饰展现出较强的排他性特征，族内成员对各自头饰的文化认同感也较为强烈。从这一视角出发，畲族女性头饰制式的差异化演变很可能是不同支系畲民有意为之的结果。

考察畲族的迁徙模式，可见其复杂多样：既有家庭中部分成员分迁的情况，也有全家一起迁徙的情形；还有蓝、雷、钟等姓氏家族联合集体迁徙，迁徙时聚合，定居时分开。畲族村落多由血缘相近的同姓聚族而居，其宗族结构分为"总祠（公祠）—同姓宗祠（支祠）—房（宗祠内子孙派系分支）—家庭"四个层次。因此，畲民头饰的最初演变，很可能是迁徙至不同地区的畲民支系为了在视觉上将自身与其他畲民区分开来，而有意识地改变头饰制式。正如哈·史图博在田野调查时所观察到的，畲族妇女的头饰因氏族不同而有所差异。蓝姓氏族的头饰由黑布搭配银制品和玻璃珠的华丽装饰构成，而在云和县雾溪以西的河思砻村（居民均为钟姓），畲族女性的头饰则相对简单，银器较少，主要以钢制品为主，外罩红布。畲族女子头饰文化是畲族次文化形成的重要体现，次文化本身的特殊性催生了其中的"我群意识"。这种意识虽然存在于畲族文化体系中全民族的"我群意识"（即民族自识性）之下，但仍然具有同一文化体系内的排他性。不同形制的凤凰冠或许从被创造之初，就被畲民有意识地赋予了辨识姓氏、区分支系的功用，从而在畲族社会中发挥着重要的文化标识作用。

### 2. 1949年以后的凤凰冠、髻变迁影响因素

（1）生活方式变迁。生活方式在广义上指个人或群体在日常生活中所展现的一系列行为习惯、行为模式以及价值观念的综合体现，包括饮食习惯、运动方式、娱乐活动、

工作习惯、社交方式、消费观念、审美观念和造物方式等多个方面。生活方式的形成与演变受到社会环境、经济发展、科技进步以及文化传承等多重因素的共同作用与影响。此处所指的生活方式具有特定的狭义范畴，专指畲民在社会生活中所扮演的角色及其相应的行为模式与价值取向。

1949年新中国成立后，畲族作为中华民族的重要组成部分，与各民族一起步入了现代化的发展轨道。这不仅引发了畲族内部畲民生活方式的深刻变革，而且也促使整个社会的生活方式发生了翻天覆地的巨变。在内部与外部生活方式双重变革的交织影响下，畲族女性的发饰开始转变：以往畲族女性的活动范围仅限于家庭或村落，而现代女性越来越多地参与到社会生产与公共事务之中，成为社会发展的积极力量。她们开始更加注重发型的实用性和便捷性，以更好地适应快节奏的社会生活和日益多样化的社会活动需求。传统的畲族头饰往往需要与真发结合，这不仅要求佩戴者拥有较长的头发和较多的发量，而且佩戴过程相对烦琐复杂。而现代畲族女性的发型趋向多元化，且普遍不会留过长的头发，这就使得传统的头饰在实际应用中显得不够便捷和实用。因此，简化样式的头饰应运而生，它们能够适应不同发型的佩戴要求，使得畲族女性在特定的场域下也可以戴上传统的民族头饰，实现族内生活活动与社会生活活动的快速切换。

（2）审美、价值观念转变。畲族女性审美观念与价值观念的转变是畲族女性发饰变迁的重要影响因素。在现代大众文化的广泛渗透与影响下，畲民的审美观念正经历着持续的更新与重塑，其核心特征表现为对现代审美文化潮流的积极迎合与适应。传统畲族头饰作为承载着丰富民族文化和历史传承的重要载体，其在现代审美观念的冲击下，逐渐显露出与当代时尚潮流的差异与隔阂。在日常生活中，人们愈发倾向于追求简洁、时尚、个性化的服装造型，以彰显个人的审美品位与独特魅力。在需要佩戴头饰的族群生活场域下，年轻一代的畲族女性受到现代时尚观念的熏陶与影响，认为传统的朴素、简单的头饰并不好看，更倾向于使用更加夸张、装饰更加丰富的头饰。与此同时，畲民的价值观念也在经历着深刻的转变。在过去，畲族头饰不仅是家庭经济实力的象征，还充当着家庭财物的保管方式。其制作所用的材料珍贵稀有，工艺复杂精细，导致制作成本极高，价格十分昂贵。贫困家庭往往无力承担制作凤凰冠的高昂费用，即便是富裕家庭，也会将珍贵的凤凰冠代代相传，视其为家族财富的重要组成部分。当下制作一顶景宁式凤凰冠的费用高达8000元，而打造一支顺昌式银钗则需花费70～90元不等，一个完整的冠需由60～120支银钗组成，即便按照最低标准计算，也需要4200元。面对如此高昂的制作成本，加之凤凰冠已不再适用于现代日常生活的实际需求，畲民们普遍减少了对高价凤凰冠的制作与购买需求，转而寻求价格低廉、佩戴便捷的头饰代替传统的样式。

（3）现代材料与工艺融入。随着生产方式的演进和社会经济的持续发展，畲族女性头饰在材料选择与制作工艺上呈现出与以往不同的简化趋势，这是造成畲族女性头饰简化现象的直接影响因素。传统畲族女性头饰的制作主要采用竹条、竹筒、木片、银片等自然材料，这些材料虽在造型设计的灵活性、色彩搭配的多样性以及质地轻便性方面存在局限，却蕴含着制作者长期积累的工艺技术和匠心独运的艺术情感，彰显出浓郁的民族特色与意匠工艺之美。然而，当下金属、塑料等新型材料在畲族头饰制作中日益普及。这些现代材料具备优良的可塑性、多样性、便利性、舒适性，并且成本相对较低。但这类运用是导致畲族女性头饰呈现出简化特征的直接原因之一。在制作过程中，省略与简化了诸多蕴含丰富民族文化内涵和精湛手工技艺的传统步骤，细节处理不再需要投入大量时间和精力。

（4）精神符号的转变。头饰是一个民族最易判明的外部形象显著标志和一种非语言的文化式，是民族艺术精神的物质外壳，是表达民族审美心理的特定符号。新制畲族女性头饰中凤凰图腾的夸张应用从一定意义上可以反映畲族精神符号的变迁，标志着从盘瓠到凤凰的图腾文化符号重构。尽管如此，福建畲族女性服装与冠髻样式中盘瓠意象的表达并未随着凤凰崇拜的兴起而消弭，转而以隐性的方式存在。如畲族女性头饰以青黑为底饰以五彩色，传承“好五色服”的盘瓠后人习俗，以纪念五色犬盘瓠；再如畲族凤凰冠上的“尖尖”造型呼应盘瓠的形象。畲族女性头饰是图腾文化表达的重要载体，畲族服饰名称、形制与纹样的渐变反映出整个畲族社会中精神文化符号的转变。在这个过程中，“变”为其表，“融”为内核，这种变融汇合的精神符号变迁是畲族女性头饰既保留传统特征，又夸张应用凤凰造型制成新型头饰的重要影响要素。

## 第二节　民族迁徙与凤凰冠、髻的演进脉络

畲族的迁徙是一个复杂的过程，涵盖了众多主支线。通过对比同一迁徙路线上不同地区畲族凤凰冠、髻的形态特征与装饰风格，可以揭示它们之间具有显著的脉络关系。浙江、福建是我国畲族人口最多、文化保存最为完整的两省，畲族凤凰冠、髻的渐变式脉络相承关系表现得十分显著。本节在探讨民族迁徙与凤凰冠、髻的互证关系时，以浙江、福建地区的畲族女性头饰变迁作为主要的讨论对象，同时辅以皖南、赣东北等地区的迁徙资料与头饰影像资料作为支撑和补充，意在较为全面地复原沿民族迁徙路线畲族凤凰冠、髻演进脉络关系。研究表明，畲族凤凰冠、髻的演变与族群迁徙的历史存在互文互证的内在关联性：一方面，畲族凤凰冠制式变迁从侧面印证了其族群迁徙线路的真实性；另一方面，梳理族群迁徙的路线可探寻凤凰冠、髻之间的文化关联，追溯其文化根脉。

### 一、畲族的迁徙

畲族是我国南方古老的迁徙民族，在漫长的民族迁徙过程中，畲族文明实现了文化自我生长与吸收采纳在地文化因子有机统一，逐渐形成了丰富且极具民族识别性的民族文化风貌。目前学术界认为畲族历史上的迁徙有主、支两条迁徙路线，其一为主流迁徙路线，是从福建、广东、江西交界处凤凰山一带北迁至闽东罗源和浙南云和、景宁一带，并以浙南云和、景宁为重要集散地进一步向北迁徙至皖南地区；另一条支线迁徙路线是从广东沿

海向西南内陆方向的迁徙。频繁的迁徙致使原本集中的畲族文化生态日趋分散，并最终形成了如今“大分散，小聚居”的民族分布格局。小聚居是畲族的村寨微观，大分散是畲族的宏观分布。在宏观层面上，畲族的北迁现象构成了一幅宽广的民族历史迁徙图景，然而这一宏观趋势下隐藏着诸多微观层面的迁徙路径。这些微观路径揭示了畲族支族在特定历史时期所做出的迁移决策，勾勒出更为复杂和多维的民族迁徙模式。

### 1. 畲族的北迁：粤—闽东—浙南—皖南

（1）由粤入闽。在公元7世纪初，也就是隋唐之际，畲族人民已经聚居在福建、广东、江西三省交界的凤凰山一带，无论是畲族广泛流传的族源史歌《高皇歌》，抑或是各地畲族族谱及民间故事传说，都赋予凤凰山非凡的民族意义，共认其为畲族的民族发祥地。隋唐生活于凤凰山的畲族先民已发展成相当大的族群势力，性情彪悍、不税不役，时有发生暴乱及起义，以至于被朝廷不断派兵征讨。《云霄厅志》曰：“高宗总章二年（669年），泉朝间蛮僚啸乱，民苦之……元光以轻骑平之。”这段记载反映了当时朝廷对畲族起义的镇压。在唐军的军事压力下，畲族地区受到了封建统治的加强，这促使了畲族先民进行了大规模的迁徙。

自唐代始，广东畲民陆续向闽南、闽东迁徙。据《畲族风俗志》归纳，广东迁徙福建的路线大致是：广东潮州—云霄—漳州—同安—安溪—莆田—闽侯—福州（闽东）—古田—连江—罗源—福安—霞浦—福鼎。闽东是畲民迁入福建的主要集中地，其中尤以连江、罗源两地为畲族北迁途中的两个重要地点。许多畲族族谱中记载连江、罗源二地为畲族先民入闽的首登地，并认为先祖在唐光启二年由海来闽，至连江马鼻道登岸，徙罗源大坝头居。此外据考证，迁入浙南的畲族也都需经由连江、罗源两地。

（2）由闽入浙。目前学界主流观点认为畲族由闽入浙的路线分主、支路线各1条，其主流路线为罗源—宁德—福安—泰顺—景宁—云和—丽水—兰溪—宁国（皖南），支流路线为罗源—福安—福鼎—平阳—温州。通过对早期学者绘制的迁徙路径图及相关族群迁徙文献的综合分析，本书提出畲族最初可能从广东潮州地区出发，经过多地辗转后迁入福建东部的罗源县。以罗源县为基点，畲族的北迁路径可以细分为三条主要分支。经过考证，原先被认为是主迁徙路线的路径应被重新划分为两条新的迁徙路线：第一条新的主迁徙路线为罗源县—景宁—云和—丽水—桐庐—宁国或罗源—景宁—遂昌—兰溪；第二条新的次要迁徙路线为罗源—福安—霞浦—福鼎—泰顺；第三条迁徙路线与之前学界普遍认同的次要迁徙路线相同，即罗源—福安—平阳—温州（见图3-6）。

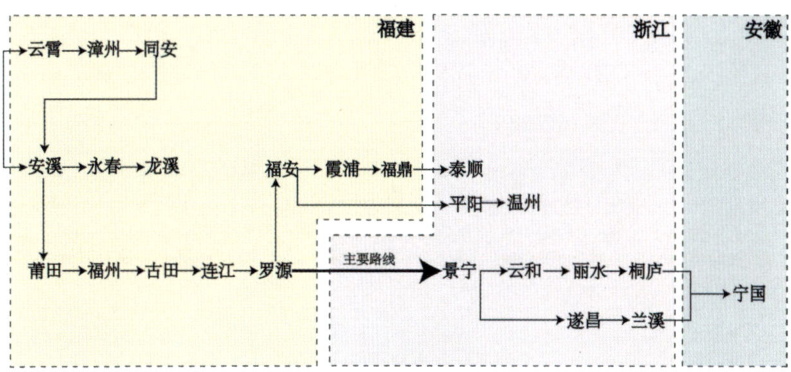


图3-6　畲族北迁路线

本书关于畲族由闽入浙的迁徙路线与前人不同的观点主要是：迁入云和、景宁的畲族是由闽东罗源地区直迁，而非经过福安、泰顺再迁入云和、景宁。畲族很可能最早于南宋淳祐年间从福建迁徙至浙江丽水小窟（现云和小徐乡山脚村）。据景宁畲族自治县澄照乡四格村《蓝氏宗谱》载："始祖蓝敬泉于南宋淳祐年间（1241~1251年）由景宁罗源县黄庄下迁居浙江处州府丽水小窟（现云和县小徐乡），后迁居景宁县驮磨庵（现澄照乡）。"《丽水地区畲族志》一书中汇总了畲族迁入丽水地区情况简明表，其中由南宋迁入浙江云和的蓝氏支族从时间上看排第二位。位列第一的是早先时候学术界所认同的畲族在唐永泰二年最先迁入浙江景宁地区的说法，其依据是一份由景宁畲族自治县敕木山村保存的文书——《唐朝元皇南泉山迁居建造惠明寺报税开垦》，文书载："永泰二年丙午岁，雷太祖进裕公一家五人与僧昌森，子清华二人，从福建罗源县十八都苏坑境南坑，一同来到浙江处州府青田鹤溪村，住大赤寺（现景宁畲族自治县澄照乡赤洋村）。"然而这一说法随后被证伪：一则唐光启二年（公元886年），畲族才迁入罗源，照此推理，唐永泰二年（公元766年），即120年前，畲族不可能迁入浙江，因为此文书载景宁畲族是从罗源迁去的；二则是按惠明寺畲民《雷氏宗祠》所载的雷姓排行，从"进"字辈到"开"字辈共11代，如按每代30年算，那么雷氏祖辈迁到景宁至今已400多年，也应是在明万历年间，而不是在唐代。

明清时期，福建地区的畲民大量涌入浙江，据《浙江省少数民族志》统计，有78支畲族支系有迁入时间记载，其中明代迁入46支，清迁入30支。笔者结合早先学者绘制的迁徙路线与族群迁徙相关文献资料认为由闽东畲族迁入浙南的迁徙路线分支繁杂，大致有三条路线，其中主要路线是：罗源直接迁入云和、景宁，再分迁丽水、遂昌、兰溪等地；还有一条以罗源为起点迁至福安、福鼎，继而迁入浙江泰顺地区并不再分迁；最后一条从罗源至福安、福鼎再迁入平阳。笔者根据《浙江畲族迁徙情况简明表》记录统计（见表3-6），从福建迁入浙江云和的有20支，迁入景宁的有14支，迁入平阳的有20支，

表 3-6　根据《浙江畲族迁徙情况简明表》汇总

| 迁入地点 | 迁入支族（迁出地） | 数量 |
|---|---|---|
| 云和 | 蓝敬泉支族（罗源）；蓝敬泉支族（福安）；蓝谨传支族（罗源）；雷万六郎支族（古田）；云和黄处雷姓支族（福建）；蓝凤进支族（古田）；蓝念一郎支族（福州）；蓝国正支族（连江）；蓝法令支族（罗源）；蓝法东支族（连江）；蓝法增支族（连江）；云和蓝统成支族（罗源）；蓝义存支族（罗源）；雷千八郎支族（连江）；蓝国用支族（连江）；雷大六十一郎支族（古田）；蓝草三支族（罗源）；蓝林生支族（罗源）；蓝非应支族（福建）；蓝立言支族（福建） | 20支 |
| 景宁 | 雷进裕支族（罗源）；钟日章支族（连江）；雷尚文支族（罗源）；雷世隆支族（罗源）；蓝姓支族（罗源）；雷进明支族（罗源）；钟智思支族（罗源）；钟隆照支族（罗源）；蓝高元支族（罗源）；雷虔山支族（罗源）；钟石洪支族（宁德）；景宁蓝世全支族（古田）；景宁彭坑蓝敬方支族（罗源）；雷孔华支族（古田） | 14支 |
| 平阳 | 蓝崑罔支族（罗源）；雷明海支族（罗源）；蓝朝骋支族（罗源）；钟天锡支族（罗源）；钟凤麟支族（泉州）；雷大法支族（福鼎）；雷宗飏支族（福安）；雷水祥支族（罗源）；蓝敬凤支族（罗源）；蓝意必支族（罗源）；蓝定富支族（漳州）；雷吉恒支族（古田）；李景崇支族（福鼎）；雷法罡支族（福鼎）；钟奇元支族（罗源）；雷法权支族（罗源）；雷仁贵支族（龙溪）；蓝意清支族（侯官）；雷念二支族（罗源）；钟百户支族（福鼎） | 20支 |
| 泰顺 | 钟明德支族（福安）；钟郡平支族（福鼎）；钟汪国支族（福安）；雷陈帮支族（福安）；雷振国支族（福鼎）；钟如明支族（福鼎）；蓝可津支族（福鼎）；雷鸣贵支族（福安）；蓝荣魁支族（福安） | 9支 |

续表

| 迁入地点 | 迁入支族（迁出地） | 数量 |
|---|---|---|
| 其他 | 衢县蓝敏支族（建安）；青田岭脚雷景云支族（罗源）；文成旁边垟雷念支族（连江）；遂昌培坞雷仁生支族（罗源）；台州黄岩蓝朝振支族（罗源）；遂昌井头坞蓝法亨支族（罗源）；开化雷尔宪支族（古田）；青田蓝百七支族（侯官）；武义陶七垅雷姓支族（罗源）；龙泉新庄钟维盛支族（上坑）；龙泉钟绍鼎支族（江西）；龙泉钟象美支族（福建）；青田蓝万二十支族（罗源）；杭州雷顺星支族（罗源）；龙泉钟耀明支族（汀州）；龙泉钟绍翼支族（江西）；开化钟钦公支族（汀州）；常山县蓝旺雨支族（汀州）；金华钟运来支族（武平）；江山县钟菲适支族（江西）；金华蓝观文支族（福清）；金华钟新养支族（武平）；淳安县雷清桢支族（江西）；衢县雷上先支族（上杭）；江山县蓝简渡支族（江西）；衢县蓝鼎玉支族（上杭）；龙游县雷等支族（福安）；衢县雷宽心支族（江西） | 28支 |

迁入泰顺9支，迁入浙江其他散杂地区的共有28支。云和、景宁地区是畲民北迁途中的重要集中地，一般以这两地为基点再分迁至丽水、遂昌、兰溪、桐庐、安徽宁国等地区，同时研究发现迁入云和、景宁地区的34支畲族支族从罗源直迁的有17支，连江直迁6支，古田直迁5支，福州1支，福安1支，宁德1支，其余3支据记载由福建迁入。罗源、连江、古田几地非常接近，可见云和、景宁畲族支族大都是在罗源一带直迁。泰顺地区9个支族都是从福建福安或福鼎两地迁入，迁入泰顺后不再有向其他地区分迁的记录。迁入平阳的20支中有一半都是从福建罗源直接迁入，也有从福安、福鼎迁入的情况。

（3）由浙入皖。畲族由浙入皖的线路比较清晰可查，自迁入浙南景宁、云和、丽水后，部分畲族先民继续北上迁至浙中兰溪、浙北桐庐等地方，皖南畲族就是这一迁徙路线的“水尾”。安徽畲族大部分都是清代从浙江地区迁徙过去的。据调查，畲族中的钟姓于光绪五年（1879年）、光绪六年（1880年）自浙江淳安落户于宁国云梯千秋关；雷姓于光绪十三年（1887年）自浙江桐庐县落户于云梯独山头（后迁居独立头）；蓝姓于光绪十九年（1893年）自浙江兰溪落户云梯西坑。综上，笔者绘制了畲族先民以广东潮州为始发地北迁至闽东、浙南、皖南地区的主流迁徙路线（图3-6）。

### 2. 畲族的内迁：粤—闽北—赣东北

畲族内迁的这一支相比于北迁的一支规模较小，基本是从广东经过闽西、闽南后到达闽北再由闽北地区向赣东北地区分迁。闽北的畲族最迟在宋代就已经出现。据吕锡生的说法，畲族先民在唐宋时期基本上仍在原来生活的大区域范围，只不过是向更远边缘的深山丛林移动罢了，最远处到达江西的贵溪、铅山。根据这种说法，他绘制了具体的迁徙路线，大致如下：潮州—云霄—漳州—安溪—永春—尤溪—古田—建阳—邵武—光泽—铅山、贵溪。对比迁入闽东及闽北的路线可见，畲族先民迁徙至古田一带后，一路迁入闽北（建阳、邵武、光泽）地区，另一路则迁入闽东（罗源、福安）等地。建阳地处南平市北部，在该市顺昌、延平如今仍有畲民，据说闽北顺昌一带最早是从漳州府宁洋县尖山都水尾迁至顺昌县石豆都狮峰保八石乾开荒居住，村里的老人口述顺昌县蓝（兰）、雷、钟三姓畲民是从广东潮州迁徙过来的。从地理位置看，自南向北依次为延平、顺昌、建阳，因此笔者认为迁入建阳的畲民先民很有可能经过延平、顺昌后再分迁至建阳一带。在顺昌县畲族馆有关于闽北畲族迁徙路线的相关展陈，结合上述内容迁徙路线如下：潮州—云霄—漳州—安溪—永春—尤溪—古田—延平—顺昌—建阳—邵武—光泽—铅山、贵溪。

江西地区畲族的分布主要集中在铅山县与贵溪县，铅山、贵溪与福建光泽接壤且风俗接近，因此这一族群很可能源自福建闽北地区。然而，族群迁徙是一个错综复杂且历时漫长的历史现象。周沐照教授通过深入的田野调查、广泛的访谈以及详尽的文献研究，提出了对赣东北地区畲族起源与迁徙路径的新解释。他在论文《江西畲族略史》中指出，赣东北地区的畲族群体主要在明代中期从福建长汀迁移而来。这一论断揭示了畲族迁徙历史的另一重要分支。根据周教授的研究可以合理推测，由长汀迁徙至赣东北的畲族群体可能是与闽北迁徙路线相汇合的另一支线，二者共同构成了迁徙至赣东北地区畲族的多元历史路径。

## 二、凤凰冠的脉络关系与民族迁徙互证

在畲族早期的迁徙过程中，对传统头饰样式的继承相对完整。根据闽西、闽东地区的文献记载，清代这些地区畲族女性的头饰具有显著的共同特征，主要以椎髻、短竹裹布和饰串珠为特色。郭志超在其著作《畲族文化述论》中指出，闽西畲族女性的头饰很可能是明清以前福建、广东、江西原住区畲族妇女发饰的延续。实际上，闽西这种发饰的形态从描述上看应与今天所见的罗源式凤冠样式具有一致性。说明从原住区迁入闽东罗源一带的过程中，头饰风格并未发生较大的演变。然而畲族女性凤凰冠、髻以闽东罗源为始发点的三条迁徙路线中，发生了可观可感的脉络性的演变（见图3-7）。

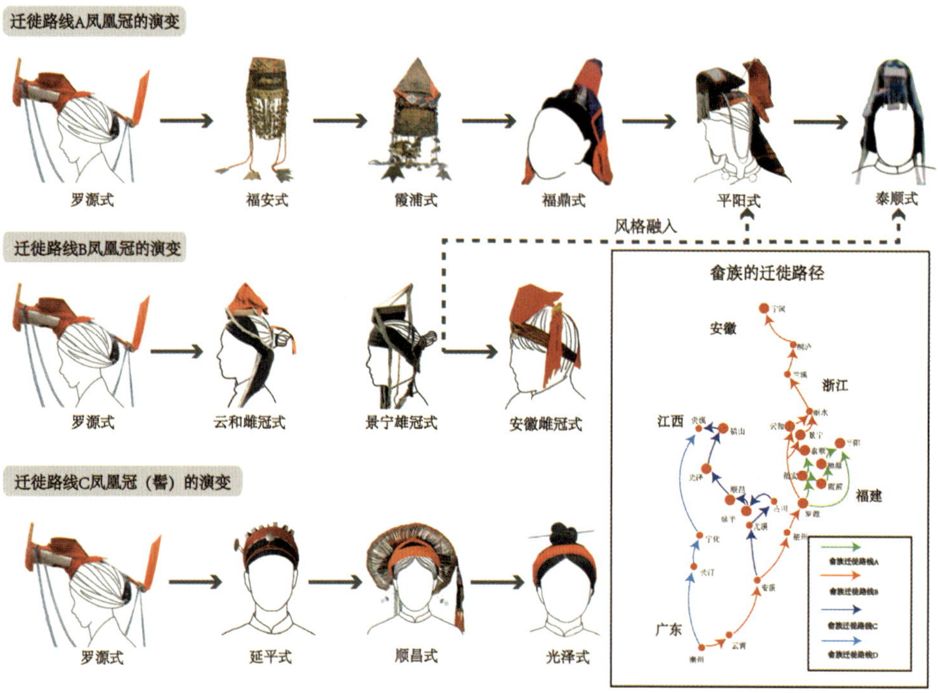


图 3-7　畲族的迁徙路线及女性头饰的脉络性演变

### 1. 闽东—浙南—皖南迁徙路线上凤凰冠的脉络关联性

闽东畲民迁入浙江云和、景宁的路线为理解云和与景宁地区的畲族女性冠式（雌凤冠、雄凤冠）与闽东罗源式凤凰冠之间的关联提供了重要依据（见图3-8）。明清

之际，畲族大规模迁徙至浙南地区，其中云和与景宁成为重要的集散地，畲族一般以此为起点继续北迁。由于云和、景宁的畲族多数源自罗源一带（包括连江、古田），因此罗源畲族女性的头饰文化（罗源式）受沿途其他地区文化影响较小，使得其原始文化特征在云和、景宁地区得以较为完整地保存和延续，进而演化出既有区域识别度，又具有脉络相承性的雌凤冠样式。民国时期人类学家凌纯声曾将罗源式、景宁式与云和式三种头饰进行比较，认为此三种头饰在形式上虽有繁简，然主要的结构完全相同，由于"其象征狗形，故必须有狗头、狗身、狗尾"三个主要部分：头冠前部象征狗头，中间段竹筒象征狗身，云和式、罗源式冠尾的红色布条及景宁式扬起的上角则象征狗尾（见图3-9）。除结构相似外，如表3-7所示，三式头饰在盘扎方式方面也存在相似性，以盘发—戴冠—簪钗为基本步骤，其中罗源式强调戴冠前的盘扎发髻过程，并以头顶发髻固定冠式；景宁式与云和式则简化了戴冠前的盘发步骤，巧妙地通过珠链固定头冠。

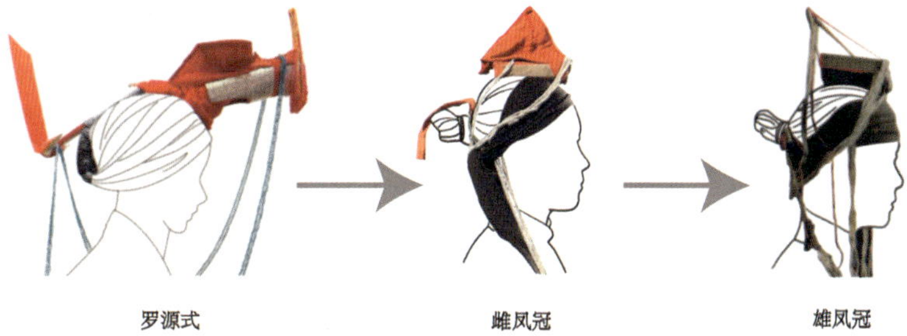

图 3-8 罗源—云和 / 景宁—皖南迁徙路上的凤凰冠脉络演变

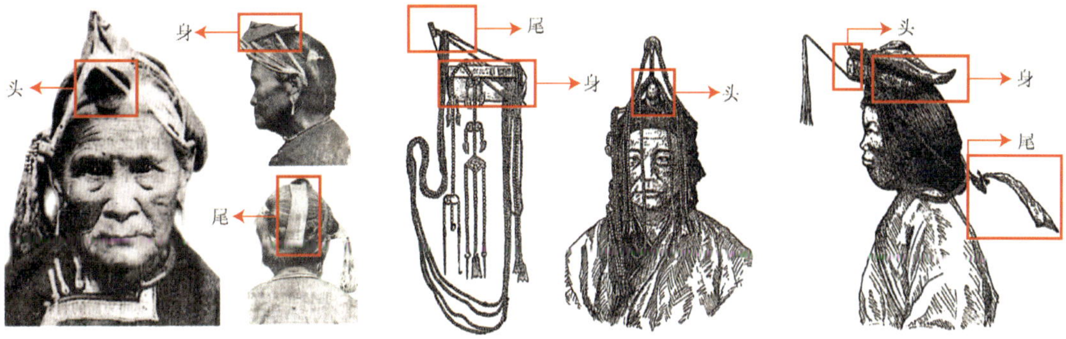

（a）云和式（文中称丽水式） （b）景宁式（文中称景宁敕木山式） （c）罗源式（文中称福州式）

图 3-9 云和式、景宁式、罗源式结构分析（摘自《畲族图腾文化研究》）

表 3-7 罗源式、景宁式、云和式的盘扎步骤比较（模特：刘珊珊、杜培研）

| 名称 | 步骤 | | | | | |
|---|---|---|---|---|---|---|
| | 第1步 | 第2步 | 第3步 | 第4步 | 第5步 | 第6步 |
| 罗源式 | 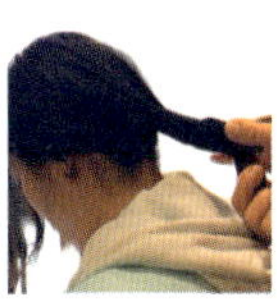 绑发辫 | 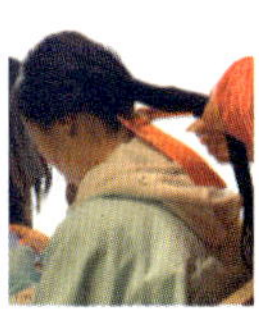 固定发钗 |  绕红绳 |  翻发辫 |  绕螺髻 |  戴头冠 |

续表

| 名称 | 步骤 | | | | | |
|---|---|---|---|---|---|---|
| | 第1步 | 第2步 | 第3步 | 第4步 | 第5步 | 第6步 |
| 景宁式 |  盘锥髻 | 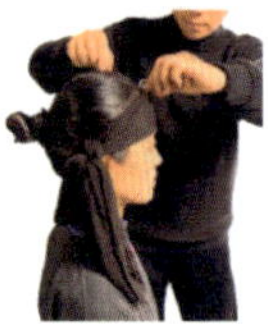 围黑绉纱 |  放头冠 |  绕珠链 |  簪发钗 |  整理珠链 |
| 云和式 |  盘椎髻 |  围黑绉纱 |  放头冠 |  绕珠链 |  簪发钗 | 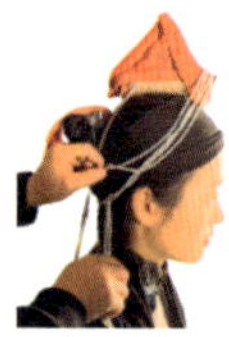 整理珠链 |

随着畲族进一步北迁至丽水、兰溪、桐庐及皖南地区，雌凤冠的文化特征被带入新的居住地，使得畲族女性头饰文化在云和、景宁以外的其他处州地区及皖南一带呈现出连续性特性。至清末民国时期，景宁畲乡的雌凤冠进一步发生第二次地域性演变，雄凤冠逐渐取代雌凤冠，成为景宁畲族女性的代表性头饰样式。尽管如此，景宁畲族源自罗源，且雄凤冠的形成于雌凤冠之后，因此雄凤冠制式亦始终未脱离罗源式凤凰冠及雌凤冠的基本特征。

畲族的迁徙历程：从罗源经福安、霞浦、福鼎，再分迁至平阳、泰顺的支线，提供了另一条研究畲族凤凰冠脉络关联性的清晰路径（见图3-10）。这一路径上的冠式变化，不仅反映了畲族文化的连续性，也揭示了不同地区文化互动与融合的特点。福安式凤凰冠的形态可视为罗源式凤凰冠的简化形态。其冠体结构在一定程度上继承了罗源式的特点，尤其是冠顶的尖形向后倒伏设计，从正面观察时呈现出类似于罗源式凤凰冠前后倒伏的外观形态。霞浦式凤凰冠在福安式的基础上进一步强调了尖形凤凰冠的特征，其冠顶角向上抬起，使得尖冠样式从正面即可直观地呈现。福鼎式凤凰冠冠顶设计呈现截断顶部牛角形态，整个冠不再向后倾倒，而是向上延展，使得凤凰冠显得更加高昂。平阳式凤凰冠一方面继承了福安式、福鼎式的部分元素，另一方面又与罗源式形式存在相似的装饰结构。表3-6中详细列举了20个迁入平阳地区的畲族支系，其中约半数支系直接源自福建罗源，同时亦有部分支系从福安、福鼎迁徙而来。这种迁徙背景为我们理解三地传统冠式何以会在平阳地区的凤凰冠上实现交融与融合提供了实证基础。从外形结构的角度审视，平阳式凤凰冠在造型的设计上与罗源式冠式最为接近，冠体以竹为之，冠侧垂挂珠链，尤其是冠尾处做出凤凰尾造型均可见其与罗源式直接的脉络关系，然而其向后平倒的造型、冠前装饰门链的风格特点，又反映出福鼎式凤凰冠的影响。根据《平阳畲民调查》中所记录的新中国成立前平阳式凤凰冠的文献与图像资料，我们可以观察到平阳式凤凰冠在佩戴时通常在头围四周装饰有三组银钗，这种装饰手法与福鼎式冠式呈现出一致性，揭示了不同地区畲族冠式之间的脉络相承关系（见图3-11）。

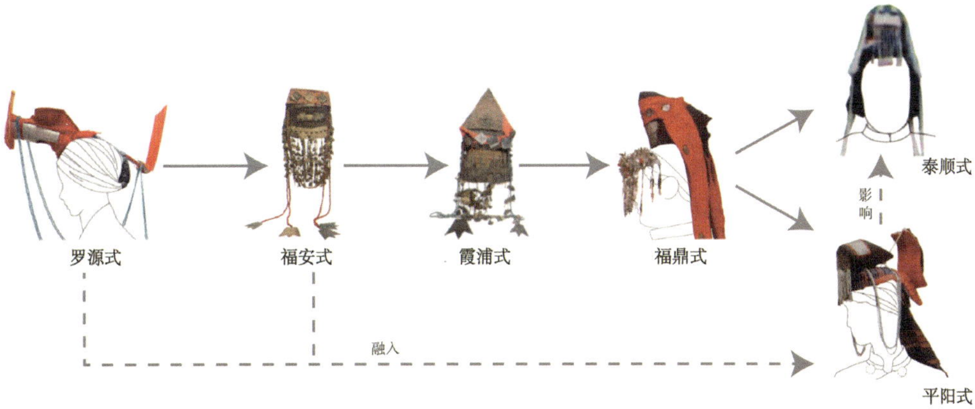


图 3-10　罗源—福安—福鼎—霞浦—泰顺 / 平阳迁徙路线上的凤凰冠脉络演变

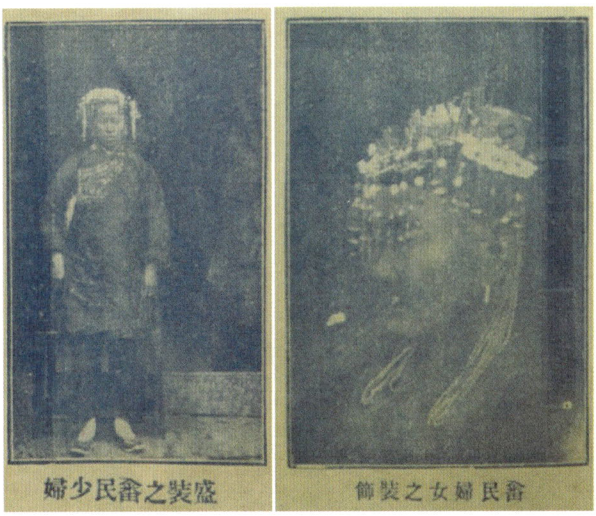


（a）平阳畲族妇女头饰

（b）福鼎畲族妇女头饰

图 3-11　平阳畲族头饰与福鼎畲族头饰的比较
[图（a）摘自《平阳畲民调查》；图（b）摘自《福建霞浦畲族服饰文化与工艺》]

泰顺畲族是从福安、福鼎迁来的，尽管泰顺式凤凰冠在形态上有所变化，却仍然保留了迁徙路线上凤凰冠的一些装饰特征，如冠前簪发的几朵银钗与福鼎式凤凰冠的穿戴方式相同。此外，由于泰顺与平阳相邻，在长期的交互互动过程中平阳式凤凰冠的一些结构特征也会对泰顺式凤凰冠的风格造成一定影响，这些元素进一步证实了畲族女性凤凰冠在演变过程中的内在联系性与传承脉络性。

此外，平阳式、泰顺式凤凰冠也表现出对景宁式凤凰冠形制特征的吸纳：冠前与冠侧悬挂的白色珠链，錾刻精细纹样的银质饰片以及黑色布料包裹的视觉效果。这一现象源于景宁畲族人口的回迁流动。清代景宁畲族曾出现向泰顺与平阳的逆向迁徙，其中泰顺接收了5个支族，平阳接收了3个支族的回迁人口。人口的流动回迁致使区域头饰文化的又一次融合。

## 2. 闽东—闽北—赣东北迁徙路线上凤凰冠的脉络关联性

闽东地区在畲族迁徙过程中的重要性尤为显著，其中一支以福州罗源地区为迁移集散地向北迁徙，另一支则从福州古田内迁至延平、顺昌，继而迁入福建、江西交界处。畲族在迁至延平后，其女性头饰产生了一种较为显著的形态变异，由原有的高冠形态（罗源式凤凰冠，古田与罗源地区畲族妇女的凤凰冠样式相同）转变为簪钗形态的头饰，这种风格的头饰在顺昌地区得以延续，并延伸出一种更为夸张的头饰样貌。这种凤凰冠风格的显著变异可能是畲族民族文化与区域文化交融过程中的一种文化基因突变现象。

在福州及其周边郊区，历史上存在一种名为“三把刀”的传统头饰。民国时期，美国学者弗洛伊·赫尔伯特在其著作《福建人文地理研究》中对这种头饰进行了描述，指出其与当时福州地区畲族女性的头饰存在显著差异，应属于当地土著女性的头饰样式：“这种头饰由长长的黑发从脸庞直梳向后，盘绕在三个长的银质或白镴发夹上，形似匕首，是当地女性嫁妆的重要组成部分，具有极高的价值。”据传，这种头饰在明代以后逐渐在福州地区流行开来，起源于明代嘉靖年间。当时倭寇入侵，福州妇女随身携带锋利的小刀以防身和抵抗敌人，后来这些小刀演变成尖锐的发簪，最终发展成银制的刀剑形头饰，被誉为“戴在头上的兵器”。

笔者认为畲族在从福州市古田地区向北迁移至相邻的延平地区的过程中，可能深受福州地区土著女性头饰传统的影响，从而逐步演化出具有延平地域特色的畲族女性头饰。该头饰以六支发簪为一组，形成类似开屏的组簪式结构。随着这一头饰风格传播至顺昌地区，其形态可能经历了进一步的演变，由最初的一组银簪发展为插满上百支银簪的发髻，展现出凤尾开屏的独特风貌。由此看来，闽北畲族女性头饰呈现出较小规模的脉络性演变，以延平式凤凰冠为蓝本，发展衍生出更为夸张独特的顺昌式凤凰冠（见图3-12）。

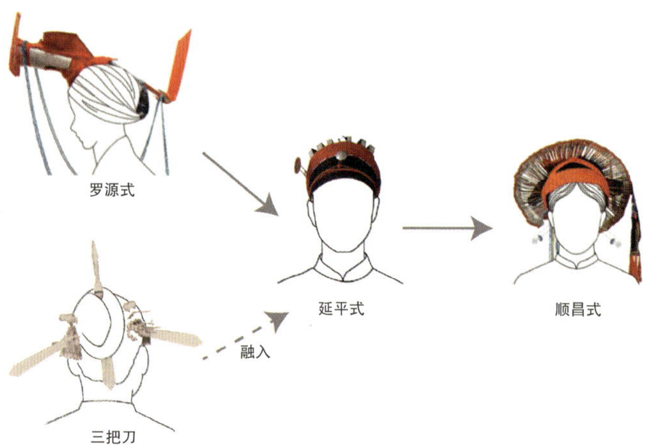

图 3-12　闽东—闽北迁徙路上凤凰冠的脉络性演变

畲族迁入赣东北的路线有两条，一条是由延平、顺昌迁入的，另一条是由福建、广东、江西交界原住区迁入的。因赣东北凤凰冠实物资料与图片资料的匮乏，仅能从历史文献资料与现实可考的光泽式凤凰髻中加以推测其样式，并与迁徙路线形成对照。光泽式凤凰髻与罗源式凤凰髻十分相似，造型都为螺形盘于头顶，因此可推测光泽传统头饰样式受闽东罗源式影响较多，因为光泽与赣东北接壤，而赣东北地区头饰受原住区头饰风格（罗源式）影响较大，正如《贵溪县志》所云：“女子既嫁必冠笄，其笄以青色为主，大如掌，用麦秆数十茎著其中，而彩线绣花鸟于顶，又结蚌珠缀四檐。”地理上的接近，为文化的接触交流提供条件，光泽式渐与赣东北畲族女性头饰习染。然而，由于光泽、赣东北一带远离闽东畲族聚居区，畲族人口较少，因而畲族传统文化在当地并未得以很好的承扬，呈现出远离主流文化圈后的文化式微现象。

## 三、凤凰髻的脉络关系与民族迁徙互证

在对福建畲族女性日常盘凤凰髻的田野调查中，发现现存主要只有四种样式：罗源式、福安式、霞浦式和福鼎式。通过比较这四种制式的凤凰髻，可以观察到它们纷繁复杂的形制外观下存在着一定的脉络相承关系，这不仅体现了畲族文化的连续性，也反映了不同地区间文化的特殊性。

第一，盘发材料的统一性。首先，在盘发材料上，四种发髻都需用到红色绒绳作为辅助造型的工具。绒绳的使用不仅增强了发髻的结构稳定性，也因其鲜艳的色彩而具有重要的文化象征意义。此外，根据盘发者的头发长度与发量，决定是否需要使用假发来造型，以增加发髻的饱满度。在罗源式与霞浦式中，过去还可能用到竹箨作为辅助材料。福安式与霞浦式在盘发的最后一步都需要在头顶簪入八字簪或其他簪子来固定发髻辅助造型，福鼎式有其特制的银簪装饰发髻。

第二，盘发步骤的相似性（见表3-8）。盘发步骤在四种发髻中存在显著的相似性。在梳理盘发步骤时，可以清晰地看到，几乎所有的发髻盘扎都遵循分发区——翻发辫——盘发辫——绕红绳这几个基本步骤，这一过程体现了畲族盘发技艺恒定不变的逻辑。在翻发辫这一步骤中，不同样式的少女式与妇女式之间都存在相似的盘发差异。少女式在盘扎时一般将发辫向后翻梳，妇女式则通常向前翻梳。这种差异性可能与盘扎者的身份和社会角色有关，是一种文化传承现象的体现。少女的盘发通常由家中的长者辅助完成，因此向后梳的发辫更为便捷；妇女则需要自己完成日常的盘发，向前翻梳的方

**表 3-8　畲族女性凤凰髻盘髻步骤对比分析（模特：刘珊珊）**

| 名称 | 类别 | 步骤 | | | | | | |
|---|---|---|---|---|---|---|---|---|
| | | 第1步 | 第2步 | 第3步 | 第4步 | 第5步 | 第6步 | 第7步 |
| 罗源式（凤头髻） | 少女式 | 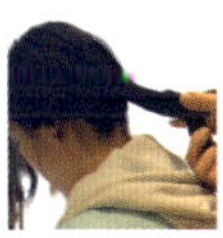 绑发辫 |  盘凤圈 | — | — | — | — | — |
| | 妇女式 | 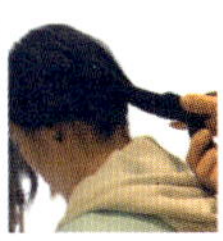 绑发辫 |  翻发辫 |  绑红绳 |  绕螺形髻 | — | — | — |
| 福安式（凤身髻） | 少女式 |  分发区 |  翻发辫 |  盘头 | 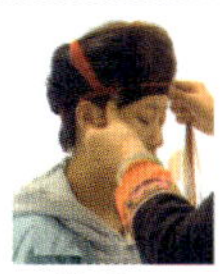 做前眉 |  绕红绳 | — | — |
| | 妇女式 |  分发区 |  翻发辫 | 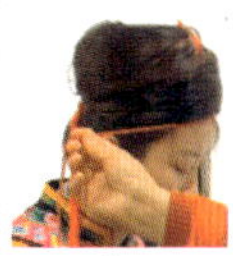 盘头 |  做前眉 |  绕红绳 | — | — |

续表

| 名称 | 类别 | 步骤 | | | | | | |
|---|---|---|---|---|---|---|---|---|
| | | 第1步 | 第2步 | 第3步 | 第4步 | 第5步 | 第6步 | 第7步 |
| 霞浦式（凤尾髻） | 少女式 | <br>分发区 | <br>翻发辫 | <br>做燕尾 | 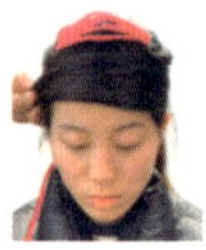<br>盘发 | <br>绕红绳 | — | — |
| | 妇女式 | <br>分发区 | 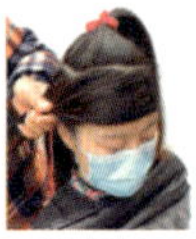<br>做刘海 | <br>翻发辫 | <br>做高髻 | <br>绕红绳 | — | — |
| 福鼎式 | 少女式 | <br>分发区 | <br>做鬓角 | 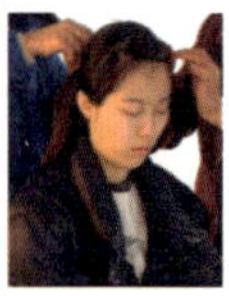<br>做前眉 | <br>绑麻花 | <br>绑黑绉纱 | <br>盘发 | 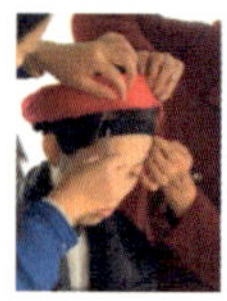<br>夹蜈蚣钗 |
| | 妇女式 | <br>分发区 | <br>盘发尾 | <br>做鬓角 | 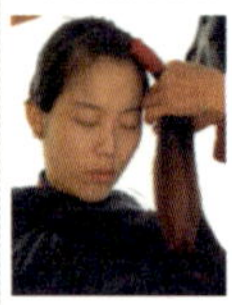<br>梳发辫 | <br>绑黑绉纱 | <br>做前眉 | 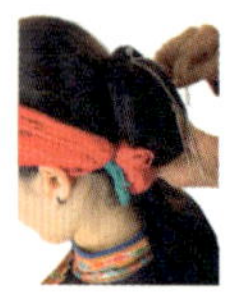<br>插发簪 |

式更适合她们的自我打理。另外，福安式、霞浦式、福鼎式在盘扎时都有做前眉（即做刘海）的步骤，这不仅是一种审美上的选择，也印证了不同发髻间存在的内在关联性。

第三，梳髻习俗的同一性。尽管不同地区的畲族女性发髻样式存在差异，但她们遵循着相同的梳髻传统和规范。畲族女性在不同生命周期阶段的梳髻习俗具有一致性。未婚少女在结婚前不会梳成已婚妇女的发髻样式，体现了畲族文化中对未婚和已婚状态的明确区分。结婚是女性身份转变的重要标志，婚后她们会开始日常梳妇女头，以此来表达自己已婚的身份，并与未婚少女区分开来。此外，梳髻习俗还与年龄有关。年纪较长的女性在梳髻时，使用的绒绳颜色与年轻女性有所不同。她们通常选择蓝色、黑色等较深的颜色来捆扎发髻，这与深色在视觉感知上的稳重感相关。

第四，盘髻步骤的演进脉络。从盘发的步骤可以很清晰地看到，罗源式是一种较为简单的盘发方式，而盘发的方式在福安、霞浦、福鼎地区呈现了逐渐复杂化的发展趋势：从原先的2步，延展至7步。从这一点可以推测，伴随畲族从罗源—福安—霞浦—福鼎的迁徙过程，畲族女性以原始的盘发模式为根据，逐渐丰富盘发的步骤。

第四章

# 畲族凤凰冠、髻的文化意涵与审美趣味

头饰，不仅是一种装饰，还是一种强有力的社会文化符号，能够传达穿着者的个人身份、族群归属、宗教信仰、个人品位乃至族群关系等诸多信息。正如沈从文所言，古代服饰可以考见民族文化发展的轨迹和各兄弟民族间的相互影响，历代生产方式、阶级关系、风俗习惯、文物制度等，大可一目了然，是绝好的史料。本章试从图腾崇拜、身份阐释、文化交融、人生仪礼四个方面阐释畲族凤凰冠、髻的文化意涵，并从形制结构、色彩特征、工艺技术和纹样表现四个方面深入探讨畲族凤凰冠、髻所呈现的独特审美趣味。

# 第一节　畲族凤凰冠、髻的文化意涵

对于畲族女性凤凰冠、髻而言，至少可以表达四类重要的文化意涵。其一，图腾崇拜的象征物。头饰中蕴含的图腾文化基因及其演变，提供了研究畲民传统图腾崇拜的宝贵资料。其二，身份信息的阐释物。头饰作为畲民族身份、个人身份的标识，是社会地位和角色认同的重要体现。其三，文化交融的表现物。畲族与周边兄弟民族的文化互动，通过头饰的样式和装饰得以体现，为理解民族间的文化交流提供了直观的视角。其四，人生仪礼的承载物。在重要的仪礼场合，头饰不仅是情感表达的媒介，也是承载畲族悠久仪礼风俗的物质载体。

## 一、图腾崇拜的象征

图腾崇拜作为一种原始宗教的图腾信仰，固然表现了民族的共同心理状态，但也应该注意到，图腾信仰是产生于氏族，作为氏族的族徽。民族是由氏族、部落发展形成的，因此，一个民族中可能同时残存有几种图腾信仰。畲族的图腾信仰体系呈双元态，一曰凤凰，二曰盘瓠。民族服饰反映了特定历史时期内人们的精神追求和物质生活状态，畲族女性头饰作为畲族服饰文化的重要部分，在其“异”的形式下蕴含着畲族共通的文化基因。这种文化基因以物态化的方式体现了畲族人民的精神信仰和文化坚守。具体而言，凤凰崇拜较为直接地为其赋名，盘瓠信仰则相对隐晦地为其赋形，两种图腾信仰共同为雌、雄凤凰冠赋意。雌、雄凤凰冠不仅成为记录畲族社会历史变迁的生动写本，更作为与畲族文化图腾信仰相印证的文化遗产广为流传。

### 1. “凤凰崇拜”为畲族女性头饰赋名

（1）畲族凤凰崇拜的起源。畲族凤凰崇拜的文化起源目前有族源说、祖地说、始祖说以及畲汉互动说四种解释。

其一，族源说。关于畲族族源，学术界一直以来有诸多讨论，尚无定论，其中一种较主流的观点认为畲族起源于东夷的一支。东夷是活跃于新石器时代晚期的东方大族，先秦古籍中常称东夷各部为“九夷”，也有学者认为东夷可分为蚩尤（太昊、少昊、羲和）、帝俊、莱夷、徐夷、淮夷五大部落联盟，各部落均尚鸟图腾。这一点在考古发掘中得到了充分的证实。在东夷部落的居住区域，出土了大量的鸟形器物，这表明鸟图腾在该文化中占有重要地位。此外，由东夷文化衍生出的山东龙山文化和黑陶文化，以及在此基础上发展起来的殷商文化，都保留了对鸟图腾的崇拜。因此，畲族对凤凰图腾的崇拜源自对古代东夷鸟图腾崇拜传统的继承，彰显了畲族与东夷之间的渊源关系。

其二，祖地说。据史料记载，畲族起源于闽粤赣交界地区的凤凰山一带。畲族人民世代相传叙述祖先历史的长篇叙事诗《高皇歌》（又称《盘瓠王歌》），指出凤凰山是他们祖先最早活动的地区。各地畲族《高皇歌》存在细微差异，兹引浙闽地区各一例以为证：

**《高皇歌》（浙江）**

龙麒起身去广东，文武朝官都来送。
凤凰山上去落业，山场地土由其种。
凤凰山上去开基，作山打铳都由其。
山林树木由其管，旺出子孙成大批。
……
凤凰山上鸟兽多，若好食肉自去擞。
手擎弓箭上山射，老虎山猪麂鹿何。
凤凰山上是清闲，日日擎弩去上山，
乃因岩中捉羊崽，龙麒斗死山岩前。
……
凤凰山上安祖坟，荫出盘蓝雷子孙，
山上人多难做食，分掌潮州各乡村。
……

**《高皇歌》（福建）**

住在山头十分好，来到广东凤凰山。
高辛皇帝好心肠，当初封居忠勇王。
……
来到广东凤凰地，男女齐心来开荒，
作好心场事就空，龙王思量去打铳。
……
子孙齐来抬回转，凤凰山上做坟墓。
凤凰山上掌不长，山哈开基在西乡。
……

1981年蒋炳钊教授访问潮州，据畲族干部说，在凤凰山上还有他们祖先的祖坟，福建、浙江的畲族也都认为他们是潮州凤凰山迁来的，而且族谱也是这样记载的。康熙二十三年《潮州府志·杂志》有云："邑之西北山（凤凰）中有曰輋户者，男女皆椎髻箕倨，跣足而行，依山而处。"在福建霞浦县半月里村有一副楹联写道，"徭咏不忘高帝力，鹏程欲溯凤山踪"，横批"凤凰到此"，强调了畲族族人在北迁至浙江和福建地区并不断发展壮大的过程中，也不应忘记其祖地，而应时常回顾和追溯其族源（见图4-1）。凤凰山作为畲族的祖地，在畲族漫长的民族迁徙历程中并未被遗忘。相反，它在畲族文化传承中转化为一种更深层的文化基因，深植于畲族群体的集体记忆中。这种文化基因不仅体现了畲族对祖地的深厚情感，而且也是畲族文化认同和族

图4-1　半月里村"凤凰到此"牌匾（拍摄于福建霞浦半月里村）

群凝聚力的重要来源。凤凰山作为一个具体的地理标志，其名称中的“凤凰”二字，与畲族崇尚的凤凰图腾形成了一种特殊的文化联系。这种联系超越了单纯的地理命名，而是成为畲族文化中凤凰图腾崇拜的一种象征性解释和体现。

其三，始祖说。畲族崇尚女性始祖“三公主”，相传畲家的祖先忠勇王在高辛氏部落，当年忠勇王平番有功，高辛帝便把公主许配给他，招为驸马。从此，公主随王被誉为“凤凰”。至今畲家把凤凰作为图腾来崇拜。正因此，畲族女性在族群内部的社会地位较高，甚至可以认为畲族社会中仍保留有浓厚的母系制残余。具体而言，畲族社会中保留的母系制残余不仅反映在婚姻习俗上，如“男跪女不跪”“男嫁女家”“两头作田”等，还在“族谱排行次序”等其他社会生活中得以深刻体现。三公主的凤凰精神，作为一种文化符号，不仅在畲族的历史记忆中占有重要位置，而且在当代畲族社会中仍然具有鲜活的生命力。这种精神的传承，是对一个历史人物的纪念，更是对畲族文化中女性力量和智慧的一种肯定。凤凰作为三公主的象征，其形象在畲族的服饰、建筑、艺术和宗教仪式中随处可见，成为连接过去与现在、个体与集体的桥梁。三公主的凤凰精神，如同畲族文化的永恒火焰，代代相传，永不熄灭，它不仅熔铸于畲族的历史，也为畲族的未来发展提供了方向和灵感。

最后，畲汉互动说。中国各民族的演进历程可被视作一个复杂的动态系统。在这个系统中，不同民族群体通过经济交易、人口迁移、婚姻结合等多样化的互动机制，不断地进行着互动与交流。这些互动不仅促进了文化的交融，而且构筑了一个相互渗透、密不可分的中华民族共同体框架。这一框架揭示了中华民族多元一体格局的内在本质，即各民族在共同塑造中华民族身份的同时，也在持续地进行文化的相互渗透与合作。畲族，作为中国东南沿海地区的一个散居民族，在其民族形成与塑造过程中不可避免地与周边兄弟民族（尤其是汉族）发生文化的碰撞与融合。这种文化碰撞与融合的媒介是多维度的，包括但不限于畲汉之间的通婚、收养、物质交换以及冲突等社会行为。此外，畲汉族群边界的动态调整也是一个不可忽视的现象，历史上“畲民不役，畲田不税”的政策致使可能存在汉民融入畲族群体以规避税收的现象。畲族原有的雷、蓝、钟、盘四大姓氏中，盘姓的大量减少可能指向了其融入汉族群体的一种现象。从这一视角出发，畲族的崇凤文化意识可能是在与汉族长期互动的过程中逐渐吸收并内化为其文化体系的关键组成部分。这一过程不仅反映了文化融合的深度，也揭示了民族身份构建的复杂性。

综上所述，畲族对凤凰的崇拜并非由单一因素决定，而是一个由以上多种影响因素交织而成的复杂文化现象，它的形成涉及族源历史、祖先崇拜、社会交往等多个层面的互动与相互作用。

（2）凤凰崇拜为畲族女性头饰赋名。畲族凤凰冠、髻被族人统称为：gie（主要指凤凰冠一类），冠主要以竹制冠饰作为辅助造型物，髻则用头发或假发盘扎而成。梳理文献可见，史籍方志中关于畲民冠髻有诸多称谓，如“椎髻”“高髻”“小冠”“狗头冠”“盘龙髻”“凰鸟髻”“凤凰盘”等。前几类名称以发式的造型特征为依据对其进行命名多出现于清代以前的文献中，凰鸟髻与凤凰盘则与凤凰崇拜相关，是清末民初之际才逐渐形成的说法。

文献中以“凤”关联畲族女性头饰最早可追溯至民国，彼时福建罗源一带女子的发式称“凰鸟髻”，连江畲族妇女“发梳凰形，覆于额部”。“凤，其雌皇”，先秦时期凤与凰分别被赋予不同的性别内涵。从汉代开始，凤的阴阳属性逐渐含混，后在龙凤并举意识的影响下古人以龙代指阳性，凤凰则属阴。民国时期罗源畲族女子所梳“凰鸟髻”即为“凤鸟髻”，连江畲妇“发梳凰形”即“发梳凤形”，是畲族文化中凤凰崇拜观念的具体体现。郭志超认为：“一种发式成为普遍现象，非短期可就，因此我们有理由推断，‘凤鸟髻’[1]或‘凤髻’[2]的发式及其名称，应发生在晚清。”

新中国成立初期，畲族族群内部与各界对畲族女子冠髻以“凤”命名的现象或许还并未形成较大规模的统一性认知，因此这一时期也有大量调研性文献中未见以有关凤凰冠、髻的表述。方则明认为：“（凤冠）最早的记载为1953年《畲族社会历史调查》中对宁德南山妇女‘结婚时穿裙，戴凤冠’的描述。”1960年，蒋炳钊在《福建省畲族文物介绍》中介绍畲族女性“头冠又名凤冠，戴头冠是妇女成年的标志”。进入20世纪80年代，畲族以“凤”关联女性发饰形成较大规模的认知，文献中普遍称畲族女性日常梳发为“凤凰髻”，结婚仪礼等盛装场域下佩戴“凤凰冠”。

不同地区畲族女性的凤凰冠制式各不相同，或统称“凤冠”，或将其与她们的女性始祖三公主联系起来，称之为“三公主的凤冠”。傅良基认为（1984）：“畲族新娘的打扮颇为别致。发间扎着红色绒线的发髻盘在脑后，头上戴尖角头冠；头冠外，扎四根用数百粒白色头玑珠串成的珠带，插着银钗；头冠下，披一条约一尺长、三寸[3]宽的小红绫，显得艳丽夺目；一块圆形的银牌上，缠着三块小银牌，悬挂在额前。这就是传说中的畲族始祖、龙王的妻子——三公主的凤冠。”兰周根认为（1986）：“新娘头戴三公主凤冠，身着蓝色花边上衣，下身穿裙，脚穿草鞋。”施联朱认为（1989）：“畲民称它为龙髻，认为就是三公主戴的凤冠。”王克旺认为（1990）：“罗源一带畲妇一般都把头发从后梳成螺式或截筒高帽式盘在头上，高高隆起，形似凤头，结婚时，头戴凤冠……畲民称它为龙髻，表示就是高辛帝‘三公主’。”众多研究表明，将畲族头冠与祖先传说中的人物三公主进行关联是畲族传统精神文化关照物质文化的重要表现，该现象的发生应源于《三公主的凤冠》这一畲族口头传说的公开面世。唐宗龙在《谈<三公主的凤冠>的搜集整理》一文中指出：“畲族起源传说《三公主的凤冠》发表在《民间文学》1979年6月号上”，《三公主的凤冠》这一题名是唐宗龙“根据口述者之一蓝庭芳同志的意见创作”，然而此后却演变为一个重要的畲族女性头冠的命名方式。另有一个值得关注的重点是，《三公主的凤冠》是唐宗龙“以这次（1976年）搜集的资料为主，并在以前多次搜集（1956年始）的资料的基础上综合整理而成的”，这表明在畲族族内在更早些时候已达成凤凰冠源于三公主之文化共识。

畲族的凤凰髻在20世纪80年代的文献中开始显现出地域化命名的演进特征，这一现象标志着畲族文化中凤凰意象的地域性诠释和文化认同的深化。1985年，潘宏立在其硕士论文《福建畲族服饰研究》一文中指出：“罗源地区女子发式主要分为少女头和妇女头（专指已婚妇女）二种。妇女头髻被称为‘凤头髻’，据说头顶上的红髻象征凤凰头上的丹冠。”1990年，傅良基将罗源一带畲族女性发髻形容为“形似凤头”。1991年，蓝

[1] 即本书凰鸟髻，这里可能由于笔者记录时笔误产生了发髻名称的错记。

[2] 即本书凰髻。

[3] 1寸≈3.3cm，下同。

兴发在《从畲族风俗看其“多图腾”——兼说畲族的族源》一文中介绍了“凤凰头”“凤凰中”“凤凰尾”三种发髻名称，并做解释：“三个地域的畲族妇女发式以凤凰头、凤凰中、凤凰尾来标明他们迁入时间的早、中、晚（连罗畲族迁入的时间为唐代，安德畲族迁入的时间为明代，鼎霞畲族继安德之后）。并且还以发式来表明畲族人口的多寡——两头小中间大（连罗约5万人、安德约10万人、鼎霞约6万人）。”此后，此三类凤凰髻的独特称谓得以延续，不同学者的表述方式可能存在变化，但意义相同，例如有学者将这三类发髻分称为“凤头式”“凤身式”“凤尾式”或“凤头髻”“凤身髻”“凤尾髻”。21世纪以后，畲族女性发饰的地域性命名逐渐发展，并延展至浙南畲民的凤凰冠文化中。吴微微、骆晟华在《浙江畲族凤冠凤纹及凤凰文化探讨》一文中将浙江景宁地区的畲族女性凤凰冠称为“雄冠式”，以此相对，云和地区的畲族女性凤凰冠则命名为“雌冠式”，这类说法沿用至今。

## 2. 盘瓠崇拜为畲族女性头饰赋形

（1）盘瓠神话及其原形概论。盘瓠是中国南方多个民族共享的创族始祖，其故事传说最早见载于东汉应劭《风俗通义》、干宝《搜神记》《后汉书·南蛮传》等诸多古籍文献中，这类故事通常称“盘瓠神话”或“盘瓠传说”。狭义上的盘瓠神话仅指应劭《风俗通义》、干宝《搜神记》等文献中所载的那个神话类型，其大意如下。在史前时期，据传高辛帝（帝喾）统治时期，高辛皇后刘氏因耳疾求医。经医者治疗，从其耳内取出一硬壳昆虫，体积与蚕茧相仿。该昆虫被置于瓠瓢之中，并以盘盖之，随后神秘地转变成一条色彩斑斓之犬，遂得名“盘瓠”。当时，戎吴部落势力强盛，频繁侵扰边疆。高辛帝为平息叛乱，公开悬赏，承诺对取得戎吴将军首级者赐予重金、封地及与公主联姻之殊荣。盘瓠成功衔回戎吴将军之首级，因而建立了显著的功勋。面对盘瓠之功绩，高辛帝陷入困境，因其为犬类，无法授予官职或进行婚姻联姻。然而，高辛帝之女，即三公主，坚持认为既已许诺，则应信守承诺，遂主动请缨下嫁盘瓠。高辛帝在无奈之下，应允了这段联姻。盘瓠携公主遁入深山，共同生活并繁衍后代，共育有六男六女。盘瓠逝世后，其子女相互婚配，形成了一个新的族群，后世称之为蛮夷。广义上的盘瓠神话涵盖所有以盘瓠为母题或蕴含盘瓠母题的神话故事。

盘瓠神话是南方诸民族的创世神话之一，畲族则成为这一信仰体系的主要传承者和积极实践者。明代谢肇淛《五杂俎·人部》载：“闽中有一种畲人……相传盘瓠种也。”《福安县志》载：“深山中有异种者曰畲民……相传为五溪盘瓠之后。”《古田县志》曰：“畲民相传为盘瓠氏之后，深居幽谷。”徐望璋《畲妇》有云：“复髻笏筒缀石珠，自称盘瓠我之祖。”在畲民日常生活中，不仅以口耳相传的形式承载了大量以盘瓠为核心母题的民间文学作品，而且在家族谱碟、身体仪式以及服饰风俗等多个文化层面体现了对盘瓠的崇敬。盘瓠传说已经紧紧与畲族的文化与社会生活融为一体，乃至可说不了解盘瓠的传承，也就不能很好地了解畲族文化和畲族这个民族。与凤凰图腾不同的是，盘瓠图腾的原始型构在族群内外争论不休，大致有犬、龙犬、龙、龙麒、麒麟、星宿等几类。然而，目前学界较主流的观点认为“盘瓠的原形是犬”。晓钟认为：“盘瓠传说虽然表面看来似乎有些荒诞无稽，但只要拨开其外表上神秘的迷雾，展现在我们眼前的将是一幅狗为人类服务的画面。”吴晓东指出：“盘瓠肯定生活在一个以犬为图腾的氏族或部落里，他们以犬为标志，把自己打扮成犬的样子，在自己的居住地刻有犬图腾柱，挂有犬图腾形象的旗帜，并时刻以犬自称，同时他人以犬来称呼他们。”韩常先认为：“盘瓠图腾虽源于犬图腾，但又与犬图腾不尽相同。盘瓠是特定的龙犬名，是犬类之一，盘瓠与犬类之间有局部与整体概念的区分。”张崇根认为：“盘瓠图腾，不是单一的犬图腾，而是鸟与犬图腾的结合，因不同氏族、部落的融合，综合而成盘瓠图腾。”与学界对“盘瓠原形为犬”的态度不同，畲族族内的“（犬）图腾禁忌很明显，畲民在族谱、祖图和《高皇歌》中都把龙犬改成龙麒。忌食狗肉，甚至连狗字有关的词都禁止说出口。”蓝炯熹曾言：“盘瓠是畲族的家族传说中无法避免又相当忌讳的象征符号，畲族称盘瓠为‘忠勇王’，闽东、浙南畲民还称之为‘龙麒’‘盘护’‘高皇’等，皖南畲民称之作‘龙猛’，粤东畲民称作‘护王’‘盘大护’‘盘古大王’等。”在田野调查阶段，笔者观察到在涉及盘瓠图腾的讨论中，畲族成员确实表现出一种谨慎的态度，倾向于使用“忠勇王”这一荣誉称号来指代盘瓠。此种现象可被诠释为畲族文化身份与外部社会环境相互作用的结果，畲族群体通过调整其信仰体系中文化符号的叙事方式，以适应并反映其所处的社会文化生态及其变迁。

（2）盘瓠崇拜为畲族女性头饰赋形。发髻样式寄托着整个民族、部族、集团的集体意识和传统观念，体现着各民族独特的审美风格和情感结构，负载着各民族先民对生命的热情。清代畲民生活方式由游耕转定耕以来，畲族族群不仅会在适应自然环境的同时创造新的文化表现形式，而且在与周边民族交往交流交融中主动或被迫吸纳他者文化因子，从而使本民族的原生文化实现在地化成长，因此包括畲族女性冠式在内的畲族服饰逐渐形成了多个同源异貌的分支。即便如此，由同一古民族分化并逐渐壮大的地域性族群依然会传承母体文化的诸多要素，畲族女性的凤凰冠不仅在物质形态（包括整体造型、梳扎方式、制作材料）方面有相似之处，而且其物质形态背后蕴含的文化意涵也呈现出深刻的同一性特征。

凤凰崇拜的延续使得畲族女子服饰虽有不同形式的变异但始终是畲族独特的“凤凰装”，这也是“凤凰装”名称出现后受到各地畲民广泛认同的重要原因之一。雌、雄凤凰冠作为畲族凤凰装中不可或缺的形象元素，从其名称看均较为直接地承载了畲族凤凰崇拜的文化基因。袁燕认为：“虽然不同地区之间的畲族女子发式相差很大，但是她们都在模仿图腾凤凰的造型。这是因为她们有共同的信仰作为内核。”然而，当我们更深入地剖析雌、雄凤凰冠的制式特征将不难发现：凤凰冠形制与盘瓠崇拜的意象密切相关，只是相比于凤凰崇拜，其表达更加隐晦而不易察觉。

实际上早在清代，就有文献等记录了畲族女性头饰与盘瓠图腾（犬图腾）之间的内在关联性，《皇清职贡图》载：“（古田畲妇）以蓝布裹发，或戴冠，状如狗头”。20世纪30年代末，人类学家凌纯声写道：“畲族信仰犬图腾（盘瓠图腾），在他们的服饰、雕刻、图书、音乐、舞蹈、文学各种艺术的表现，多可找到与犬的关系，其中畲民妇女头戴的狗头冠为图腾装饰的最显著之一。福州式（本文罗源式）、丽水式（本文雌冠式）与景宁式（本文雄冠式）三种头冠象征狗形，故必须有狗头、狗身、狗尾三个部分组构。”然而，20世纪末学者黄春向提出畲族女性头冠形拟凤凰而非犬的观点：“仔细观察这一冠式，与其说状如狗，不如说酷似凤鸟：冠身为凤头，银鼻如啄，脊如额，红顶伸展上翘如丹冠，尾饰如凤尾，凤头与凤身以串珠相连，略为凤尾，又似双翅，一只完整生动的凤鸟跃然眼前，看不出丝毫狗的痕迹。特别是其尾饰拱状下垂，不大可能是象狗尾。中国传统文化中凡被赋予祥瑞之意的狗均为尾部卷曲上翘状，尾部下垂者似又狼或疯狗之嫌，畲族奉狗为祖，绝不可能让自己的图腾形象带上似乎不敬甚至亵渎之意。”据调研，这种观点可能存在错误，理由有二：其一，畲族女性最传统的罗源式凤凰冠尾部呈现出上翘的造型，因而存在以此形拟狗尾的可能性；其二，从历史发展的角度来看，盘瓠的形象经历了从犬类到神灵的转变，其艺术形象的构建过程中融入了丰富的拟人化元素。因此，畲族女性头冠的设计不仅仅是对犬图腾形象的直接模仿，其中早已包含化物为人后的盘瓠图腾形象的艺术再现。

在畲族文化中，盘瓠形象的塑造与呈现广泛渗透于以盘瓠为核心母题的文学艺术创作之中，其表现形式多样，涵盖了散文体的故事传说与韵文体的民间史歌两大类别。这些文学作品，大多可归类为前文所指狭义盘瓠传说之范畴，其叙事结构通常遵循一系列关键的叙事节点：诞生、许诺、立功、变身、嫁女、封赏以及繁衍。这些环节构成了盘瓠传说的基本框架，而盘瓠形象的具体描绘则频繁出现在诞生、变身和封赏这三个核心环节中（见表4-1）。

表 4-1　不同文献中的盘瓠形象表达

| 文献名称 | 文献中的文字描述 | 环节 |
| --- | --- | --- |
| 《搜神记》 | 俄尔顶虫乃化为犬，其文五色 | 诞生 |
| 《高辛与龙王》 | 金虫有三寸长，三天三夜就长大啦，浑身五彩斑斓。只见龙王的头还未变好哩，还是个龙头 | 诞生 |
| 《三公主的凤凰装》 | 盘瓠对高辛帝说：“大王啊，珠宝闪亮的王冠我不戴了……竹丝箬壳编成的尖顶帽子，能遮日头能挡风雨，更实惠更便当，我甘愿戴尖顶箬帽。” | 封赏 |
| 《高皇歌》（福建） | 龙袍纱帽都不爱，自愿捡个尖笠戴 | 封赏 |
| 《草龙盘王歌》 | 那是身变头未成……头上又戴三角髻，脚穿科鞋前头平 | 变身 |
| 《高皇歌》（浙江） | 五色花斑花微微，像龙像豹麒麟样。纱帽两耳其不得，自愿拣顶尖尖来 | 诞生、封赏 |
| 《龙皇歌》 | 变作金龙丈二长，五色龙鳞闪艳光。头是龙头身是人。龙袍纱帽都不要，自愿拣个尖尖来 | 诞生、封赏 |

注：本表根据《闽东畲族文化全书·歌言卷》《盘瓠神话资料选编》《中国歌谣集成·浙江卷》《畲族民间故事》汇总。

在诞生环节，盘瓠形象的描述体现了畲族人民对于宇宙起源和生命诞生的神秘想象。盘瓠通常被描述为从高辛帝皇后耳中诞生的生物，汉族文献以及早期畲族的祖图和史歌中普遍将其称为犬（龙犬）。在一些现代畲族文献中，盘瓠有时被描绘为龙麒、龙王、麒麟等。尽管称谓各异，但往往难以脱离五色、五彩、花斑等基底特征。在盘瓠传说的叙事结构中，变身环节紧随其立功并获得高辛帝的承诺之后发生。在这一关键转折点，盘瓠的形象经历了从神兽到人形的转变，这一过程在文学艺术作品中被赋予了重要的承上启下的意义。具体而言，盘瓠的身体部分成功转化为人形，而其头面部未能完全实现转变，保留了其原始的兽性特征。这种半人半兽的形象设定，不仅丰富了盘瓠角色的层次性，也为后续情节的展开提供了动力和张力。至于封赏环节，则发生在盘瓠完成婚姻仪式之后。这一环节与变身环节相关。高辛帝对盘瓠的功绩予以官方的认可和奖赏，然而，盘瓠对于传统的金银珠宝和官职王位并不感兴趣，而是选择了一顶与其头面特征相匹配的“尖尖”样式的冠帽作为赏赐品。“尖尖”样式的冠帽这一情节在大多盘瓠母题文学作品中均可见之，据畲族祖源史歌《高皇歌》载：“（盘瓠）纱帽两耳其不得，自愿选顶尖尖来”；《草龙盘王歌》唱载道：“（盘瓠）头上有戴三角髻，脚穿科鞋前头平”；在《三公主的凤凰装》一文中更是清晰地描述了盘瓠拒绝佩戴宝石王冠，而选择戴一种由竹丝箬壳编织而成的尖顶帽子的故事情节，兹引于下。

> 盘瓠对高辛王说：“大王啊，珠宝闪亮的王冠我不戴了。”
> 高辛王听了，说道：“万金难买一王冠，世上再也没有什么比这更高贵的啦！”
> 盘瓠说：“有呀，竹丝箬壳编成的尖顶帽子，能遮日头能挡风雨，更实惠更便当，我甘愿戴尖顶箬帽。”

这一选择体现了盘瓠对于物质财富和权力地位的超然态度。笔者认为畲族女性的凤凰冠正是以一种隐喻的方式折射出畲族对盘瓠图腾深层的文化认知与精神追求，尽管在形制上有所差异，但其“尖尖”的形制均指向拟仿始祖盘瓠形象的符号意涵（见图4-2）。

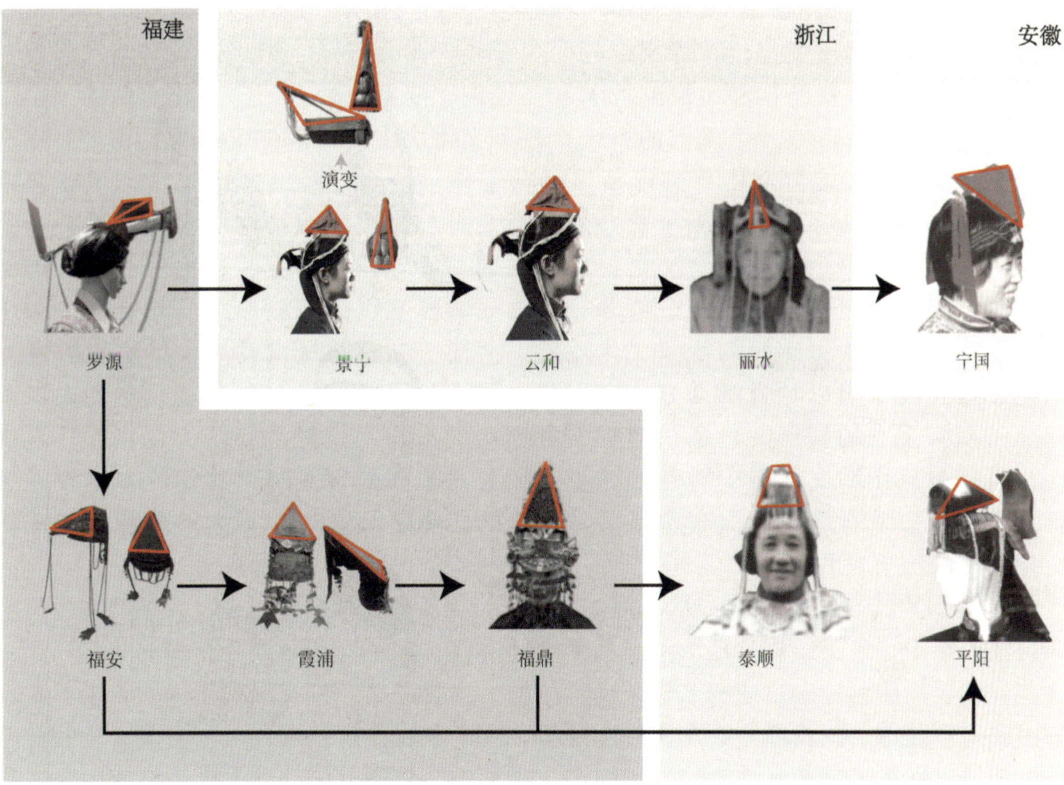


图 4-2　畲族女性头冠的脉络性演变及“尖尖”的形制的表达

### 3. 从畲族女性头饰看图腾崇拜的转变

畲族图腾文化被认为呈现出“盘瓠”与“凤凰”共存的二元结构，这两种图腾在畲族文化体系中原本具有互补性与共生性，共同构成了象征畲族族群文化身份的图腾信仰体系。这一体系在文化基因层面上为畲族与其他民族划出了明确的界限。在畲族族群的发展过程中，这两种图腾文化并未保持平等的地位。在传统社会中男性至上的观念影响下，盘瓠崇拜在畲族文化中占据了主导地位，而凤凰崇拜则相对边缘化。然而，在民国以来的历史阶段，这两种图腾文化之间的关系呈现出一种从盘瓠崇拜向凤凰崇拜逐渐转变的趋势，尤其在当代社会中这种图腾文化的转向更表现出加速现象。方清云在《少数民族图腾文化重构与启示——对畲族图腾文化重构的人类学考察》一文中深入探讨了畲族图腾文化的转变，文章认为这种图腾文化的转变是图腾文化重构的表现，并指出其在当代社会中引发的争议具有以下四个维度："第一，认同'盘瓠崇拜'是畲族唯一图腾崇拜；第二，批判'盘瓠崇拜'，回避和淡化对图腾崇拜问题的讨论；第三，承认'盘瓠'和'凤凰'的双图腾崇拜，认为当代应主推'凤凰崇拜'；第四，无'盘瓠崇拜'或'凤凰崇拜'的争论与困扰，直接重构'凤凰崇拜'。"以上观点揭示了在当代社会中，畲族图腾崇拜文化的争议主要集中在"盘瓠"与"凤凰"这两个核心符号上，其中凤凰图腾显示出较为显著的影响力，盘瓠图腾则面临着更多的争议和挑战。

20世纪末，人类学家何星亮提出图腾文化的空间层次理论。他提出："根据空间文化层次结构，这些文化元素（图腾文化）分为三个层次：表层结构、中层结构和深层结构。在图腾文化空间三层次结构中，核心层是深层结构，尤其是图腾观念，在整个图腾文化结构中居支配地位。深层结构变化缓慢，比较稳定，但经过长时期的积累，也会发生突变。表层结构和中层结构居次要地位，变动也较大。"文化空间的三层结构是彼此关联的，形成一个横向的系统，各个文化层中，往往你中有我，我中有你。头饰是一个民族最易判明的外部形象显著标志和一种非语言的文化式，是民族艺术精神的物质外壳，是表达民族审美心理的特定符号。民族服饰中蕴含的精神符号的变迁可以反映出整个族群社会文化、历史发展和心理状态的变化。畲族女性头饰作为畲族传统服饰文化的重要组成部分，其物质属性在整个畲族图腾文化层次中属于表层结构，即可观可感知的图腾文化意象。然而，在其物质属性中，又蕴含着制作工艺、盘扎技术等以行为活动方式表现的中层文化层次结构，以及表现畲族人审美观念与图腾观念的深层文化层次结构。畲族女性头饰不仅是畲族图腾文化的直观体现，也是畲族图腾文化历史转变的缩影。通过对畲族女性头饰中的图腾文化现象进行剖析，可以从微观角度洞察畲族图腾文化的转变，从而以小见大地理解畲族图腾文化转变的历史过程。

（1）文化空间表层结构：从"狗头冠"到"凤凰冠"的名称之变。在图腾文化的空间层次理论中，表层结构是最为动态和易变的层面，它包含一系列较直观的文化元素，这些元素包括图腾标志、图腾名称、图腾圣物、图腾圣地，以及图腾艺术的表现形式，如图腾人体装饰、图腾雕刻物和图腾图画等。对于畲族而言，近代以来图腾文化的转变很可能最早发生于畲族女性头饰这种图腾人体装饰之类，具体体现于作为畲族图腾文化象征物的头饰的命名方式的转变这一方面。

在历史文献资料中，畲族女性发饰的名称原先应普遍与盘瓠图腾相关，是盘瓠崇拜观重要的表现物象。例如，《侯官县志》中有记载："（畲族）妇人则高髻垂缨，俗呼犬头公主"；民国时期《清稗类钞》追溯："（处州）妇人之首所戴，有曰狗头者，可置于头，若柱然”；人类学家凌纯声也认为：“畲民妇女头戴的狗头冠为图腾装饰的最显著之一”，他强调“汉人名之曰狗头冠，畲民亦不否认”。然而，民国时期一系列特殊的文献资料提供了理解畲族图腾崇拜发生转变的初级阶段的依据。据现存可查的文献记载，畲族女性头饰命名方式的转变最早见于民国时期的福建省罗源县及其邻近的连江县一带。具体来说，民国罗源地区的文献中出现了“凰鸟髻”的称谓，连江地区则有“发梳凰形，覆于额部”的描述。对比清代与民国的畲族文献不难发现，在清代，罗源及连江地区的畲族妇女发饰尚未与“凤凰”意象形成关联，而到了民国时期，这种关联开始显现，并影响到新中国成立后畲族女性传统冠式的命名方式——凤凰冠。这种命名方式的变化，标志着畲族图腾文化转向的初步迹象，预示着畲族图腾文化在未来或将要发生重要的历史性转变。

（2）文化空间中层结构：从“仿犬形”到“拟凤形”的行为之变。文化空间中层的结构要素有图腾仪式、图腾禁忌、图腾神话以及属于图腾艺术的图腾舞蹈、图腾音乐等，它们主要是以行为、活动或语言文字形式表现的，是通过视觉、听觉才能了解和理会其内容的。前面已述，罗源与连江地区畲族女性头饰的命名方式经历了显著的转变，这种文化空间表层结构的转向又进一步牵引头饰制作工艺这类文化空间中层结构的变化。具体而言，畲族女性在进行盘扎发髻的过程中，逐渐展现出一种模仿凤凰形态的倾向。

据文献载，罗源畲妇的发饰原本“状如狗头”。民国时期罗源的畲族妇女摘掉“状如狗头”的头冠，转而盘扎“凰鸟髻”。“凰鸟髻”并非新生事物，而其实只是戴头冠的前置梳发步骤产生的发髻形态，从这一视角看这种发髻象征一种未完成形态的狗头形。新中国成立初期一张畲族女性盘扎的老照片显示，两位妇女都梳有似螺状盘于额顶的特殊发髻，她们的发髻上缠绕着发带，应为罗源、连江一带的畲族妇女过去的“凰鸟髻”。20世纪50年代《福建罗源县八井村畲族社会情况调查》中载这种发髻：“添以假发，中间分开，向后梳起，用发扎成棍状，由后下方向上竖起，领到头顶，然后用那个紫红纱线多条盘扎在头顶上，高出约两寸。”从以上资料描述可见发髻不高，仅有两寸。

20世纪60～70年代罗源畲妇的梳髻方式与发髻形制又见变化，梳“凰鸟髻”时脑后折向头顶以及前额顶螺旋盘绕的发束，以满缠红绒线的竹管替代，前额顶上螺旋状的发尾改为红绒线，红绒线的螺旋状“圆盘”直径加长、厚度夸张隆起。潘宏立亦认为：“七十年代中期，罗源城关有人别出心裁，把覆于头上的发辫加高，并延长尾髻。爱美的青年妇女觉得这种变化更漂亮，因而一时竞相仿效，遂成风气。”他还提到，“八十年代，居然出现用竹木铁线这一硬物支出的高耸发髻，最高者几乎与头长相等，尾髻亦更延长。”将上述文献进行比对后可知，罗源畲族妇女发髻从低矮变高耸的过程主要发生于60～80年代间，畲族妇女借用竹管、铁丝等作为发髻的辅助造型，以使发髻更加高昂。据田野调查，罗源畲族女性也有用预制头冠模拟高耸状发髻的造型方式，额前没有螺旋盘绕的发髻而是以一个裹满红绒线的方形筒状物连接后脑勺发髻，形成一种“以冠拟髻”的新形式。演示盘头过程的罗源县竹里村畲族阿嬷说：“这里的已婚妇女都戴这种仿髻的冠式，原先的样式是老人或者其他村子畲妇盘扎的样式。”从年龄来推算，罗源畲族女性“以冠拟髻”的新式造型方式应该在80年代就已经在罗源一带的畲村中盛行。从低矮至高耸的发髻造型转变，表明自60年代以来，畲族女性在发型设计上逐渐出现了有意识地模仿凤凰形态的显著倾向，高耸的发髻被赋予了凤凰脖颈的象征意义。从学术角度来看，这种发髻造型是人的行为、动机的产物，表达了畲族图腾文化空间的中层结构的进一步转变（见图4-3）。

（a）新中国成立初罗源式凤凰髻造型　（b）20世纪70年代罗源式凤凰髻造型　（c）20世纪80年代罗源式凤凰髻造型

图4-3　罗源式畲族女性发髻高度的演变［图（a）摘自《民族团结》；图（b）（c）为笔者团队拍摄］

（3）文化空间深层结构：从“象征盘瓠”到“象征凤凰”的观念之变。深层结构的文化空间的组成要素包括图腾观念、图腾生育信仰、图腾化身信仰、图腾审美意识等。它们是无形的，隐藏在表层和中层结构的诸要素之中，通过观察、了解，才能发现它们。文化空间的深层结构，作为一种稳定而持久的社会文化现象，通常不易受到外部因素的影响，它们是族群历史传统、审美价值观念等集体意识长期积淀的结果。这些深层结构构成了族群文化的核心，反映了其内在的、根本的文化特征和身份认同。自20世纪末以来，畲族女性头饰所承载的文化内涵经历了显著的变迁，反映出畲族图腾崇拜观念的进一步转变。

畲族女性头饰是畲族图腾崇拜观念的表现物，20世纪30年代末，人类学家凌纯声对三种畲民头冠进行较深入的图腾文化研究：“此冠像狗形，故必须有狗头狗身狗尾三主要部分。丽水式狗头在竹筒的一端包有银皮，上刻有狗面形，狗身即为竹筒，狗尾为红布一条连在竹筒之后，拖在头后。景宁式全部为一长约十公分之三角木架，架之纵轴，一端包黑布，状如狗头，轴身为狗身，三角架的上角，如狗尾向上竖之状。福州式（即本文罗源式）的头笄，狗之头身尾三部分的分别最为鲜明。”凌纯声研究方法的科学性为理解畲族头饰的图腾象征意义提供了较可信的文献资料，可以合理推断，这些头冠在畲族传统社会中确实承载着犬图腾崇拜的深刻意义，并且这种象征意义在畲族的历史和文化中占有重要地位。同样在民国时期，外国旅行家威廉·埃德加·盖洛从较客观的视角记录了畲族女性头冠中的历史文化内涵：“那些居住在福建北部山区的妇女在她们的头饰前面还有一个流苏象征着那块遮丑的布（祖先盘瓠的遮丑布）。”新中国成立以后乃至20世纪末，在畲族女性冠式名称转变为“凤凰冠”以后，其深层次

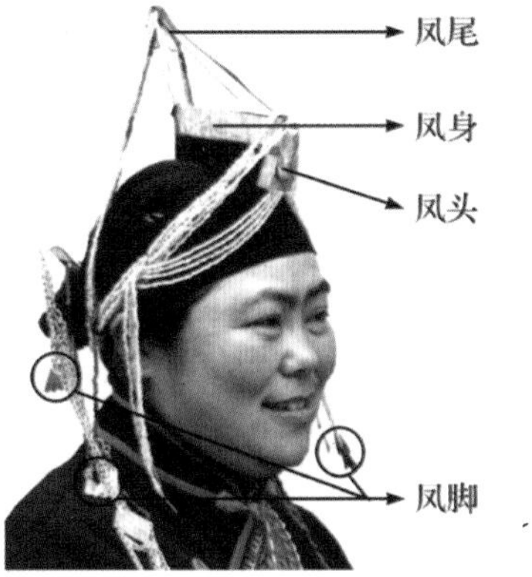

图 4-4　畲族女性头饰中的凤凰意蕴
（摘自《景宁畲族服饰的现状与保护》）

的盘瓠图腾文化的象征意义也没有完全消失。罗源畲族妇女结婚时，头戴凤凰冠，冠上饰有一块圆银牌，牌上悬着三块小银牌，垂在额前，畲民称它为“龙髻”，明显留下了畲族盘瓠图腾崇拜的残迹。然而近年来，畲民开始倾向于用“凤头”“凤尾”“凤身”“凤脚”等解释来取代过去“狗头”“狗身”“狗尾”的说法，并以“凤头”“凤身”“凤尾”“雌冠”“雄冠”等来命名头饰（这里的头饰命名不仅是表层结构的转变，因为这种命名中已经蕴含畲民对这种头饰内涵有意识的解释）。这种文化解释的转变是文化空间深层结构转变的重要体现，换言之，畲民图腾文化观念发生了转变（见图4-4）。

综上，畲族女性头饰中图腾文化的演变是畲族图腾文化变迁的一个缩影，反映了图腾文化空间层次转变的复杂动态过程。这一过程涵盖了从表层的图腾命名方式的转变，到中层的盘扎技艺及其形态的变化，再到深层的图腾象征意义的演进。实际上，图腾文化空间层次的转变呈现出特殊性、跨地区性、突变性以及融合性等特征。其一，特殊性，体现在图腾文化空间层次的转变可能以个别地区的独特样式为起点，且在时间上并非同步发生。例如，畲族图腾文化空间表层结构的转变最初在罗源、连江地区的女性发髻中显现。其二，跨地区性，指特定地区的样式名称、盘扎技艺和文化观念的转变可能引发其他地区的相应变化。罗源、连江地区畲族女性发髻命名方式的转变，随后逐渐波及到其他地区，促进了女性头饰以凤凰冠命名的普遍转变。其三，突变性，表明文化空间的三个层次转变并非严格遵循线性顺序，有时可能跳过某一中间阶段，直接表现为下一阶段的文化空间层次转变。例如，除了罗源、连江地区女性头饰在盘扎方式与造型上的中层文化结构转变外，其他地区的女性头饰可能未曾经历这一中层结构的转变，而直接进入了深层文化结构转变阶段，即以“凤”的形态特征来解释和认同自身的发饰。其四，融合性，强调文化空间三个层次的演变是相互交织、相互渗透的。在罗源畲族女性发髻盘扎方式向凤凰形态发展的过程中，其深层次的文化意涵可能已经随之发生了变化。这种变化的复杂性使得我们难以将表层、中层和深层的文化转变完全区分开来，进行彻底的、明确的辨别。

## 二、身份信息的阐释

畲族女性头饰是一种身份符号，阐释着丰富的穿戴者的身份信息。畲族头饰所蕴含的身份意义是具有多重维度的。首先，族群维度的身份标识。畲族头饰首先作为一种族群身份的象征，在视觉上为族群成员提供了一种归属感和认同感。头饰的设计和装饰元素往往与畲族的图腾、历史和文化传统紧密相关，从而在族群层面上实现身份的表达以及与他族的区分。其次，年龄及婚姻状况的标识。在畲族社会中，头饰还承载着年龄及婚姻状况的信息。不同的头饰样式和装饰可能与佩戴者的年龄阶段相关联，从而在社会互动中传达个人在生命周期中的位置。已婚和未婚的畲族女性会通过头饰的不同来表达自己的婚姻状态。最后，经济状况维度的标识。头饰的材质、工艺和装饰的奢华程度往往与家族的经济状况相关联。在畲族社会中，头饰的精美程度和使用的材料可以作为家族经济实力的一种展示，从而在一定程度上反映了社会经济地位。

### 1. 辨族别异的身份标识

民族头饰是族群身份表达的最显著的符号之一。观察者往往能够通过头饰来识别个体所属的族群，如鄂温克族的狍头帽、苗族的银花冠、基诺族妇女的尖翅帽以及维吾尔族的四棱方帽，都是各自族群文化中具有显著族群徽记功能的头饰。历史上，以头饰特征作为族群名称的现象也颇为普遍，如狗耳龙家、剪发仡佬、顶板瑶、尖头瑶、长角苗、度角苗、剪杆瑶等族群的命名，均直接关联于其特有的头饰风格，揭示了头饰在族群识别中的核心作用。畲族头饰虽然未直接作为族群名称的依据，但其在族群识别和区分中的作用不容忽视。头饰作为头部装饰的重要组成部分，往往是视觉的第一焦点。畲族女性通过头饰表达族群身份的原因可以从以下三个维度进行深入分析。

首先，从文化传承与族群认同的角度看，在传统社会中，畲族作为一个历史上长期迁徙的民族，其头饰文化的形成与传承是为了确保族群成员能够追溯其文化根源。这种独特的头饰文化不仅有助于族群成员在迁徙过程中保持文化连续性，而且便于后代认祖归宗，强化族群认同，增进民族的凝聚力与向心力。

其次，在族群界限与婚姻习俗方面看，畲族过去实行过“自相匹配”的婚姻制度，要求族群成员在婚姻选择上需清晰界定族群边界族内通婚。正如《高皇歌》所唱：“女大莫去嫁阜老（阜老即汉民，也称福佬），阜老翻面便无情。皇帝圣旨吩咐其，养女莫嫁阜老去，几多阜老无情义，银两对重莫嫁其。皇帝圣旨话言是，受尽阜老几多气，养女若去嫁阜老，好似细细未养其。”头饰作为族群成员身份的显著标志，畲族男性能够通过头饰来识别本族与外族的女性，从而避免与外族女性建立情感联系。这种通过头饰进行的族群识别机制，有效地维护了族内婚姻秩序，确保了族群基因和文化的传承。

最后，在社会身份与文化自信的彰显方面，畲民认为自己是盘瓠与三公主的后裔，而三公主作为高辛帝最小的女儿，因此畲民自然拥有了高贵的皇家血脉。畲族女性所佩戴的民族头饰不论是盘瓠的冠还是三公主的凤冠，其意义都在于以此来叙述畲族祖先的故事，从而向世人强调自己是皇族子孙的社会身份，盘戴皇族标识的冠髻是民族的文化自豪感和文化自信的重要体现。此外，这种身份的象征还可能与特定的社会特权相关联，我们或可称其为一种“逃避统治的艺术”，因为畲族曾蒙高辛帝允诺免服各种差派徭役，历朝都遵守这一惯例，佩戴传统头饰，可以向封建统治者彰显身份，从而达到“畲民不税，畲田不税”之效用。

### 2. 年龄婚况的身份标识

畲族女性重视头饰文化，对于头饰的使用贯穿整个人生，依据不同生命阶段的头饰形制区分表达族内女性的个人身份信息。这种以头饰贯穿人生、区分身份的风尚习俗体现了该族群文化的内在共性。在传统畲族社会中，头饰具备识别女性社会身份的功能，尤其在未婚与已婚女性之间，头饰的差异性尤为显著。这种头饰在畲族文化中发挥着维持族内婚姻秩序的重要作用（见图4-5）。

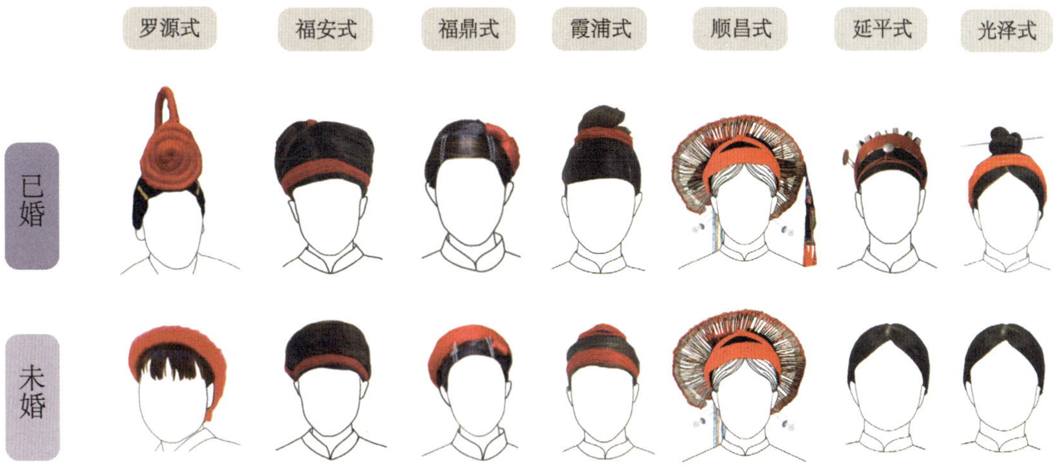


图 4-5　福建地区畲族女性头饰的婚姻状况区分（笔者自制）

在浙江地区，未婚的畲族姑娘通常不佩戴竹筒，仅以花布为帽，花布亦系赭色柳条，现在在当地已经见不到这种装扮。闽东地区未婚的畲族姑娘梳简单的发髻，妇女在清末以前日常需佩戴凤冠，自清末民国时期逐渐演化为盘扎昂扬且宽厚的发髻。据记载，福安地区畲族妇女都很爱惜自己的发饰，上山砍柴都要披上一块方花巾作为保护物，这也表示她是一家之主的主妇。包括闽北在内的其他畲族聚居地区之头饰佩戴习俗同样依据婚姻状况在样式上有所区分。福建畲族女性的梳髻习俗以年龄为依据，展现出更细微的差异性。据调研，顺昌地区的头饰风俗比较特别，未满16周岁不戴凤凰冠，16周岁后所戴凤凰冠但左侧没有拖下来的黑色飘带和冠上压着的红色帕子，结婚以后戴上红帕子和黑飘带表示已婚。闽东罗源地区年长女性的发髻在绒绳颜色上倾向于使用蓝色、黑色等较深的色调，且发髻低矮，没有年轻人的发髻那么高昂，这不仅与深色在视觉感知上的稳重感有关，也与年龄所赋予的社会地位和生活经验相呼应（见图4-6）。在福安地区畲族妇女发间，以黑色、蓝色、红色的绒线环束，标志出老、中、青不同的年龄，丧偶的妇女用绿色或白色的绒线圈头。

图 4-6　罗源地区少女、青年妇女、老年妇女的发髻区别

## 3. 经济维度的身份标识

畲族女性头饰有时也可成为展示家族财富的象征物。畲族女性头饰的工艺精细程度和材料的丰富性往往与佩戴者的家庭财富状况密切相关。以顺昌式畲族凤凰冠为例，这种头饰的银料使用量较多。在富裕家庭中，畲族女子的头饰工艺更为精湛，银料的使用也更为充足，其冠面通常由上百根银簪构成。田野调查资料显示，顺昌式凤冠银簪的数量根据佩戴者家庭的经济状况而有所变化。银簪的数量从60支到120支不等，也有90支、

108支银簪制成的冠。此外，一些头饰在制作时采用银或铜质材料，有的冠一半为银钗，另一半使用铜钗，而有的完全采用铜制作。景宁地区也有类似的情况，只有富裕人家的畲民才能以纯银材质打制一副凤凰冠，家境一般的以铜或铁代替，有的在铜里掺入一些银以节约成本。民国有文献称，“打制一副景宁的头饰共计需要12.44银元：钳栏0.18元、头面0.44元、大奇喜牌价格0.12元、奇喜载0.24元、奇喜牌0.18元、国挣0.32元、钳搭0.2元、方牌0.16元、头抓0.28元、牙签0.18元、耳挖0.18元、银金0.34元、银链0.4元、耳环（耳银）0.16元、反蕉叶0.14元、珠子0.6元、布料及布线0.16元、装配饰物的妇人工资0.3元，银子共重四两八钱折合7.68元。”头冠作为一种珍贵的文化财产，其价值之高以至于家庭需经过长期的节俭积累方能购置。昂贵的头冠通常由母亲传予其女儿，若家庭中无女儿继承，则转由媳妇接管。在婚姻礼仪中，对于那些尚未拥有头冠的家庭而言，娘家会在女儿婚礼期间出面借取头冠，婚后，头冠需归还给原借出家庭。在景宁畲族博物馆收藏了一顶特殊的福安式畲族新娘头饰，该头饰主体部分由笋壳制成，外面包着一块深色土布，前面装饰两块小小的银片，据说是贫穷的畲族家庭结婚时新娘所戴的凤冠（见图4-7）。

（a）正面　（b）背面　（c）冠内

图 4-7　福安地区贫穷家庭新娘凤凰冠

［图（a）拍摄于景宁畲族博物馆；图（b）（c）摘自《畲乡霓裳－中国少数民族服饰文化系列丛书》］

## 三、人生仪礼的承载

人类与非人类生物分异的一个显著特征是人类表现出非本能驱动的穿戴行为。头饰作为服饰文化的重要组成部分，其文化象征意义不容忽视。人类头饰的使用不仅涉及保护自身和狩猎等实用功能，更与审美追求和社会规范紧密相关，反映着整个社会（族群）的文化审美观念。考古学、人类学和民族学的研究提供了原始社会头饰使用的线索。古代遗址出土的头饰造型物表明，头饰的选择与佩戴可能与人类对美的深层次认知和追求有关，与原始社会规范和礼法仪式交织。在封建社会中，服饰冠戴不仅是日常穿着的组成部分，更是社会礼仪活动中的象征性元素，其中承载着丰富的文化象征意义，与民间仪礼、宗教信仰和节日庆典等民间风俗紧密相关。

在畲族传统社会中，民间仪礼习俗构成其传统文化的重要组成部分，涵盖成人礼、婚嫁、丧葬等仪礼活动。前已述及，畲族女性头饰承载着深厚的祖先崇拜、图腾崇拜的文化象征意味，其在仪礼活动中的作用远超服饰装饰的范畴。在成人礼中，头饰可能象征着年轻个体从青少年阶段过渡到成年阶段社会角色的转变；在婚嫁仪礼中，它代表着新人的社会身份转变和对未来的美好期望；而在丧葬仪礼中，头饰则可能与逝者的尊严和灵魂的安宁相关联。畲族女性头饰在这些仪礼中不仅是不可或缺的着装要素，更是仪式过程中至关重要的环节。它不仅体现了个体在社会中的地位和角色，还传递着一个族群由来已久的风俗习惯。

### 1. 成人礼与婚礼中的头饰之用

畲族与汉族不同，一般没有专门的成人礼或称笄礼（按汉族风俗，笄礼需改变发式，由女孩的家长替她把头发盘结起来，加上一根簪子，表示从此结束少女时代，可以嫁人了）。畲族女性的成人礼通常情况下与婚礼同时进行，仅在顺昌田野调查时，有畲民提及姑娘成年后（满16周岁）便戴起凤凰冠，结婚后凤凰冠上再披上一层以黑色为底的刺绣巾帕，表示已婚。

图 4-8　畲族婚俗中的“梳妆”
（源于纪录片《Burberry“凤礼”》）

在畲族婚嫁仪礼中，头饰的穿戴过程是畲族女性表达情感的重要环节（见图4-8）。据《畲族文化述论》载：“男方迎亲花轿进入女家厅堂时，新娘就要哭闹一下，佯装不愿意出嫁，谁人替她梳妆，都不顺从。没人催她时，才开始梳妆。梳妆时，要请人解开她头上环状的姑娘发式，将红绒线发圈梳成已婚妇女的凤凰头。新娘佯装不愿梳妆，这时母舅就让二人抱住新娘，一人专事梳头。梳头者通常是由内亲担当，也可请村内三代同堂的好命妇人。”对于畲族这个能歌善舞的民族来说，更换发式的过程中需要随唱哭梳头的畲歌以表达对娘家的不舍之意。梳妆、哭泣与唱畲歌三者共同构成婚俗仪礼中的哭嫁环节。据她们所言：“越哭越发达，不哭不吉利。”哭时声泪俱下；哭词真切，发自肺腑，入情入理，感人至深；哭腔优美，抑扬顿挫，高低有致，不像真哭，哭声预示着新娘子日后生活的美满幸福。以哭梳头为主题的畲歌版本不一，此处列举两例。

《哭梳头》

阿×啰——
牛角梳子三十三，娘见梳子心卖安。
梳好毛头要出嫁，离爷离娘心会酸啰，阿×耶！
梳了毛头床上做，奴×分酸好罪过，
梳了毛头人叫嫂，扛落别人寮里去啰，阿×耶！

《哭梳头》

阿嫂罗！一年三百六十天，阿嫂罗！
都毛奴我讲梳头，阿嫂罗！
今晡毛头梳上去，阿嫂罗！
阿嫂罗！教我用失行出门，阿嫂罗！
奴人共行人叫妹，阿嫂罗！
暗头过了人叫嫂，阿嫂罗！
阿嫂罗！毛头未生人叫城，阿嫂罗！
毛头未长人喊扛，阿嫂罗！
今晡讲梳头，心里越忖越有愁，阿嫂罗！
阿嫂罗！毛头我从小梳透大，阿嫂罗！
今晡梳成个式装，阿嫂罗！
今晡梳成个式样，阿嫂罗！
阿嫂罗！教我出门用失行，阿嫂罗！
我阿父阿母古未来，阿嫂罗！
阿嫂你不要讲梳头，阿嫂罗！

在畲族文化中，女性头饰在婚俗仪礼场合与日常佩戴存在差异，这种差异体现了畲族服饰在不同应用场景下的功能性与象征性。在婚俗仪礼中，畲族女性头饰通常被赋予更为隆重的仪式感，其佩戴方式往往涉及将头冠的珠链置于面部前方，或者在凤凰冠外覆盖一层红色的巾帕，以此增强婚礼的喜庆气氛和象征意义。据田野调查，在浙江丽水、云和地区，在婚俗场合的佩戴习俗中，会将雌凤冠头冠两侧的珠链自然垂落，以遮挡面部的左右两侧。民国时期，武士勇所拍摄的一组畲族妇人佩戴雌凤冠的历史照片可见雌凤冠盛装与便装之穿戴方式之差异。由于图4-9中戴冠者身份显然并非新娘，我们可以合理推测这种盛装样式除结婚仪式外，在其他重要的仪式活动或重要场合中也可能出现，平时则将珠链串绕于头部，以便于劳作生活。

图 4-9　日常佩戴雌凤冠与仪礼场合佩戴雌凤冠之比较（摘自《畲民图腾文化研究》）

浙江景宁地区广泛流行的雄凤冠样式在婚礼仪式中的佩戴方式也与日常存在差异。民国《浙江景宁敕木山畲民调查记》载："支架前端挂着一排十一串约20厘米长的，用白色玻璃珠做成的链子，看上去像面纱似的。"尽管该文献并未明确阐释这一类似面纱的珠链的具体功能，但通过田野调查，笔者获得了畲民口述的历史信息。据畲民所述，婚礼仪式中，这些珠链被垂于面中，起到遮挡面部的作用，而在日常生活中，这些珠链则被绕挂于两侧耳旁，作为装饰性要素（见图4-10）。浙江南部的平阳（包括苍南）、泰顺地区畲族妇人过去有其独特的头饰风格，结婚时一般需着盛装，不仅要戴凤凰冠，还要在冠前簪上三支缀有流苏的银钗以助其美（图4-11）。民国时期《平阳畲民调查》附载了畲族女性穿戴盛装与便装之比较影像资料可窥其差异。新中国成立后，有文献资料追溯泰顺地区："婚日由戚友给新娘梳髻，髻呈塔状，便戴花簪及密插银花，整个头饰绝大部分是银器，打扮得闪闪发光，十分耀目。"泰顺与平

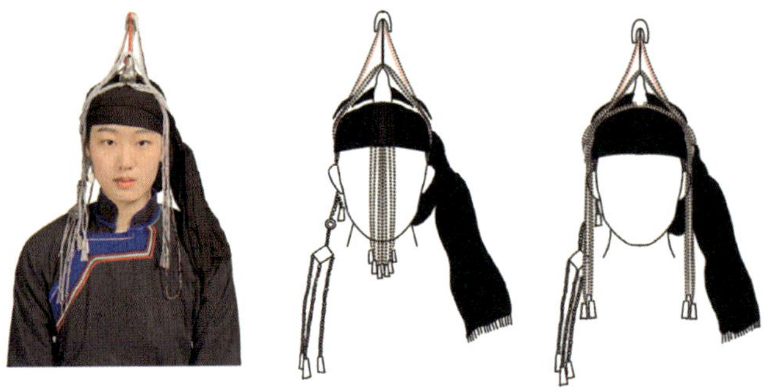

图 4-10　雄凤冠日常与盛装穿戴方式之比较（模特：杜培研）

图 4-11　平阳地区盛装与便装之比较（摘自《平阳畲民调查》）

阳地区相邻，且凤凰冠样式差异不大，笔者从文献推测平阳妇女的盛装装扮与泰顺新娘的装扮习俗相同，均以银花簪钗为美。

在福建地区，畲族女性结婚时头饰的穿戴也比日常隆重。罗源地区女子结婚时戴上传统的凤凰冠，日常则梳凤头髻，这种风俗实际上是在民国以后才逐渐形成一种族群普遍共识，在此之前畲妇日常戴冠是一种普遍现象。美国学者盖洛著《中国十八省府》一书载录了一组清末福州地区畲妇日常上街时的珍贵图片资料。从图片上看，畲妇们所戴头冠与现在罗源一带凤凰冠形制相同，她们一辈子都不能改变这种头饰，如果要改的话，她们就必须改嫁。在与罗源畲族服饰国家级传承人蓝曲钗老师沟通中得以证实：在过去（清），这种头饰既是罗源畲族妇女的礼仪装扮又作为日常样式，凤凰冠一般是由母亲与银匠共同制作完成，新娘自结婚之日直至入殓之时终身佩戴冠髻，高高的冠髻承载着母亲对女儿的美好祝福。福安、霞浦、福鼎的畲族女性结婚时亦戴凤凰冠，其中福安、霞浦的凤凰冠前方第三块银牌垂下数条用以遮面的门帘，俗称“线须”或“圣疏”（见图4-12），福鼎地区则簪上三朵银花钗（与浙南相邻的平阳及泰顺两地相仿）。闽北地区的畲民将汉族婚俗中盖头文化较为直接地挪用到本民族的婚礼习俗中。建阳畲族新妇“裹红帕于首；顺昌地区的畲族新娘在结婚时也会披上一块两米长、半米宽的红色长巾，遮挡头面前后，两侧留有空隙；也有的顺昌畲族新娘出门的红巾上缀有铜钱，走时叮当作响”，增添了婚礼的喜庆气氛；在延平地区进行田野调查时，笔者观察到当地畲族也依然保留着在凤凰冠外覆盖红帕的风俗习惯（见图4-13）。

图 4-12 凤冠圣疏（拍摄于茶岗畲村）

## 2. 丧葬仪礼中的头饰之用

图 4-13 顺昌畲族新娘头饰（顺昌畲族文化研究会前会长雷爱红提供）

丧葬仪礼在畲族传统仪礼文化中同样占据着重要位置，它不仅是对逝者的最后告别，更蕴含着畲民对生命的理解。通过丧葬仪式，畲族人表达了对祖先的敬仰、对死亡的尊重以及对生命意义的沉思。在畲族的丧葬文化中，仪式的举行是对该族群传统文化和价值观的一种体现，丧葬仪式通常由一系列历史悠久的活动组成，如报丧、哭丧、守灵、送葬、安葬等。

畲族的丧葬习俗中，逝者服饰的选择和穿戴方式往往遵循一定的规范和传统，旨在表达对逝者的尊重、对祖先的纪念以及对逝后世界的遐思。畲族女子一般需头戴凤凰冠、身着寿衣（寿衣形制多按婚礼服式，也有的穿生前较常穿着的服饰），寿衣男性以单层数为主，妇女以双层数为主，做过“西王母”（“西王母”指在某些仪式中，有声望的法师及其妻子会分别扮演“东王公”和“西王母”，接受学师者的礼拜）的畲族女性也要穿上祭祖时的专门服装入殓。然而，对于已逝的畲族女性而言，其后代在遵循传统礼仪的同时，也通常要考虑到经济成本和资源的合理分配。基于对传统文化和现实经济的双重考量，后代通常会制作较为简易的凤凰冠来代替逝者生前所佩戴的精致凤凰冠（见图4-14）。据《霞浦县畲族志》载：“（丧殓时）凤冠，比婚礼所戴者简单，而无（或少）银饰。”这种简易凤凰冠虽然在材质和工艺上可能不及生前的银冠奢华，但它同样承载着对逝者的纪念和对传统的尊重。直至今天，在畲族依然传承着这种风俗，畲民相信只有戴上凤凰冠、穿着凤凰衣才能够在逝后与祖先相认，逝者亦才能够安息。

图 4-14　福安式逝者穿戴简易凤凰冠（雷俊宇供图）

在浙南畲族的传统习俗中，那些已经完成了“学师”过程的长者，即那些向族中的长辈或特定的“法师”学习并掌握了宗教仪式和祭祀活动所需知识和技能的个体，在他们到达50岁这一重要的年龄节点时，会开始准备自己生命的最后阶段。这包括亲手缝制“赤衫”或“乌兰衫”以及相应的头冠。此外，他们还会购置一匹长达八尺的红布，作为其逝世后的葬仪用品。根据传统，这块红布在葬礼上会系于逝者的头部，其两端下垂至小腿。对于那些尚未完成“学师”过程的畲民，他们在逝世后通常只能穿着生前所留下的衣物，这种习俗深刻地反映了畲族社会中对于宗教和仪式的重视。

服丧期间畲民的头饰也有讲究，妇人会在头发上扎白线，白色的布帽则需佩戴至破损无法再戴为止。此外，整个服丧期间，人们仅限于穿着白色与蓝色的衣服。在福建福安地区，丧偶的妇女有时会选择使用绿色或白色的绒线代替传统的红绒线圈头，表示对逝者的尊重和对生命终结的哀悼。

## 四、文化交融的表现

从唯物辩证法的视角看，自然界的所有事物都存在普遍联系，并在变化发展着。畲族与汉族共同栖息于同一片肥沃的土地之上，不仅在生活方式和基本生活需求上展现出了显著的相似性，更在经济政治、社会生活以及民族文化等多个层面展开了广泛而深入的交流与互动。清末魏兰先生在《畲客风俗》一书中绘制了十余幅表现畲民日常生活的插图，包含聚餐、送礼、犁田、耕田、插田、换衣等场景，其中换衣场景即畲民将自家产的家禽和农产品挑到城里，与富裕人家（汉族人家）调换旧衣、鞋等（见图4-15）。这种跨文化的互动促进了双方在物质和精神层面的相互依存，加深了彼此在价值

图 4-15　畲族与汉族换衣场景（摘自《畲客风俗》）

观念、信仰体系以及社会习俗上的相互理解和认同。文化并非一个静止均衡的实体，文化内部的创新、文化间的接触、生态自然环境的改变都会影响文化内部结构及文化特质。凤凰冠、髻作为畲民日常穿戴典型艺术文化符号，从中可见兄弟民族间因交往、交流而产生的文化交融。换言之，畲族与汉族之间频繁的交流与互动，为畲族女性头饰艺术与汉族文化交融现象的发生提供了现实基础。头饰是畲汉民族间友好互动的生动表现形式之一。

### 1. 畲族婚俗头饰穿戴与汉族风俗交织

据汉俗，新娘在出嫁时通常会在面部覆盖一块巾帕，这一巾帕多用象征吉祥如意、幸福康健的"红盖头"。红盖头大多为正方形，边长有二尺、二尺九寸、三尺三寸等尺寸，有的四周缀有铜钱，有的饰以彩穗，有的还绘有龙凤、牡丹、鸳鸯戏水等图案。汉族婚俗中的"盖头"文化最早可追溯至东汉，唐《通典》载："自东汉魏晋以来，时或艰虞，岁遇良吉，急于嫁娶，乃以纱縠蒙女首。"自宋代以来，汉族婚礼中的"以帕做盖头"习俗逐渐发展并形成了一定的规模，这一传统习俗不仅在历史长河中得以沿袭，直至上世纪末仍可见其影响。近年来，随着社会大众对中国传统文化传承与保护意识的增强，这种传统婚俗文化在现代婚礼中也重新焕发了生机。在许多现代新式婚礼中，"红盖头"作为一种文化符号，不仅被保留下来，更被赋予了新的时代意义。

头饰在畲族结婚仪式过程中扮演着至关重要的角色，其制式与搭配方式不仅彰显了畲族自身的文化特色，同时在汉族婚俗"盖头"文化的影响下赋予头饰以遮面之功用。笔者在田野调查与资料收集的过程中发现，畲族结婚时普遍有用红布、珠帘、银帘遮挡面部的习俗（详述于前文）。据顺昌畲族文化研究会前会长雷爱红女士提供的当地畲族女性结婚时的影像资料显示，顺昌畲族头饰盖头与宋代汉族陶俑的盖头形制十分相似，可算作畲汉婚俗文化交融的典型一例（见图4-16）。值得注意的是，畲族在接纳汉族的"盖头"习俗时，并非简单地模仿或挪用，而是通过创新的方式将这一习俗内化并转化为具有畲族特色的民俗表现形式。更重要的是，畲民还创造性地用自身文化对其婚俗中头饰的"遮面"行为进行解释，他们认为遮面的珠链、银帘、钗钏、红帕象征着畲族始祖盘瓠用以遮面的遮羞布。这种现象可以被视为一种文化内化和再创造的过程，畲族通过将汉族的"盖头"文化纳入自身的文化体系，并对其进行重构与解释，一定程度上实现了对汉族文化的融合与创新。

（a）宋代陶俑　　（b）顺昌畲族女性

**图4-16　宋代戴盖头的陶俑与顺昌畲族女性盖头比较［图（a）摘自《宋代女子首服"盖头"考释》；图（b）为雷爱红提供］**

### 2. 畲族女性头饰纹样吉祥寓意与汉族文化交融

在中国传统造物观念中，吉祥纹样作为一种独特的文化符号，通过錾刻、编织、拓染、镶嵌、描金、拉花等工艺手法，被巧妙地应用于陶瓷、玉石、漆器、染织物、金银饰品等各类器物之上。这些纹样不仅在视觉上给人以美的享受，还承载祈福纳吉的美好寓意，反映出人们对美好生活的向往和追求。畲族在过去是一个游耕生活方式主导的迁徙式民族，迁徙过程中财富的保存与保护极为重要，因此畲族先民选择将财富以银饰的形式嵌入其头饰文化并流传下来。这些银质头饰通常錾刻丰富的吉祥纹样，不仅在视觉上为畲族女性的头饰增添了一种层次分明的璀璨与精致，更体现了畲汉纹样文化体系层面的显著的共通特征。这种共通不仅体现在纹样的命名层面，还反映在纹样的形态、构造及其所蕴含的深层寓意上。

福安式凤凰冠，其冠体盖布上缀挂的银牌，无论是方形还是不规则形状，均錾刻有丰富的汉族传统吉祥纹样，如缠枝花纹、联珠纹、梅花纹、双鱼纹等；冠体下方缀挂的三大块银牌上，饰有二方连续的牡丹花纹和乳钉纹；最引人注目的是最下方的大块银牌缀挂了7～9串银牌挂链，每串挂链上的小银牌同样纹样丰富，包括福字纹、鱼纹等。顺昌式凤凰冠的汉族传统吉祥纹样同样丰富，其冠面上的银簪数量多达上百根，据顺昌畲族文化研究会会长兰文英介绍，过去每根银簪的簪面均錾刻有不同的吉祥纹样。这些纹样在工艺上展现了精湛的技艺，更在文化上承载了深厚的寓意："喜上眉梢"象征着婚时的喜悦和幸福的来临，"凤穿牡丹"寓意着富贵和吉祥，"观音送子"表达了对繁衍后代的祈愿，"多福多寿"传达了对长寿和福气的美好愿景。这些凤凰冠上精雕细刻的吉祥纹样承载着吉祥、繁荣和富贵的寓意，传达着祝福、丰饶及多子多福的美好意愿。

畲族女性头饰的纹样设计与汉族传统文化之间的联系，可从工艺制作的角度进行探讨。历史文献表明，畲族头饰的制作技艺往往由汉族工匠所掌握，以景宁地区为例，"敕木山村的畲民自己不做这种复杂的头饰，他们请景宁县城里的一个银匠做。这个银匠和他的儿子一起干这很可获利的手艺。"但从根本上说，头饰纹样是一种文化认同的体现，是畲族在与汉族长期交往互动过程中形成的"集体无意识"，即最深层次的民族审美心理积淀。这种与汉族共通的民族审美心理与畲族个性化审美心理结构并不互斥，反而在文化交融与碰撞的过程中得以共通，印证着各民族共通共融共享中华民族艺术符号的历史现实。

## 第二节 凤凰冠、髻的审美趣味

畲族女性凤凰冠、髻作为一种历史悠久的艺术表现形式，是畲族在长期劳动实践中逐渐积累形成的审美意识的集中体现，蕴含丰富的审美趣味。本节从型色之美、工艺之美、纹饰之美三个维度深入探讨畲族女性头饰中的审美文化特征。在型色之美方面，"型"的解读着重于头饰的整体造型，剖析其艺术特征；"色"则聚焦于头饰中红色的运用，尝试追溯其文化渊源。工艺之美部分，将从斑布的编织工艺、折叠工艺以及银饰的錾刻工艺两个方面展开论述，揭示这些传统头饰背后的复杂工艺。纹饰之美的研究将头饰纹样分为人物纹、动物纹、植物纹、几何纹四个类别，深入分析头饰中这些纹样特征、应用方式及吉祥寓意。

## 一、和谐统一的型色之美

### 1. 造型之美：对称与非对称的巧思

广义上的造型是一种形式的表达，它通过具体的形状、线条、色彩等手段，传达出某种情感、思想或文化内涵。狭义上的造型是指一件物品的整体外观结构形态与样式。畲族凤凰冠、髻造型有三大特征：其一，对三角形样式的广泛应用；其二，对称与非对称的设计巧思；其三，对身体的再塑造及其与传统服装的适配。

关于畲族女性凤凰冠造型中的三角形态，在学术界存有观点认为，三角形态是对鸟类生物“顶冠”的模仿，归根结底是畲族凤凰崇拜的深刻体现。然而笔者认为三角形设计是对始祖盘瓠形象的艺术再现，蕴含着畲族对盘瓠的崇拜意向，这一点在前面已有详述。这里着重谈畲族头饰中三角形的表达方式。景宁式雄凤冠通过珠链与冠体支撑的木棍、银钗的巧妙结合，形成正面的等腰三角形效果，这种设计不仅美观，还具有一定的结构稳定性。罗源式凤凰冠与云和式凤凰冠主要使用红色斑布作为造型材料，通过裁剪、折叠、缝合、拼接等手法实现冠体造型的三角形呈现。为了防止布料向下塌陷，通常还会在内部使用一根细棍作为支撑，以保持造型的挺括。福安式、霞浦式、福鼎式凤凰冠通常采用竹篾编织冠内结构，形成三角形框架，再用土布罩在外面，形成一个整体统一的三角形态。平阳式、福鼎式凤凰冠则将竹筒后段截成一个切面，塑造出三角形的造型，这种设计简洁而实用，体现了畲民的巧妙构思。

在畲族凤凰冠、髻的造型艺术中蕴含对称与非对称的设计巧思。所谓“对称”，是指头饰戴于顶部，以眉心为中线，呈现出左右对称的造型特征，这种对称性在视觉上可传达平衡与和谐，也反映了畲族文化中对秩序与稳定的追求。“非对称”指通过左右细节装饰的微妙差异，展现出一种动态的美感与个性化的表达。非对称与对称的巧思琴瑟和鸣，并不互斥，在非对称的细节造型中体现着相对对称的美的韵律，在对称的整体造型中又蕴含非对称的变化之美。福鼎式凤凰髻以其歪梳特征最为显著，畲族女性将发髻绕到额头上方，再通过歪梳的方式，增添发髻的俏皮效果，显得十分与众不同。景宁式凤凰冠在佩戴过程中，常将黑色绉纱拖于左侧耳际，银制的流苏钗子则从右边插入发髻，这种设计既保持了整体的平衡之美，又通过细节的差异性，展现出独特的审美魅力。云和与延平一带的畲族女性偏爱斜插一支钗，云和的钗上有流苏垂下，飘逸且灵动，延平的钗以银元制成，富有另一种精致之美（见图4-17、图4-18）。此外，罗源、福安、霞浦、顺昌等地的畲族女

（a）畲族女性头饰　　（b）钗饰

图 4-17　云和畲族女性头饰及钗饰
［图（a）摘自《畲族服饰艺术》；图（b）为蓝文鑫收藏］

性头饰更多地表现为对称之美，这种对称不仅是一种视觉上的平衡，更是一种文化上的传承与延续。或许这种对称之美正是孕育非对称的“源”，体现了畲族女性头饰中多变的造型美感。畲族女性头饰将对称与非对称的元素巧妙结合，不仅展现了畲族文化的稳定与灵动，也反映了中华民族审美意识中对和谐规律与个性文化的双重追求。

图 4-18　延平畲族女性的头饰非对称造型（拍摄于南平市延平区岭炳洋畲族村村委会）

此外，从头饰造型与穿戴主体及其服装的综合视角也可探讨头饰的造型之美，即头饰对畲族女性身体的重塑及其与服装的适配。畲族女性头饰的造型整体上呈现出一种向上拔高的姿态，这一造型特征在视觉上拉长了女性的身材比例，使其显得更加高挑和优雅，从而增强了整体的美感。从这一意义上看，头饰造型与身材之间形成了一种良性的互动关系，具有实际的审美意义。此外，头饰造型与服装造型的整体互动也是不可忽视的。头饰作为服饰的重要组成部分，在传统社会文化中，头饰的使用与服装的穿着往往是同步进行的。因此，头饰造型与服装造型的和谐适配显得尤为重要。总体而言，畲族女性的服饰风格相对朴素，相对复杂的头饰造型与简洁朴素的服装造型形成了一种强烈的对比。这种对比不仅凸显了头饰的精致与华丽，也增强了整体造型的层次感和视觉冲击力。

## 2. 色彩之美：源于红色火焰的畅想

传统色彩作为文化内部“常识”，属于视觉应用的地方性知识，是清晰存在的场域对象的视觉指引，也是造物（设计）行为最具体的、结果式的、集体的视觉知识生产成果。生活在我国东南地区的畲族，其民族审美心理在头饰色彩的选择与应用上表现得尤为突出。畲族女性在日常生活中对红色的偏爱，不仅体现在凤凰髻的装饰上，常使用鲜艳的大红色、玫红色绒线裹缠长发，而且在喜庆的日子如婚礼、三月三乌饭节等场合，畲族女性会佩戴华丽庄重的凤凰冠，冠上的红布象征着吉祥、幸福与美满。

畲族的文化传统并未因缺乏本族文字而中断，而是通过服饰、图案、口述等生活艺术形式得以记录和传承。畲族崇“火”，对火的崇拜不仅体现在“上刀山，下火海”等身体仪式中，更在《火烧天》《古老歌》《火烧天火烧地》等创世史诗中得以表达。畲族的游耕文化中常“以火烧山”以使土地肥沃，这种“刀耕火种”的生产生活方式是畲族族称的由来。畲族对火的崇拜可能根植于这种原始的朴素的生产方式，自此火在畲族文化中被赋予了温暖、生命与希望之意。从畲族女性头饰来看，红色装饰的特别使用，可视为一种对红色火焰的崇拜和追求。因此，红色在畲族文化中不仅仅是一种色彩，更是一种文化符号，承载着族群的历史记忆、精神信仰与审美追求。红色作为一种强烈的视觉符号，能够激发族人的情感共鸣，增强族群的凝聚力与认同感。在畲族的艺术创作与日常生活中，红色的运用深刻地反映了族群共同的审美心理偏好，它在漫长的族群发展过程中积淀成为畲族独特的艺术审美标识。

## 二、匠心独运的工艺之美

### 1. 红斑布的织造与折叠工艺

畲族凤凰冠通常需要使用布料包裹冠体，以遮挡冠内的支撑造型物。在云和式雌凤冠及景宁式凤凰冠中，所使用的布料均为红斑布，这种布料以其独特的纹理和色彩而闻名，正如文献中“布斑斑、珠累累”所描述的那样。畲族所用的红斑布是一种非常朴素的布料，整体上呈现出鲜红色，仔细观察则可见一道道较细的白色纬线，形成独特的斑纹效果。红斑布采用的是平纹组织结构，这是一种基本的织物结构形式，其特点是经纬线相互交替，一根经线与一根纬线相互交织，从而构成布料的基本纹理。在色彩搭配上，经线统一为红色，纬线则由红色与白色两种颜色组成，具体编织规律为每隔五根红色纬线插入一排白色纬线，六组为一个循环单位，依此规律反复编织。这种结构不仅赋予了布料均匀的质地和良好的透气性，还使其在视觉上呈现出一种朴素而典雅的美感。据传，红斑布在过去是由畲族女性纯手工织造的，布幅较窄，约为17cm（见图4-19）。

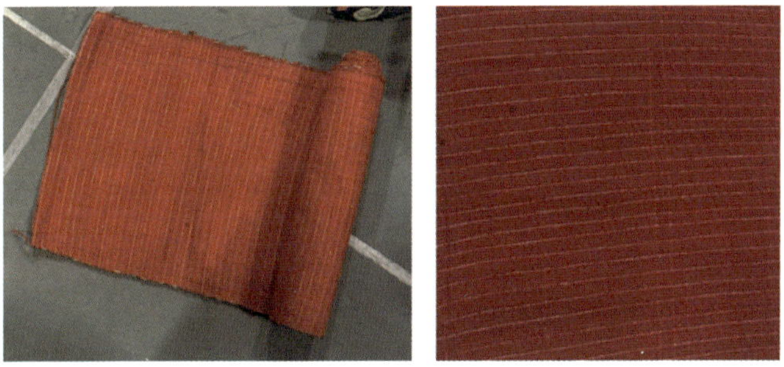

（a）整体　（b）细节

图 4-19　红斑布实物（蓝文鑫收藏、拍摄于浙江美术馆）

斑布的折叠也有特定的讲究，张洁在其文章中特别记载了云和式凤凰冠布的折叠步骤：第一步，取一块长8寸，宽6.5寸的红布；第二步，将布对折成长方形；第三步，将长方形两侧折成对称的外三角；第四步，将中间布料按外侧三角形边线折叠；第五步，将多余布料包于三角形内；第六步，将多余部分折进去，尾部再顶上一条红布；最后，将三角形的布冠盖在冠体竹筒外，用针线固定住，即可完成。前面已述，云和式凤凰冠是由罗源式演变而来的，罗源式凤凰冠上红布的折叠方式大体与云和式相似（见图4-20）。

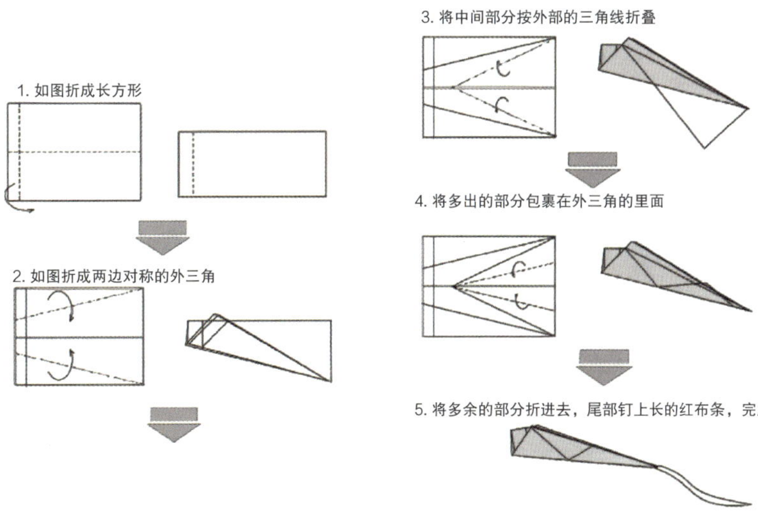


图 4-20　云和式雌凤冠冠布折叠步骤示意（摘自《浙西南畲族妇女“雌冠式”头冠探析》）

### 2. 头饰银料的錾刻工艺

浙江、福建地区多银矿，因此银在畲民日常生活中的使用比较普遍，据《福安县志》载，时有“来去三千客，四万打银人”之盛况。畲族银饰锻造技艺于2011年（第三批）、2014年（第四批）分两批列入《国家级非物质文化遗产代表性项目名录》，其保护单位分别为福安市珍华堂畲族银器技术研究所以及福建盈盛号金银饰品有限公司。畲族银饰锻造技艺国家级非遗传承人亦有两人，分别为林陵祥和林仕元，均为汉族。这一跨民族的文化传承现象，实际上源自畲族传统文化中请当地汉族银匠打制银饰之惯习。在过去，畲民一般提供银料及样式类型交给汉族工匠制作银饰，其制作过程不甚容易：首先进行熔银，将银料置于高温炉中熔化；接着进行打坯，将熔化的银料捶打成初步的形状；然后进行退火处理，以消除银料在捶打过程中产生的内应力，使其更加柔软易于加工；随后进行雕刻，工匠在银坯上雕刻出精美的图案；之后进行抛光，使银饰表面光滑明亮；接着进行焊接，将各个部件焊接在一起；再进行精修，对细节进行调整和完善；最后进行防腐处理，确保银饰不易氧化变黑。

在制作技法方面，畲族凤凰冠银饰工艺主要以“操、凿、起、解、披”五大技法为核心，这些技法涵盖了从初步成型到精细雕琢的全过程：“操”指对银料的初步处理，如熔化、打坯等；“凿”指用凿子在银坯上雕刻图案；“起”指将雕刻好的图案凸起，形成立体效果；“解”指将多余的银料去除，使图案更加清晰；“披”指对银饰表面进行打磨和抛光，使其光滑亮丽。在凤凰冠的制作过程中，浮雕与平雕是最常见的两种工艺：浮雕是一种在平面材料上雕刻出凸起图案的工艺，图案部分高于背景平面；平雕是一种在平面材料上雕刻出浅浮雕图案的工艺，图案部分与背景平面基本在同一水平面上，常用于银饰的大面积装饰。浮雕与平雕的综合运用使畲族银饰层次更加分明，更显工艺之美。陈家郁是景宁畲族银匠家族的第11代传承人，他谈及景宁雄凤冠银饰纹样上两个小人的形象通常为正面，而下方凤纹却是反方向，这是由于浮雕与平雕工艺的融合所导致的。“使用錾刻工艺，所有图案都是往银面下方凹的，凤纹即是这种阴刻的图案；而小人的形象则要求是凸起的，即浮雕、阳刻的形态，因而最后总是将银片翻至另一面再行组装，由此便造成了小人和凤纹总是一正一反的情况。”

## 三、吉祥意蕴的纹饰之美

### 1. 人物纹样

人物纹样在畲族凤凰冠髻中的运用并非普遍现象，根据现存实物资料，目前仅发现浙南雌冠式（云和式）与雄冠式（景宁式）雕刻在头冠银片头面上的一对“拱手人”纹样，显得尤为特别。这对“拱手人”造型十分独特，由两个形态相似的小人组成，头部以立体的浮雕形式錾刻，五官凹凸有致，身体部分则以阴刻形式雕刻，线条简单流畅，刻画出手臂环抱于胸前，据说象征生生不息。两个人物的服饰特征为上衣下裳，下半身的裙装似乎预示着畲族先民着裙装的历史文化，但据说传统畲族女性的裙装并非百褶裙，而此处裙的描绘可见其具备褶裙的特征，这一点需要更细致的推敲。人物纹样在畲族头饰中的运用与畲族的神话传说和文化信仰有关。一种说法认为“拱手人”纹样与畲族兄妹结婚的神话传说相呼应，体现了对祖先的崇敬。而另一种说法则更具体地指出，这两个小人左为抱玉印的太公（高辛帝），右为手捧印盒的太婆（高辛皇后）。由此可见，畲族女性头冠中人物纹样的运用不仅是一种艺术表现，也是畲族文化传承和民族身份认同的重要标志（见图4-21）。

（a）雄凤冠人物纹　　（b）雌凤冠人物纹　　（c）人物纹样线描图

**图 4-21　雌、雄凤凰冠上的人物纹样及其线描图**

## 2. 动物纹样

在畲族凤凰冠的装饰艺术中，动物纹样比较常见。首先是凤鸟纹样，其在畲族凤凰冠的装饰题材中占据重要位置。凤凰，作为畲族文化中的重要图腾，不仅象征着吉祥与高贵，更是祖先崇拜与文化传承的重要载体。景宁式畲族雄凤冠的设计中，银链的悬挂与方牌的装饰体现了畲族工艺的精湛，方牌上雕刻的凤鸟纹样以浮雕的形式呈现，其质朴的风格与独特的美感相得益彰。顺昌式凤凰冠的簪钗设计中，每一支簪钗都承载着不同的纹样，凤鸟纹样的运用常与牡丹纹样相结合，形成了如松鹤纹、凤衔牡丹纹等多种纹样的复合表现形式。此外，福鼎、平阳的银制钗钏亦作凤鸟形态，每只凤鸟口中均衔着一串银牌挂链，走起路来银光闪烁，尤其生动。除了凤凰纹样外，畲族凤凰冠中亦常见龙纹装饰，据传龙纹象征着祖公盘瓠，这类纹样常被置于凤凰冠的冠体正前方位置。罗源式凤凰冠冠体正面的龙头纹以其怒目宽口的设计显得庄严而威武；霞浦式凤凰冠上的双龙抢珠纹样则以舒展的姿态和立体的造型呈现，行走时的晃动效果仿佛龙游四海，赋予了凤凰冠以动态的生命力。在畲族文化中，繁衍后代是一个十分重要的主题。畲族女性凤凰冠上装饰的纹样，如蝴蝶纹和鱼纹，承载着生育崇拜的象征意义，深刻体现了畲族人民对于生命延续和族群繁荣的渴望。蝴蝶纹样以其轻盈的体态和变化多端的形态，象征着生命的蜕变与繁衍，寓意着生命的循环和新生，常用于凤凰冠冠体银片的装饰。鱼纹则以其生殖力强的特性，象征着族群的兴旺和后代的繁衍，寓意着族群的持续发展和繁荣，在福安式、霞浦式凤凰冠前的银帘中较为常见。动物纹样的运用，不仅为凤凰冠增添了丰富的装饰艺术效果，而且在畲族文化中被赋予了更深层次的象征意义。它们体现畲族人民对自然和生命的敬畏，也展现出他们浓烈的怀祖之情。

## 3. 植物纹样

在畲族凤凰冠、髻的装饰题材中，植物纹样占据着显著的位置，涵盖了牡丹纹、菊花纹、莲花纹、缠枝花纹、松柏纹、竹纹等多种类型。这些植物纹样呈现出以下几大特征：首先，植物纹样多以独立的形态呈现，鲜少采用重复连续的布局方式；其次，畲族的植物纹样倾向于写实风格，与苗族、瑶族等其他民族偏好抽象植物纹样的风格形成鲜明对比；最后，部分地区的植物纹样会与动物纹样相结合，形成独特的装饰组合。

顺昌式凤凰冠的冠面银钗上，植物纹样的运用极为丰富，涵盖了凤鸟纹、松鹤纹、竹鹿纹、凤衔牡丹纹、鸟兽纹、双开牡丹纹、莲花纹等多种类型。这些纹样的构图饱满，画面生动，且富含吉祥寓意。以松鹤纹为例，两只仙鹤分别位于簪面的左右两侧，一只立于松柏枝干之上，头部微侧向左，另一只翩然起舞，弯曲的脖颈与立着的鹤形成互动，画面生动自然。在中国传统文化中，松树象征着常青不老，鹤被视为长寿之鸟，因此松鹤纹常被用来象征长寿和吉祥。再如竹鹿纹，左侧一只梅花鹿向后回看，呈奔跑状，右侧是两支挺拔的翠竹，动静结合，画面活泼且轻快。在畲族文化中，竹鹿纹同样象征着吉祥和长寿，常用于祝寿和重要节日的场合，以表达对长辈的祝福。此外，“竹”与“逐”谐音，“鹿”与“禄”谐音，“竹鹿”意为“逐禄”，在畲族文化中寓意着对官职和财富的追求。此外，闽东福安畲族妇女的凤凰髻盘扎时所使用的八字簪上，也常见植物纹样。这些纹样左右对称，中间压在发间无纹样装饰。八字簪上的植物纹以花卉纹样居多，花枝舒展，花瓣饱满，十分美观。这些纹样不仅增添了头饰的美感，也承载着畲族文化中对美好生活的向往和祝福（见表4-2、图4-22）。

表 4-2　顺昌式凤凰冠的动物纹样、植物纹样

| 序号 | 名称 | 图像 | 线稿 | 寓意 |
|---|---|---|---|---|
| 1 | 凤鸟纹 |  |  | 祈福、幸福、好运、吉祥、凤鸟崇拜 |
| 2 | 松鹤纹 |  |  | 延年益寿、吉祥如意 |
| 3 | 竹鹿纹 |  |  | 多福多寿，追逐名禄 |
| 4 | 凤衔牡丹纹 |  |  | 吉祥美满、幸福如意、好事将至 |
| 5 | 鸟兽纹 |  |  | 喜鹊报喜、和谐自然、幸福喜悦 |

续表

| 序号 | 名称 | 图像 | 线稿 | 寓意 |
|---|---|---|---|---|
| 6 | 牡丹纹 |  |  | 富贵如意、吉祥美满 |
| 7 | 莲花纹 |  |  | 纯洁、高雅、吉祥、神圣、子孙满堂 |

注：表中线稿为笔者绘制。

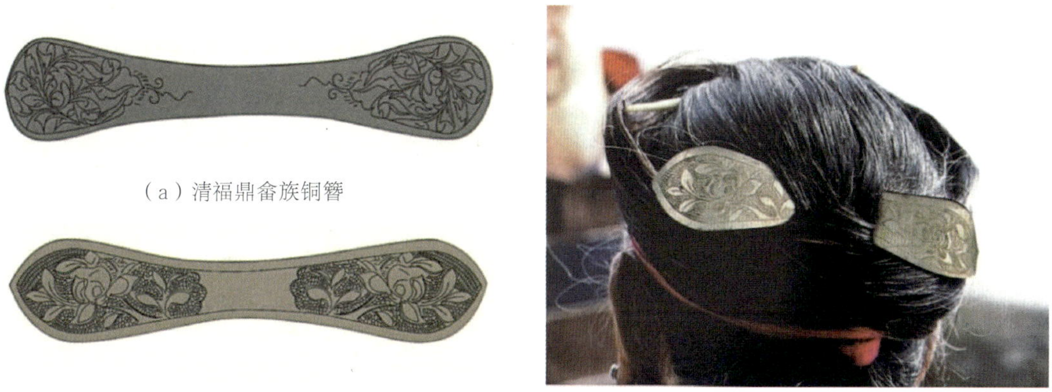

（a）清福鼎畲族铜簪

（b）民国福鼎畲族铜簪

（c）福安畲族妇女佩戴八字簪效果

图 4-22　八字簪上的植物纹（摘自《中国少数民族设计全集·畲族卷》）

## 4. 文字、几何纹

在畲族凤凰冠、髻中也会运用一些具有符号意义的几何纹样或文字纹样。如霞浦式、福安式凤凰冠中就常见福字纹、寿字纹，象征多福多寿。景宁式凤凰冠中常见有乳丁纹，带有较明显的生殖崇拜的印记。罗源式、云和式、景宁式凤凰冠中也常见漩涡纹，连缀成二方连续图样，形成一组规律的结构图。这些抽象的图符与具象的人物纹、动物纹、植物纹形成了对比，使头饰纹样的形式看起来更加丰富、和谐（见表4-3）。

表 4-3　畲族女性头饰纹样类别

| 凤凰冠类别 | 人物纹样 | 动物纹样 | 植物纹样 | 文字、几何纹样 |
|---|---|---|---|---|
| 雄凤冠 | √ | | | √ |
| 雌凤冠 | √ | | | √ |
| 罗源式 | | √ | √ | √ |
| 福安式 | | √ | √ | √ |
| 霞浦式 | | √ | √ | √ |
| 福鼎式 | | √ | √ | √ |
| 平阳式、泰顺式 | — | √ | — | — |

注：√表示有此类纹样，空白表示无，—表示未知。

第五章

# 畲族凤凰冠、髻的系统性保护

畲族女性凤凰冠、髻原本作为畲族传统文化生态中的一环，其传统的存续方式主要依靠文化内生动力，从出生到成年、出嫁直至死亡，从老一辈到下一代头饰的使用形成了一个始终不曾间断的闭环，一代又一代地流传下来。在现代社会中，畲族女性凤凰冠、髻文化的存续方式从以“生活”为链接的内生推动力，向以“非遗”为链接的外在作用力转变，畲族凤凰冠、髻正面临文物失传、技艺样式简化、穿戴混杂、文化认知弱化四重困境。在此背景下，对这些即将消失的非遗进行保护研究、促进其传承发展成为亟待解决的时代的课题，具有深刻的时代意义。本章聚焦于非遗视角下的畲族凤凰冠，首先对国内外非遗概念的形成及其历史演变进行深入分析，进而探讨非遗保护理念从早期的抢救性保护，逐步发展到整体性保护、生产性保护，直至当前的系统性保护的历史演进轨迹。畲族凤凰冠、髻作为畲族非遗的重要组成部分，不仅在畲族传统服饰类非遗中占据重要位置，同时也在畲族传统民俗类非遗中扮演着不可或缺的角色。然而，在非遗保护的实际操作中，其却往往成为容易被忽视的部分。鉴于此，本书提出对畲族女性凤凰冠、髻实施系统性保护，以期为畲族文化的传承与发展提供理论与方法支撑，促进这一独特的文化在当代社会中的有序传承。

# 第一节　非遗视角下凤凰冠、髻的传承现状

## 一、传统风俗习惯影响下头饰文物的流失

在畲族文化中，凤凰冠、髻不仅是畲民日常装扮的重要组成部分，更是族群文化传承和身份认同的象征。然而，随着时间的推移，其正面临前所未有的挑战，该挑战一方面来自时代，另一方面根植于畲族文化本体内部，特别是在逝者“戴冠下葬”这一传统风俗影响下，畲族传统凤凰冠的失传现象日益严重。戴冠下葬是畲族的一种古老风俗，即在畲族女性去世后，将其生前佩戴的头饰随同遗体一同埋葬。这一风俗不仅体现了畲族人民对死者的尊重以及对凤凰冠的重视，同时也直接致使传统凤凰冠文物的大量流失。

笔者在对顺昌县大爱村及黄坑村的调研中发现，这两个村竟没有一副传统冠式留存。顺昌县畲族文化研究会会长兰文英女士介绍，整个顺昌地区目前仅存两副完整的顺昌式凤凰冠，一副收藏于顺昌县博物馆，另一副藏于顺昌畲族博物馆，且顺昌畲族博物馆藏这一副凤凰冠也是新打制的。这一发现揭示了传统头饰流失的严重性，反映了畲族文化传承的危机。在延平的岭炳垟畲族村中，情况也不容乐观。调研团队仅发现两副新打制的簪钗。据村民介绍，过去的头饰大多在老人去世后被丢入河中或埋入土里，随死者一同带走。此外，笔者在罗源县竹里村、宁德上金贝村、福安县猴盾村、霞浦县半月里畲村、白露坑畲村以及景宁畲族自治县部分畲村调研时，在村民家中亦未见传统的凤凰冠，大部分文物都已失传，另有一部分被村委会或各博物馆、收藏家征集，用于收藏或外宣展览。这种做法虽然体现了对死者的深厚情感，但也无疑加剧了传统头饰的流失。畲族女性头饰的制作技艺复杂，每一件头饰都是手工精心打造，蕴含着丰富的文化信息和艺术价值。随着传统凤凰冠的流失，这些独特的制作技艺也面临着失传的风险，它们的流失也意味着畲族文化的一部分正在逐渐消失。

## 二、现代造物方式影响下技艺样式的简化

现代造物方式是与传统造物方式相对的概念，两者具有截然不同的生产理念与实践方式。现代造物侧重于标准化、规模化和效率化，以满足广泛市场需求。它依赖于机械化、自动化和计算机辅助设计等现代技术，实现快速、大规模的生产，使用易于获取且成本较低的合成材料，设计多样化，强调产品的功能性和时尚性，可能对环境造成较大影响，并可能带来大规模就业机会，但也可能引起传统手工艺的衰退。相反，传统造物方式基于手工艺和个性化制作，强调工艺的精湛和产品的独特性，与特定文化和社区

紧密相连，依赖手工技能和简单工具，生产过程缓慢，使用天然和本地材料，设计基于传统图案，具有深厚的文化和历史价值，对环境影响较小，但规模与数量有限。在工业化与现代化的浪潮中，传统造物方式遭遇了深刻的变革，逐渐被现代化的生产模式所取代。这一转型在畲族凤凰冠、髻的传统技术方面表现得尤为显著，对传统手工艺的存续构成了前所未有的挑战。畲族女性凤凰冠、髻，作为承载畲族文化的重要载体，其传统制作工艺、盘扎工艺正面临边缘化的风险。

在传统社会的小农经济背景下，畲族传统凤凰冠的制作是一个充满匠心的过程。凤凰冠不仅是美的体现，同时也是衡量女性技艺和家庭经济状况的标志。制作一顶精美的凤凰冠需要经历伐竹、选料、织布、錾银、组合等多个步骤，每一步都凝聚了工匠的心血和情感。然而，现代工业生产方式对这一传统工艺造成了根本性的冲击。以錾银为例，过去的工匠会精心雕琢每一个纹样，将个人技艺与情感融入作品之中。而现代生产倾向于使用铝片、铜片等替代材料，采用流水线作业，从而剥夺了工艺品的独特人文韵味和情感价值。现代工业化生产的核心特征在于效率和成本的优化。在经济利益的驱动下，一些制作者简化工艺流程，并使用现代批量生产的工艺材料制作，这不仅影响了凤凰冠的物理质量，也削弱了其最为传统、纯真、本质的古朴之美。当前，市场上出现了大量塑料仿金属材质的凤鸟造型，其夸张的设计背离了畲族凤凰冠传统样式的稚拙与朴实之美。这种设计倾向表现出一种浮夸、繁杂、堆砌的艺术效果，看似华丽，实则是简化的制作工艺与步骤的体现。从本质上看，这种设计趋势并未有效传承和发展畲族的传统文化元素，反而在一定程度上过度反映了现代文化特征，使得传统凤凰冠逐渐失去了其作为民族象征的独特性和观赏价值。此外，在一些重要的节日和仪式上，传统的凤凰冠、髻逐渐被更为简洁、统一的预制款式所取代。例如罗源式、福安式、顺昌式、霞浦式等均发展出了各自独特的预制冠帽形制。这些预制款式简化了梳髻、戴冠的程序步骤，比较适应现代社会对效率和便捷性的需求。然而，这种简化和统一化的趋势也在一定程度上使畲族传统凤凰冠制作工艺以及凤凰冠、髻的盘发技艺的传承与延续面临更多的困境。

## 三、现代生活方式影响下穿着样式的混杂

生活方式是指个体或群体在日常生活中的行为模式、消费习惯、价值观念和文化实践的总和。它反映了人们如何组织和度过他们的日常生活，以及他们如何与社会、环境互动。现代生活方式是在现代社会背景下形成和发展起来的一种生活方式。在我国，现代生活方式受到快速的社会变迁、经济发展和技术进步的影响，呈现出跨族群化、城市化、快节奏、消费主义、信息化、科技化等重要特征。

在现代生活方式的广泛影响下，畲族凤凰冠、髻的功能，尤其是生活中具有符号意义的实际功用（识别身份）经历了转变，进而影响其穿戴样式的地域混杂现象。在传统乡土社会中，畲族凤凰冠、髻不仅是日常穿戴的重要组成部分，更是文化和身份的象征。随着时间的推移和社会的变迁，畲族女性的穿着风俗发生了演变：凤凰冠、髻从象征美好生活、装扮自身、传达个人部分生活信息（婚姻状况、年龄、姓氏）的实用物，转为在特定的节日和仪式场合下，表达畲族文化特色和庆祝重要时刻的笼统标志。这一

转变在一定程度上体现了畲族文化对现代社会方式的适应，但同时也预示着传统支系识别、婚嫁状况识别、年龄识别的逐渐减弱。随着生活观念的渗透，畲民对穿戴传统凤凰冠、髻的观念也在潜移默化中发生变化——从以功能为导向转变为以美或知名度为导向。笔者在田野调查的过程中发现，不同地区的头饰样式开始混用，尤其是更具民族标志性的头冠发髻（如罗源式凤头髻、景宁畲族雄冠式）在多个畲族聚居区开始流行并泛用。这种跨区域的头饰样式混用，导致畲族地域文化特色的模糊和混淆。在一些人口规模较小的畲族聚居地，凤凰冠、髻文化所遭遇到的冲击更严峻。此外，一些已婚妇女也会选择佩戴少女样式的头饰，她们认为少女样式的头饰更为方便，同时也能够赋予佩戴者一种年轻和活力的形象。该现象在一定程度上反映了现代生活观念对畲民生活的影响，凤凰冠、髻已不再是一种来自群体的制约，而是表达个人美的符号。

我国当代著名美学家李泽厚曾言："从古至今，可说并没有纯粹的所谓艺术品，艺术总与一定时代社会的实用、功利紧密纠缠在一起，总与各种物质的（如居住、实用）或精神的（宗教的、伦理的、政治的）需求、内容相关联。"当畲族女性头饰的实际功用（身份识别、日常穿着等）开始消弭，畲族传统服饰（头饰）文化的独特性和多样性就不得不思考如何传承及如何发展等时代命题（见图5-1）。

图 5-1　样式混杂的展陈形象

## 四、现代社会文化影响下文化认知的弱化

我国的现代社会文化是在经济全球化的时代背景下逐渐形成的，它体现了社会主义核心价值观，强调科学发展、社会进步和人的全面发展。这种文化观念倡导创新、效率，同时也强调社会公正、环境保护和可持续发展。它鼓励个体追求自我实现，尊重多样性和个性表达，同时也倡导社会责任感和集体利益。这种社会文化观念对民族传统文化产生了深远的冲击，这种冲击也可能导致民族传统文化的某些方面被忽视或误读，传统文化深层的文化意义和精神价值正在被逐渐遗忘，取而代之的是经济价值的凸显。当

前，畲族族群内部对凤凰冠、髻的文化认知较弱。当笔者团队试图深入探讨畲族头饰的起源、发展与内涵等问题时，却发现畲族同胞对于头饰深层的解释存在一定的无力感。尤其是年轻一代的畲族同胞对传统头饰的制式描述可能并不完全准确，对头饰文化内涵的理解也显得模糊和不确定。在现代语境下，畲族同胞可能将头饰与凤凰等象征性元素联系起来，但这种解释是否符合历史上的真实情况，他们自己却并不清楚。民族文化认知指的是个体或群体对特定民族文化的了解和认识，包括对该民族的历史、语言、宗教、习俗、艺术、价值观等方面的知识和理解。文化认知为文化认同的形塑提供了丰富的素材和坚实的基础，换言之，民族文化认知是文化认同形成的基础，因为只有通过文化认知，个体才能对文化有深入的理解，从而达到文化认同这一更高层面。总的来说，在现代文化的广泛影响下，传统文化认知的弱化已成为一种普遍存在的社会现象，畲族凤凰冠、髻亦是如此，而这种文化认知的弱化，甚至可能对其民族文化认同和凝聚力造成重要影响。

## 第二节 非物质文化遗产保护理念的嬗变

### 一、从无形文化财产到非物质文化遗产：非遗概念的形成

非物质文化遗产（简称非遗）是各族人民世代相承、与群众生活密切相关的各种传统文化表现形式和文化空间。非物质文化遗产既是历史发展的见证，又是珍贵的、具有重要价值的文化资源。其概念的形成经历了漫长的发展过程。从国际视角看，1950年日本率先提出“无形文化财产”概念，1972年联合国教育、科学及文化组织（简称联合国教科文组织）提出“文化遗产”概念，1997年联合国教科文组织将“无形”与“文化遗产”相结合，首次明确提出“无形文化遗产”概念，1989年联合国教科文组织提出“传统文化与民俗”概念包含“无形文化遗产的核心要素”且有所扩展，1998年联合国教科文组织提出“口头与非物质遗产”概念，直到2003年联合国教科文组织才确定了“非物质文化遗产”这一概念。从国内视角看，1950年中国民间文艺研究会提出“中国民间文学艺术”概念，1983年中国民俗学会成立并提出“民俗”概念，1997年国务院颁发《传统工艺美术保护条例》，提出对“传统工艺美术”进行保护，1998年中国－欧洲历史城市市长会议通过了《保护和发展历史城市国际合作苏州宣言》，首次在国内提出“无形文化遗产”概念，2001年中国民间文化抢救工程研讨会上签署的《抢救中国民间文化遗产呼吁书》提出“无形非物质遗产”概念，2004年在联合国“非物质文化遗产”概念形成一年后，第十届全国人民代表大会常务委员会批准通过《保护非物质文化遗产公约》，正式启用“非物质文化遗产”这一概念。

#### 1. 从国际视角看非遗概念的形成

“非物质文化遗产”这一概念最早起源于日本。1950年，日本颁布了《文化财保

护法》，首次将文化财产保护纳入国家法律，并提出了“无形文化财产”概念：指在日本的历史、艺术方面具有较高价值的戏曲、音乐、工艺技术及其他无形的文化载体。然而，当时“无形文化财产”概念的内涵与外延相对较窄，一些民俗类艺术活动等均未列入“无形文化财产”之列。

1972年，联合国教科文组织通过《保护世界文化和自然遗产公约》，提出“文化遗产”这一概念，并对“文化遗产”进行了明确分类，将其清晰界定为“文物、建筑群、遗址”三个主要类别。这一分类体系在概念层面虽然未能彻底区分文化遗产的“物质”与“非物质”维度，但对于未来“非物质文化遗产”概念的形成起到了极其重要的促进作用。有学者提出：“文化遗产”概念的确立标志着文化遗产国际保护的重大发展，直接推动了“无形文化财”或“无形文化财产”等概念演进为“无形文化遗产”或“非物质文化遗产”等概念。1977年（“文化遗产”提出五年后），联合国教科文组织在其首个中期计划中，首次面向整个国际社会明确提出了“无形文化遗产”这一概念。1982年，联合国教科文组织设立“无形文化遗产处”。此举标志着文化遗产非物质维度在世界范围内正式独立，在“非物质文化遗产”概念形成的历史进程中具有里程碑的意义。

1989年联合国教科文组织《保护传统文化与民俗的建议》中强调，“民俗（或传统大众文化）是文化团体基于传统创作的全部，通过群体或个人表达出来，被认为是就文化和社会特性反映团体期望的方式；其标准和价值是通过模仿或其他方式口头流传的。其中，其形式包括语言、文学作品、音乐、舞蹈、游戏、神话、仪式、习俗、手工艺品、建筑及其他艺术。”据此，可以明确地认识到，“传统文化与民俗”这一概念不仅涵盖了传统上所理解的“无形文化遗产”的核心要素，而且在其外延上进行了扩展，包括民俗、文学、神话、仪式等多个方面。这种扩展对于“非物质文化遗产”概念的形成和发展起到了重要的推动作用。

1998年联合国教科文组织颁发的《人类口头与非物质遗产代表作条例》，首次以“口头与非物质遗产”这一术语替代“无形文化遗产”“民俗”和“传统文化”。该条例指出，“口头与非物质遗产”是来自某一文化社区的全部创作，这些创作以传统为依据、由某一群体或一些个体所表达，并被认为是符合社区期望的作为其文化和社会特性的表达形式；其准则和价值通过模仿或其他方式口头相传，它的形式包括语言、文学、音乐、舞蹈、游戏、神话、礼仪、习惯、手工艺、建筑术及其他艺术。“口头与非物质遗产”的概念在很大程度上继承了1989年《保护传统文化与民俗的建议》中关于“传统文化与民俗”的核心理念，但也进行了重要的概念更新。首先，通过采用“文化社区的全体创作”这一表述取代了“文化团队基于传统创作的全部”，更加强调了非物质文化创作在地域性上的特点。在这里，“文化社区”特指在特定地理区域内，因共享文化、历史、社会和经济背景而形成的社区，其成员通常居住在同一地区，并共享相似的社会结构和生活方式。这与“文化团体”的概念形成对比，后者通常指的是基于共同文化特征、兴趣或目标而形成的群体，这些群体在地理分布上可能是分散的。其次，该建议通过将“习惯”纳入口头与非物质遗产的范畴，进一步丰富和完善了其内容体系。

“非物质文化遗产”这一术语在2003年联合国教科文组织《保护非物质文化遗产公约（2003）》（以下简称“公约”）中正式确立，它是在“无形文化财产”“文化遗产”“传统文化与民俗”以及“口头与非物质遗产”等概念的连续发展、概念细化与外延扩展的过程中最终形成的。《公约》指出，非物质文化遗产指被各群体、团体、有时为个人视为文化遗产的各种实践、表演、表现形式、知识和技能及其有关的工具、实物、工艺品和文化场所，包括：①口头传说与表述，包括作为非物质文化遗产媒介的语言；②表演艺术；③社会风俗、仪礼、节庆；④有关自然界和宇宙的知识和实践；⑤传统的手工艺技能（见图5-2）。

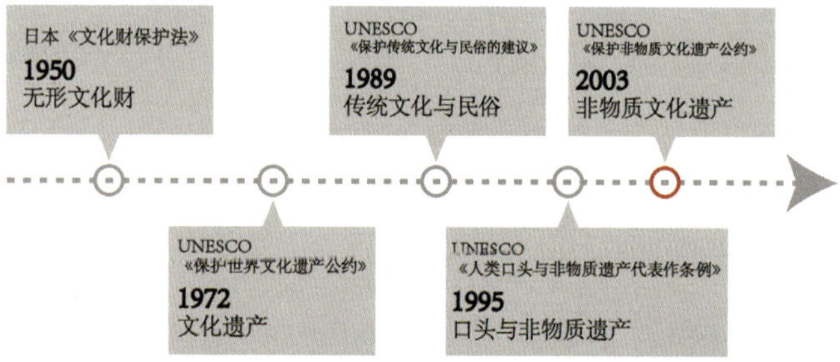


图 5-2　国际“非物质文化遗产”概念的形成与演进

## 2. 从国内视角看非遗概念的形成

我国非遗概念的形成经历了漫长的发展演变，曾经使用过“民间文艺”“文物”“传统民族民间文化”“民间传统文化”“人类口头与非物质文化遗产”等概念，这些概念间存在内涵与外延的差异性，但其中均蕴含非物质文化遗产的核心要素。

1950年3月29日中国民间文艺研究会（1987 年改名为中国民间文艺家协会）在北京正式成立，由郭沫若担任理事长，老舍、钟敬文担任副理事长。中国民间文艺研究会将其宗旨界定为：“搜集、整理和研究中国民间的文学、艺术，增进对人民的文学艺术遗产的尊重和了解，并汲取和发扬它的优秀部分，批判和抛弃它的落后部分，使有助于新民主主义文化的建设”。研究会广泛征集民间文学艺术资料的范畴包括：民谣、民歌、平话、弹词、鼓词、地方戏脚本、民间故事、神话、传说、谚语、谜语、年画、门神、剪纸、花样玩具等。研究会所提出的“民间文艺”与“中国民间文学艺术”等概念范畴，与现代“非物质文化遗产”颇为接近，涵盖了非遗中的传统口头文学、传统美术、舞蹈、音乐等核心内容。然而，相较于非遗的全面性，其范畴尚未包含传统仪式、礼仪、历法、医药、体育等民间风俗的内容。

1983年5月，中国民俗学会在北京正式成立，该会宗旨是：坚持四项基本原则，贯彻“百花齐放，百家争鸣”的方针，团结全国广大民俗学工作者，调查、搜集、整理、研究我国各民族的民俗，为建立具有中国特色的民俗学，为移风易俗、促进社会主义物质文明和精神文明建设，为加强对外文化交流和丰富世界文化宝库做出贡献。该会遵守宪法、法律、法规及国家政策，遵守社会道德风尚。民俗，作为一种深植于民间的传统文化表现形式，是非物质文化遗产的重要组成部分。尽管在中国民俗学会的章程中可能未对“民俗”一词给予明确的定义，但其在学术界和文化遗产保护领域中的重要性不容忽视。“民俗”概念的提出，是中国在非遗概念形成和理论发展过程中的又一个关键阶段。

1997年，国务院颁发《传统工艺美术保护条例》，开启了非物质文化遗产立法保护的新篇。该条例指出：“传统工艺美术，是指百年以上，历史悠久，技艺精湛，世代相传，有完整的工艺流程，采用天然原材料制作，具有鲜明的民族风格和地方特色，在国内外享有声誉的手工艺品种和技艺。”这一定义的提出，不仅体现了对传统工艺美术物质层面的保护，更重要的是，它将保护的重点转向了技艺这一非物质形态，体现出非物质文化遗产保护的初步倾向。此外，该条例中提出的保护策略，如“工艺美术大师所在单位为其设立大师工作室”和“为工艺美术大师带徒传艺创造便利条件”，进一步彰显了对非物质文化遗产传承和保护的重视。

1998年4月9日，中国－欧洲历史城市市长会议通过了《保护和发展历史城市国际合作苏州宣言》，提出保护历史城市必须："保护并促进作为实体环境不可分割组成部分的无形文化遗产"。虽然该宣言未对"无形文化遗产"这一概念进行专门的具体的界定，但可见20世纪末这一概念在中国国内开始逐渐形成小范围的传播与影响力。

2001年在中国民间文化抢救工程研讨会上，一份由数百位专家学者签署的《抢救中国民间文化遗产呼吁书》一石激起千层浪，该呼吁书将中国民间文化遗产分为有形物质遗产与无形非物质遗产两类，其中无形非物质遗产又细分为口承文学、历史传说、环境知识、生产技术、消费习惯、交际礼节、人生仪式、节日庆典、组织制度、娱乐游戏、艺术技能、信仰心理等。这一分类的提出，标志着中国在21世纪初已经形成了较为成熟的非物质文化遗产观念，不仅体现了学术界对文化遗产物质性与非物质性特征认知的进一步发展，而且为非遗概念的确立提供了坚实的理论基础。

2004年第十届全国人民代表大会常务委员会第十一次会议决定：批准于2003年11月3日在第32届联合国教科文组织大会上通过的《保护非物质文化遗产公约》。2005年《国务院办公厅关于加强我国非物质文化遗产保护工作的意见》指出："非物质文化遗产可分为两类：（1）传统的文化表现形式，如民俗活动、表演艺术、传统知识和技能等；（2）文化空间，即定期举行传统文化活动或集中展现传统文化表现形式的场所，兼具空间性和时间性。非物质文化遗产的范围包括：（一）口头传统，包括作为文化载体的语言；（二）传统表演艺术；（三）民俗活动、礼仪、节庆；（四）有关自然界和宇宙的民间传统知识和实践；（五）传统手工艺技能；（六）与上述表现形式相关的文化空间。"以上可见我国非遗概念较同期国际概念而言，其外延是几乎重合的，但多了承载非物质文化遗产的"文化空间"一项，标志着我国非遗理念的成熟。2011年2月25日，第十一届全国人民代表大会常务委员会第十九次会议通过《中华人民共和国非物质文化遗产法》，正式对"非物质文化遗产"这一概念进行法律层面的规定调整："非物质文化遗产指各族人民世代相传并视为其文化遗产组成部分的各种传统文化表现形式，以及与传统文化表现形式相关的实物和场所。包括：（一）传统口头文学以及作为其载体的语言；（二）传统美术、书法、音乐、舞蹈、戏剧、曲艺和杂技；（三）传统技艺、医药和历法；（四）传统礼仪、节庆等民俗；（五）传统体育和游艺；（六）其他非物质文化遗产。"该法强调："属于非物质文化遗产组成部分的实物和场所，凡属文物的，适用《中华人民共和国文物保护法》的有关规定"（见图5-3）。

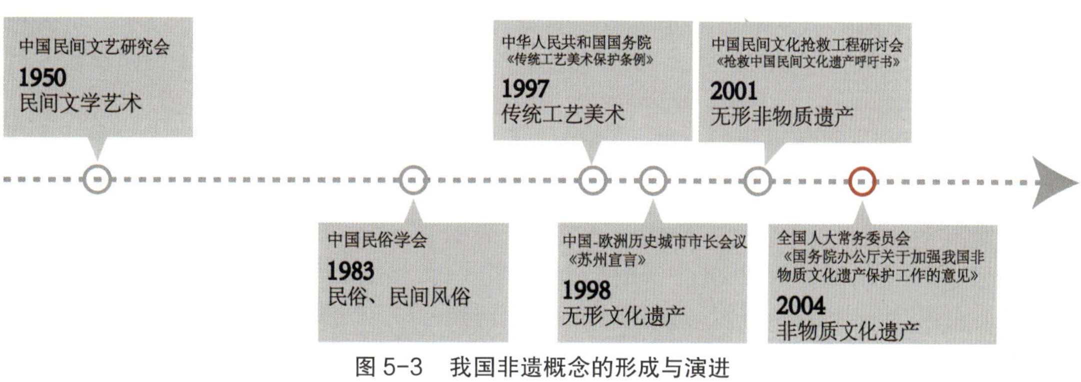

图 5-3　我国非遗概念的形成与演进

## 二、从抢救性保护到系统性保护：非遗保护理念的发展与演进

### 1. 抢救性保护

2005年《关于加强我国非物质文化遗产保护工作的意见》指出非遗保护工作必须坚持“保护为主、抢救第一”。抢救性保护是一种静态的保护理念，主要方式有记录、整理、保存、出版、建立代表作名录及传承人名录等。李荣启认为：“抢救性保护有两种方式，一种是调查、搜集、整理、研究，然后进行图文资料保存及数字化保护；另一种是通过确定濒危遗产项目及建立代表作与传承人名录体系，资助扶持代表性传承人、抢救濒危项目等方法，使即将消亡的项目重现出活着的生命形态。”

20世纪50年代初，我国便发出了非遗的初步抢救性保护之先声。尽管在这一时期，非遗保护工作主要依附于民间文化保护、民族识别、民族社会历史调查和文物保护等相关工作展开，但在实践中无意地为非遗的保护积累了大量资料与经验。1950年3月29日，中国民间文艺研究会在北京正式成立，自成立之初，中国民间文艺研究会（现中国民间文艺家协会）便致力于系统性地开展对我国各民族民间文学和民间艺术的搜集、调查、整理与研究工作。这些工作不仅规模宏大，而且深远地影响了中国民间文化的发展和传承。在搜集方面，协会组织了众多专家学者深入民族地区，记录下了丰富的民间故事、歌谣、谚语等口头文学，以及民间艺术作品，如剪纸、刺绣、泥塑等。这些搜集工作为后来的非遗保护研究提供了宝贵的第一手资料。20世纪50～60年代，中国民间文艺研究会主编的各种民间文学丛书、单行本60多种，如《安徽歌谣》《四川歌谣》《福建歌谣》《西藏歌谣》《云南歌谣》等。

1953年，为了摸清少数民族的社会历史状况，抢救行将消失的宝贵的历史文化资料，全国人大民族委员会和中央民族事务委员会组织开展了全国的民族识别调查。众多学者和专家奔赴全国各个地区，执行了一系列民族识别工作。在这一过程中，他们对各民族的语言、风俗、习惯、民间信仰、传说故事、服饰以及日常用具等文化进行了全面而细致的记录与整理，为非遗保护提供了丰富的实证材料与可供参考借鉴的实践经验。民族识别完成后，中央又多次派遣调查组开展民族社会历史调查工作。据记载，在1956年开始的为期半年的畲族社会历史调查过程中，以施联朱教授为组长的福建少数民族历史调查组收集了大量一手资料，并写出29篇调查报告共40余万字，搜集畲族山歌2万多行，记录469首，绘制了各种速写等草图200多张，舞蹈素材3套，文物250件等。20世纪初有文献回溯了浙江景宁地区历年来的一系列抢救性保护畲族文化的相关成果，征集畲族文物1500件，搜集、整理畲族文化遗产等文字资料230多万字，其中畲族民间器乐、戏曲、曲艺、民歌200多首，民间舞蹈多种，民间美术照片资料900余幅，民间故事1000余篇，歌谣632首，民间谚语4000余条。

自20世纪80年代起，中国发起了一场以编纂“中国民族民间文艺十大集成志书”为核心的全面文化行动。“中国民族民间文艺十大集成志书”的编纂及其普查、研究、出版工作的正式启动，作为20世纪后期中国抢救与保护非遗的宏伟工程而被载入史册。这一行动涵盖了对全国范围内的非遗进行大规模的普查、记录、整理、研究和出版工作，标志着我国在非遗抢救保护方面迈出了坚实的步伐，不仅体现了国家层面对非遗保护的高度重视，

而且也是对抢救性保护方法的深入实践和创新应用。“中国民族民间文艺十大集成志书”由《中国戏曲志》《中国民间故事集成》《中国民间歌曲集成》《中国戏曲音乐集成》《中国民族民间乐器乐曲集成》《中国曲艺音乐集成》《中国曲艺志》《中国谚语集成》《中国民族民间舞蹈集成》《中国歌谣集成》十部大型丛书组成，包括民间故事、歌谣、谚语、戏曲、曲艺、舞蹈等类别。

自21世纪以来，随着“非物质文化遗产”这一概念在中国的逐步确立和深化，中国对非遗的抢救性保护工作呈现出更加全面和针对性的特点。2001年，昆曲作为中国戏曲艺术的瑰宝，被联合国教科文组织列入首批《人类口头和非物质遗产代表作名录》。这一国际认可不仅提升了昆曲在全球文化多样性中的地位，而且为中国非遗的保护工作提供了宝贵的经验和模式。2005年3月，国务院办公厅颁布了《关于加强我国非物质文化遗产保护工作的意见》，这一文件的发布标志着中国政府正式采纳了“非物质文化遗产”这一概念，并确立“保护为主、抢救第一、合理利用、传承发展”十六字方针的非遗保护策略。该意见的附件中，同时发布了《国家级非物质文化遗产代表作申报评定暂行办法》，为非物质文化遗产代表作项目的准确认定和科学评审提供了明确的标准。这些标准不仅确保了评审过程的严谨性，而且为构建国家级、省级、市级、区县级的四级非物质文化遗产名录体系奠定了坚实的理念基础和操作指南。

通过建立各级非物质文化遗产名录体系和代表性传承人体系，中国非遗的抢救性保护工作具备了更加明确的目标和准则。这种体系化的保护策略使得濒危的非遗能够得到优先的关注和保护，从而有效地促进了这些珍贵文化遗产的保存和传承。截至目前，我国国务院于2006年、2008年、2011年、2014年和2021年分五个批次公布《国家级非物质文化遗产代表性项目名录》（名录将遗产分为十大门类：民间文学、传统音乐、传统舞蹈、传统戏剧、曲艺、传统体育与游艺、传统美术、传统技艺、传统医药以及民俗），前三批名录被称为《国家级非物质文化遗产名录》，第四批起名称更新为《国家级非物质文化遗产代表性项目名录》。这五批名录累计涵盖了1557个国家级非遗代表性项目，这些项目按照申报地区或单位进行了逐一统计，共计3610个子项。与此同时，2007年、2008年、2009年、2012年、2018年，国家文化主管部门先后命名了五批国家级非遗代表性传承人，2022年11月，国家级非遗代表性传承人共计3057人。目前，畲族拥有国家级非遗代表性项目13项，国家级非遗代表性传承人6名（见表5-1、表5-2）。

表 5-1　畲族国家级非遗名录（根据中国非物质文化遗产网汇总）

| 项目名称 | 编号 | 批次 | 类别 | 保护单位 |
|---|---|---|---|---|
| 畲族小说歌 | Ⅰ-30 | 第一批次 | 民间文学 | 霞浦县福宁文化艺术交流中心 |
| 畲族民歌 | Ⅱ-7 | 第一批次 | 传统音乐 | 宁德艺术馆 |
| 畲族民歌 | Ⅱ-7 | 第二批次 | 传统音乐 | 景宁畲族自治县文物和非遗保护中心 |
| 畲族民歌 | Ⅱ-7 | 第三批次 | 传统音乐 | 泰顺县非物质文化遗产保护中心 |
| 畲族银器制作技艺 | Ⅷ-40 | 第三批次 | 传统技艺 | 福安市珍华堂畲族银器技术研究所 |
| 畲族银器锻制技艺 | Ⅷ-40 | 第四批次 | 传统技艺 | 福建盈盛号金银饰品有限公司 |

续表

| 项目名称 | 编号 | 批次 | 类别 | 保护单位 |
|---|---|---|---|---|
| 畲族彩带编织技艺 | Ⅷ-247 | 第五批次 | 传统技艺 | 景宁畲族自治县文物和非遗保护中心 |
| 畲族医药（痧症疗法） | Ⅸ-13 | 第二批次 | 传统医药 | 丽水市文化馆（挂丽水大剧院管理中心、丽水市非物质文化遗产保护中心、丽水市美术馆牌子） |
| 畲族医药（六神经络骨通药制作工艺） | Ⅸ-13 | 第二批次 | 传统医药 | 福建省罗源县文化馆 |
| 畲族三月三 | Ⅹ-73 | 第二批次 | 民俗 | 景宁畲族自治县文物和非遗保护中心 |
| 畲族服饰 | Ⅹ-110 | 第二批次 | 民俗 | 福建省罗源县文化馆 |
| 婚俗（畲族婚俗） | Ⅹ-139 | 第四批次 | 民俗 | 景宁畲族自治县文物和非遗保护中心 |
| 婚俗（畲族婚俗） | Ⅹ-139 | 第四批次 | 民俗 | 霞浦县福宁文化艺术交流中心 |

表 5-2　畲族国家级非遗代表性传承人名目（根据中国非物质文化遗产网汇总）

| 编号 | 姓名 | 性别 | 民族 | 项目名称 |
|---|---|---|---|---|
| 04-1496 | 钟昌尧 | 男 | 畲族 | 民间文学（畲族小说歌） |
| 03-0810 | 雷美凤 | 女 | 畲族 | 传统音乐（畲族民歌） |
| 03-0811 | 蓝陈启 | 女 | 畲族 | 传统音乐（畲族民歌） |
| 05-2748 | 林陵祥 | 男 | 汉族 | 传统技艺[银饰锻制技艺（畲族银器锻制技艺）] |
| 04-1842 | 林仕元 | 男 | 汉族 | 传统技艺[银饰锻制技艺（畲族银器制作技艺）] |
| 05-3059 | 蓝余根 | 男 | 畲族 | 婚俗（畲族婚俗） |

## 2. 整体性保护

20世纪以来，整体性原则的提出与实践，广泛体现在联合国教科文组织及其他国际文化遗产保护机构的文件和建议中，成为指导全球文化遗产保护工作的重要理念。1964年，第二届历史古迹建筑师及技师国际会议于威尼斯召开，会议通过了《关于古迹遗址保护与修复的国际宪章（威尼斯宪章）》（以下简称《威尼斯宪章》），该宪章是对《雅典宪章》（1931年）所包含原则的重新审视和全面阐释，其对整体性原则的阐述成为此后古迹遗址保护与修复的重要依据，是文化遗产整体性保护原则的里程碑式文件。《威尼斯宪章》的核心理念之一是整体性保护文化遗产原则，它强调文化遗产的保护应当超越单一建筑物的范畴，涵盖与之相关的城市或乡村环境。这种环境是文明、历史发展或特定历史事件的见证，具有不可分割的文化价值。宪章明确指出："古迹的要领不仅包括单个建筑物，而且包括能从中找到一种独特的文明、一种有意义的发展或一个历史事件见证的城市或乡村环境。这不仅适用于伟大的艺术作品，而且亦适用于随时光流逝而获得文化意义的过去一些较为朴实的艺术品。"

《威尼斯宪章》表达的整体性保护这一理念，在以后的 《关于在国家一级保护文化和自然遗产的建议》（1972年）："对文化遗产所进行的任何工程都应旨在保护其传统原貌，并保护它免遭可能破坏它与周围环境之间总体或色彩关系的重建或改建"；

《关于历史性小城镇保护的国际研讨会的决议》（1975年）："政府应该意识到需要努力维持当地市区和原始环境的正面特质，提供对此负责的规划机构和保护古镇免受过分扩张和工业化压力的机构"；《关于历史地区的保护及其当代作用的建议（内罗毕建议）》（1976年）："每一历史地区及周围环境应从整体上视为一个相互联系的统一体，其协调及特性取决于它的各组成部分的联合，这些组成部分包括人类活动、建筑物、空间结构及周围环境"；《马丘比丘宪章》（1977年）："每一座建筑物不再是孤立的，而是一个连续统一体中的一个单元而已，它需要同其他单元进行对话，从而是完整其自身的形象"；《佛罗伦萨宪章》（1982年）："历史园林必须保存在适当的环境之中，任何危及生态平衡的自然环境变化必须加以禁止"；《保护传统文化与民俗的建议》（1989年）："在区域范围内保护民俗的独立行动需要是紧急的"；《关于原真性的奈良文件》（1994年）："文化遗产的多样性存在于时间与空间之中，需要对其他文化及信仰系统的各个方面予以尊重"；《新都市主义宪章》（1996年）："有历史意义的建筑、街区、景观的保护应注意城市的延续和进化"；《木结构遗产保护准则》（1999年）："就具体干预措施来说，历史古迹应被看做一个整体；所有组成部分，包括结构构件、镶嵌板材、挡风板、屋顶、地板、门窗等都应予同等的重视"，"在现有历史遗迹证据允许的情况下，加强历史完整性，完善原有状态和设计，以此揭示其更完整的文化价值"；《国务院办公厅关于加强我国非物质文化遗产保护工作的意见》（2005年）："正确处理保护和利用的关系，坚持非物质文化遗产保护的真实性和整体性，在有效保护的前提下合理利用，防止对非物质文化遗产的误解、歪曲或滥用"等一系列的文化（包括物质文化与非物质文化两部分）与自然遗产保护的相关文件中均得以延续与体现（见表5-3）。

**表 5-3　整体性保护理念的发展及其相关论述**

| 文献名称 | 发布日期 | 相关论述 |
| --- | --- | --- |
| 《关于古迹遗址保护与修复的国际宪章（威尼斯宪章）》 | 1964年5月25～31日 | 古迹的要领不仅包括单个建筑物，而且包括能从中找到一种独特的文明、一种有意义的发展或一个历史事件见证的城市或乡村环境。这不仅适用于伟大的艺术作品，而且亦适用于随时光流逝而获得文化意义的过去一些较为朴实的艺术品 |
| 《关于在国家一级保护文化和自然遗产的建议》 | 1972年11月16日 | 对文化遗产所进行的任何工程都应旨在保护其传统原貌，并保护它免遭可能破坏它与周围环境之间总体或色彩关系的重建或改建 |
| 《关于历史性小城镇保护的国际研讨会的决议》 | 1975年5月29日 | 政府应该意识到需要努力维持当地市区和原始环境的正面特质，提供对此负责的规划机构和保护古镇免受过分扩张和工业化压力的机构 |
| 《关于历史地区的保护及其当代作用的建议（内罗毕建议）》 | 1976年11月26日 | 每一历史地区及周围环境应从整体上视为一个相互联系的统一体，其协调及特性取决于它的各组成部分的联合，这些组成部分包括人类活动、建筑物、空间结构及周围环境 |
| 《马丘比丘宪章》 | 1977年12月12日 | 每一座建筑物不再是孤立的，而是一个连续统一体中的一个单元而已，它需要同其他单元进行对话，从而是完整其自身的形象 |
| 《佛罗伦萨宪章》 | 1982年12月15日 | 历史园林必须保存在适当的环境之中，任何危机生态平衡的自然环境变化必须加以禁止 |
| 《保护传统文化与民俗的建议》 | 1989年11月15日 | 在区域范围内保护民俗的独立行动需要是紧急的 |
| 《关于原真性的奈良文件》 | 1994年11月1～6日 | 文化遗产的多样性存在于时间与空间之中，需要对其他文化及信仰系统的各个方面予以尊重 |

续表

| 文献名称 | 发布日期 | 相关论述 |
| --- | --- | --- |
| 《新都市主义宪章》 | 1996年 | 有历史意义的建筑、街区、景观的保护应注意城市的延续和进化 |
| 《木结构遗产保护准则》 | 1999年10月 | 就具体干预措施来说，历史古迹应被看做一个整体；所有组成部分，包括结构构件、镶嵌板材、挡风板、屋顶、地板、门窗等都应予同等的重视。<br>在现有历史遗迹证据允许的情况下，加强历史完整性，完善原有状态和设计，以此揭示其更完整的文化价值 |
| 《中国民族民间文化保护工程实施方案》 | 2004年8月4日 | 通过建立文化生态保护区、命名民族民间文化艺术之乡，对原生态文化保存较为完整并具有特殊价值和浓郁特色的文化区域，进行动态的持续性保护 |
| 《国务院办公厅关于加强我国非物质文化遗产保护工作的意见》 | 2005年3月26日 | 正确处理保护和利用的关系，坚持非物质文化遗产保护的真实性和整体性，在有效保护的前提下合理利用，防止对非物质文化遗产的误解、歪曲或滥用 |
| 《文化部关于加强国家级文化生态保护区建设的指导意见》 | 2010年 | 以保护非物质文化遗产为核心，对历史文化积淀丰厚、存续状态良好、具有重要价值和鲜明特色的文化形态进行整体性保护 |
| 《中华人民共和国非物质文化遗产法》 | 2011年2月 | 保护非物质文化遗产，应当注重其真实性、整体性和传承性，有利于增强中华民族的文化认同，有利于维护国家统一和民族团结，有利于促进社会和谐和可持续发展 |

综上，整体性保护理念起源于对不可移动的物质文化遗产的保护之中，如建筑和古镇等。这一理念最初旨在维护这些文化遗产的物质形态和历史价值，随着保护实践的深入和非物质文化遗产概念从文化遗产这一整体概念中分离，整体性保护的理念被引入非物质文化遗产的保护领域。在非遗领域，整体性保护是将非物质文化遗产置于完整的文化生态中进行保护的一种理念。它强调非遗与周边环境的关系，传承人在生活中的状态等，是一种立体的保护模式。简单来说，非遗整体性保护的核心在于维护和促进非物质文化遗产得以孕育和发展的文化生态环境。目前，整体性保护从理论到实践的转变的主要方式即构建文化生态博物馆、文化生态保护（实验）区。所谓文化生态博物馆或文化生态保护（实验）区即一个相对独立于现代生活方式影响的区域，以保留和传承较为传统的生活模式和文化实践。这些保护区不仅为非遗文化持有者提供了一个相对稳定的环境，以维持其文化传统和生活方式，而且也为非遗的保护、研究和传承提供了一个实验和示范的平台。

我国非遗整体性保护的实践甚至早于非遗概念的形成，最早可以追溯至上世纪末。1998年10月，中国与挪威的合作项目在贵州省六枝特区梭嘎乡取得了重要成果，共同建立了中国首个生态博物馆——六枝梭嘎苗族生态博物馆。六枝梭嘎苗族生态博物馆的建立，不仅是中国非物质文化遗产保护实践的重要里程碑，也是生态博物馆理念在中国的首次成功应用。生态博物馆是一种新型的文化遗产保护模式，六枝梭嘎生态博物馆的概念与文化生态保护区的概念几乎无异。六枝梭嘎生态博物馆项目参与者约翰·杰斯特龙先生特意将其与传统博物馆进行类比：传统的博物馆谈论藏品时，生态博物馆就是指遗产；传统博物馆讲博物馆的建筑时，生态博物馆指的是一个社区所包括的区域；传统博物馆讲观众，生态博物馆指社区里的居民；当传统博物馆谈论科学知识时，生态博物馆就是指一种文化记忆；最后当传统博物馆讲科学研究时，生态博物馆讲的就是公众的知识。

可见六枝梭嘎博物馆自建立之初即强调在自然环境和社会文化背景下，对当地苗族的文化遗产进行整体性、活态性的保护和展示，尤其是保护和展示苗族丰富的非遗，包括传统生活方式、节日庆典、民间艺术、手工艺技能以及与自然环境的和谐共生关系。博物馆通过社区参与、文化教育和旅游发展等多种方式，促进了苗族文化的传承和保护，同时也为当地社区带来了经济和社会的可持续发展。

2006年9月，《国家“十一五”时期文化发展规划纲要》提出：“确定10个国家级民族民间文化生态保护区”这一发展目标。2007年6月，闽南文化生态保护实验区的设立，标志着中国在非遗整体性保护领域正式迈向了新的历史发展阶段。该实验区是中国首个国家级文化生态保护实验区。实验区的保护范围广泛，涵盖了福建省的泉州、漳州、厦门三个地级市及其所辖的十二个市辖区、四个县级市和十三个县，其中包括金门县。闽南文化生态保护实验区的建立，对闽南地区非遗的整体性保护起到较大的促进作用，保护了该区域内包括民间文学、传统音乐、舞蹈、戏剧、曲艺、传统技艺、民俗活动等多种形式的非遗。

2019年12月，文化和旅游部宣布将闽南文化生态保护实验区等七个保护实验区正式升级为国家级文化生态保护区。随后于2023年1月，文化和旅游部进一步公布了通过严格验收的黔东南民族文化生态保护实验区等五个保护实验区为国家级文化生态保护区。同年7月，客家文化（赣南）生态保护实验区等另外五个保护实验区也通过了验收，被正式认定为国家级文化生态保护区。截至2025年，中国已经成功设立了16个国家级文化生态保护区和7个国家级文化生态保护实验区，这些保护区和实验区遍布17个省份。这些保护区的建立，不仅为非遗的保护和传承提供了坚实的基础，而且也促进了文化多样性的维护和文化生态的可持续发展（见表5-4）。

表 5-4　国家级文化生态保护（实验）区（根据中国非物质文化遗产网汇总）

| 序号 | 名称 | 地区 | 实验区批复时间 | 保护区批复时间 | 县级单位数量 | 国家级项目数 |
|---|---|---|---|---|---|---|
| 1 | 闽南文化生态保护区 | 福建省（泉州市、漳州市、厦门市） | 2007年6月 | 2019年12月 | 29 | 58 |
| 2 | 徽州文化生态保护区 | 安徽省（黄山市、绩溪县）、江西省（婺源县） | 2008年1月 | 2019年12月 | 9 | 24 |
| 3 | 热贡文化生态保护区 | 青海省（黄南藏族自治州） | 2008年8月 | 2019年12月 | 3 | 6 |
| 4 | 羌族文化生态保护区 | 四川省（阿坝藏族羌族自治州茂县、汶川县、理县、松潘县、黑水县，绵阳市北川羌族自治县，平武县）；陕西省（宁强县、略阳县） | 2008年10月 | 2019年12月 | 9 | 31 |
| 5 | 武陵山（湘西）土家族苗族文化生态保护区 | 湖南省（湘西土家族苗族自治州） | 2010年5月 | 2019年12月 | 8 | 26 |
| 6 | 海洋渔文化（象山）生态保护区 | 浙江省（象山县） | 2010年6月 | 2019年12月 | 1 | 6 |
| 7 | 齐鲁文化（潍坊）生态保护区 | 山东省（潍坊市） | 2010年11月 | 2019年12月 | 12 | 14 |
| 8 | 客家文化（梅州）生态保护区 | 广东省（梅州市） | 2010年5月 | 2023年1月 | 8 | 6 |

续表

| 序号 | 名称 | 地区 | 实验区批复时间 | 保护区批复时间 | 县级单位数量 | 国家级项目数 |
|---|---|---|---|---|---|---|
| 9 | 晋中文化生态（实验）区 | 山西省（[保护区]晋中市，[实验区]太原市小店区、晋源区、清徐县、阳曲县，吕梁市交城县、文水县、汾阳市、孝义市） | 2010年6月 | 2023年1月 | 19 | 32 |
| 10 | 迪庆民族文化生态保护区 | 云南省（迪庆藏族自治州） | 2010年11月 | 2023年7月 | 3 | 8 |
| 11 | 大理文化生态保护区 | 云南省（大理白族自治州） | 2011年1月 | 2023年1月 | 12 | 16 |
| 12 | 陕北文化生态保护（实验）区 | 陕西省（[保护区]榆林市、[实验区]延安市） | 2012年4月 | 2023年1月 | 25 | 22 |
| 13 | 铜鼓文化（河池）生态保护区 | 广西壮族自治区（河池市） | 2012年12月 | 2023年7月 | 11 | 9 |
| 14 | 黔东南民族文化生态保护区 | 贵州省（黔东南苗族侗族自治州） | 2012年12月 | 2023年1月 | 16 | 72 |
| 15 | 客家文化（赣南）生态保护区 | 江西省（赣州市） | 2013年1月 | 2023年7月 | 18 | 10 |
| 16 | 格萨尔文化（果洛）生态保护区 | 青海省（果洛藏族自治州） | 2014年8月 | 2023年7月 | 6 | 4 |
| 17 | 武陵山区（鄂西南）土家族苗族文化生态保护实验区 | 湖北省（恩施土家族苗族自治州，宜昌市长阳土家族自治县、五峰土家族自治县） | 2014年8月 | — | 10 | 22 |
| 18 | 武陵山区（渝东南）土家族苗族文化生态保护实验区 | 重庆市（黔江区、石柱土家族自治县、彭水苗族土家族自治县、秀山土家族苗族自治县、酉阳土家族苗族自治县、武隆县） | 2014年8月 | — | 6 | 11 |
| 19 | 客家文化（闽西）生态保护实验区 | 福建省（龙岩市长汀县、上杭县、武平县、连城县、永定区，三明市宁化县、清流县、明溪县） | 2017年1月 | — | 8 | 8 |
| 20 | 说唱文化（宝丰）生态保护实验区 | 河南省（宝丰县） | 2017年1月 | — | 1 | 3 |
| 21 | 藏族文化（玉树）生态保护实验区 | 青海省（玉树藏族自治州） | 2017年1月 | — | 6 | 11 |
| 22 | 河洛文化生态保护实验区 | 河南省（洛阳市） | 2020年6月 | — | 15 | 8 |
| 23 | 景德镇陶瓷文化生态保护实验区 | 江西省景德镇市 | 2020年6月 | — | 4 | 3 |

### 3. 生产性保护

2012年，中华人民共和国文化部颁布了《关于加强非物质文化遗产生产性保护的指导意见》，这一文件的发布标志着官方首次系统性地阐述了非遗“生产性保护”的概念。该指导意见深入分析了非遗生产性保护的内在含义，明确提出：“非物质文化遗产生产性保护是指在具有生产性质的实践过程中，以维护非物质文化遗产的真实性、整体性和传承性为核，以有效传承非物质文化遗产技艺为基础，通过生产、流通、销售等手段，将非物质文化遗产及其资源转化为文化产品的保护方式。”

实际上，“生产性保护”的概念并非首次在2012年提出。有学者指出，早在2005年，国务院发布的《关于加强我国非物质文化遗产保护工作的意见》中，就已提出了“保护为主，抢救第一，合理利用，传承发展”的十六字工作方针，其中“合理利用，传承发展”的理念已蕴含了“以生产促进保护、以生产推动传承”的理念，这一理念后来进一步发展成为生产性保护的理论基础。2006年，王文章在其主编的《非物质文化遗产概论》中，清晰地归纳了非遗保护的基本方式，其中“生产性保护”被列为重要方式之一。“生产性保护”被定义为将非遗“转化为经济效益和经济资源”的保护方式。到了2024年该书再版时，王文章对“生产性保护”在非遗保护中的重要意义有了更深刻的认识，他强调：“生产性保护是非物质文化遗产保护的主要方式，它体现了积极保护的原则。”生产性保护不仅能够实现技艺的传承，赋予作品以灵魂，而且能够为生产者带来经济收益，从而为非遗的传承和保护提供了可持续的内生动力。此外，还有多位学者前赴后继，分别从不同维度和视角对生产性保护的概念进行了界定。高小康认为生产性保护是通过商业活动使传统艺术、技艺和活动获得传承、教育、传播的资源和发展空间；田艳认为非遗保护是将非遗及其资源转化为生产力和商品，纳入商品经济范畴，产生经济效益，并促进相关文化产业发展，实现非遗保护与经济社会发展的“双赢”；鲁春晓将生产性保护定义为非遗作为某种意义上的经济和文化资源投入生产实践过程，将无形的非遗及其资源转化为有形产品的保护方式；张迪则指出生产性保护是一种既强调文化内涵的本真性保护，又强调文化资源的创新发展的保护实践。综上所述，所谓“生产性保护”是一种与商业生产、经济效益紧密相连的实践活动，它涉及非遗的工艺技术、审美价值和文化内涵的现代转化与应用。其核心理念在于将非遗的精髓融入当代社会的需求和语境之中，进而实现文化价值与经济价值的有机结合。

在中国非遗保护工作中，生产性保护的具体实践是先于理论概念的。以杭州地区国家级非物质文化遗产——萧山花边为例，其在20世纪的生产性保护实践，为非遗的传承与发展树立了典范。自新中国成立以来，萧山花边经历了从生产合作社到供销合作社，再到萧山花边厂的组织形态变迁，这些组织形式的演进不仅促进了花边工艺的规模化生产，而且创造了显著的经济效益。特别是1970年萧山花边总厂的重组，标志着其市场战略的国际化转型。通过持续的海外市场开拓，萧山花边的产值在1981年达到了历史性的高峰，近3500万元人民币，这一数值是新中国成立初期的近70倍。更为关键的是，萧山花边的大规模生产活动，不仅在经济上取得了成功，而且在人才培养上也取得了丰硕成果。它孕育了一大批花边设计工艺美术师及花边挑绣女工，形成了强大的工艺传承力量。据调查了解，萧山地区挑花女工人数曾占全县女性人口的三分之一，鼎盛时期全县有20万女工投身于花边挑绣生产，这一现象在当时是空前的。尽管在那个历史时期，全国范围内尚未形成“非物质文化遗产”的明确概念，萧山花边亦未被列为保护对象，但以现代的视角回顾，我们可以深刻认识到萧山花边的生产性活动，客观上起到了生产性保护这项非遗的实际功效。这种以生产为驱动的保护方式，不仅确保了花边工艺的经济可持续性，而且为这项非遗的传承与发展提供了坚实的基础。

除此之外，上文所提及的文化生态博物馆和文化生态保护区的构建，在某种程度上激发了旅游业与非遗的深层次融合，进而产生了经济效益。从这一意义上说，它们也可被视为非遗生产性保护的关键组成部分，说明非遗整体性保护与生产性保护在某种程度上是相互关联、互相成就的。

我国有意识的生产性保护措施自2010年以后得到了显著的发展。这一时期标志着中国非遗保护工作进入了一个新的阶段，强调了非遗与现代生产实践的结合，以及其在经济社会发展中的重要作用。文化部在非遗生产性保护方面采取了积极的措施，分别于2011年10月和2014年5月公布了两批国家级非物质文化遗产生产性保护示范基地。第一批示范基地涵盖了41个企业或单位，第二批示范基地则包括了59个企业或单位，两批基地共计100个。它们在保护和传承非遗的同时，也探索了非遗与市场经济的融合途径，为非遗的可持续发展提供了新的思路。

2017年，文化部《中国传统工艺振兴计划》正式出台，同年文化部支持设立的传统工艺工作站已达10个，新增故宫博物院驻安徽黄山、中央美术学院驻浙江东阳、文化部恭王府博物馆驻山西忻州等6个工作站。次年，为完成《中国传统工艺振兴计划》提出的“建立国家传统工艺振兴目录”任务，文化和旅游部、工业和信息化部联合发布了第一批国家传统工艺振兴目录[1]，全国共计383个传统工艺项目入选，涉及纺染织绣、服饰制作、编织扎制、雕刻塑造、家具建筑、金属加工、剪纸刻绘、陶瓷烧造、文房制作、漆器髹饰、印刷装裱、食品制作、中药炮制、器具制作等14个门类。国家传统工艺振兴目录的发布带动了一批省级传统工艺振兴目录的发展。2024年，文化和旅游部进一步扩大了生产性保护示范基地的规模，发布文件认定了99家企业和单位为“2023—2025年国家级非物质文化遗产生产性保护示范基地”。这一举措不仅增加了示范基地的数量，而且通过精选具有代表性和示范性的企业或单位，进一步强化了非遗生产性保护的影响力。

### 4. 系统性保护

2020年《中共中央关于制定国民经济和社会发展第十四个五年规划和二〇三五年远景目标的建议》率先提出：“传承弘扬中华优秀传统文化，加强文物古籍保护、研究、利用，强化重要文化和自然遗产、非物质文化遗产系统性保护，加强各民族优秀传统手工艺保护和传承。”2021年，中共中央办公厅、国务院办公厅印发的《关于进一步加强非物质文化遗产保护工作的意见》再强调：“切实提升非遗系统性保护水平，为全面建设社会主义现代化国家提供精神力量”。2022年，习近平在《习近平：扎实做好非物质文化遗产的系统性保护推动中华文化更好走向世界》中明确指出：“要扎实做好非物质文化遗产的系统性保护，更好满足人民日益增长的精神文化需求，推进文化自信自强”。这标志着自21世纪20年代以来，我国非遗保护理念的不断深化，“系统性保护”已成为新时代非遗科学化保护与可持续发展的核心议题和主流理念。

现阶段，学界已经意识到对非遗实施系统性保护的重要性，相关研究成果陆续出现。有诸多学者就“非物质文化遗产系统保护路径、保护措施”这一核心提议展开深入的讨论。全小国认为：“非遗的系统性保护，就是通过观照非遗自身的整体性、非遗构成要素的层次性、非遗对外在环境的开放性和非遗文化基因的稳定性，对非遗实施系统的、整体的乃至全面的保护”。宋俊华将非遗系统性保护与可持续发展理念相互关联，并提出：“非物质文化遗产保护是指通过维护自身可持续发展来助推人类可持续发展的一

[1] 国家传统工艺振兴目录是《中国传统工艺振兴计划》提出的主要任务之一，旨在选取并重点支持一批具备传承基础和生产规模、有发展前景、有助于带动就业的传统工艺项目，推动形成可推广的经验案例，带动全国范围内传统工艺的发展和振兴。

种系统化实践”，“非遗系统性保护就是把非遗保护视为一个系统，结合非遗所处环境、各构成要素以及结构、功能的整体性来进行”。闵晓蕾、季铁从“时间—空间—组织”三个层面解读了非遗系统性保护的要义，并提出“两层次—八要素”理论探讨手工艺类非遗的系统性保护策略。

在上述学者的研究中，非遗系统性保护并非一个全新的保护理念，而是整体性保护理念的进一步优化，强调将系统观纳入非遗整体性保护实践中。闵晓蕾、季铁认为“系统性保护”理念的形成历经了“理念树立与论证（2004～2010）、实践探索与验证（2011～2017）、制度完善与强化（2018～2023）”三个阶段，认为系统性保护是整体性保护理念的贯彻与发展。本书认为，我国非遗保护理念是一个动态演进的开放体系，其发展历程可划分为从抢救性保护到整体性保护，再到生产性保护的阶段性演进。当前提出的系统性保护理念，是在马克思主义哲学系统方法论的指导下形成的一种创新性保护策略。作为对既有保护理念的深化与拓展，系统性保护的内涵不应仅被视作对整体性保护的简单回应，而应具备更为丰富的理论意蕴和更广泛的实践适用性。它应是在制式与技艺等层面关注抢救性保护，确保非遗的承载物及其核心技艺得以传承；在文化与生态层面融入整体性保护，强调文化生态的可持续发展；在传承与发展层面坚持生产性保护，推动非遗的创新发展；在保护方法层面，应充分利用数字化技术，制订更为科学和高效的保护策略，以实现非遗的长期保护与传承的科学保护理念（见图5-4）。

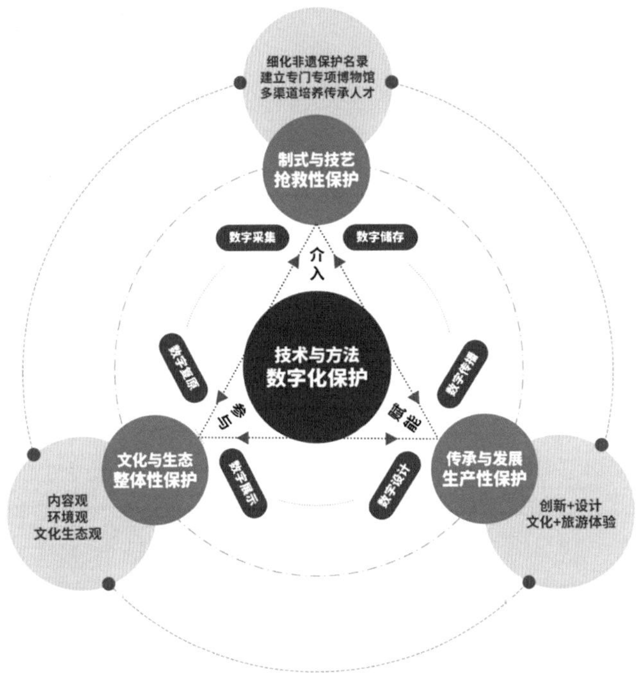


图 5-4　非遗系统性保护框架

# 第三节　凤凰冠、髻的系统性保护策略探析

## 一、制式与技艺——坚持抢救性保护

抢救性保护作为我国非遗保护理念的首要环节，体现了一种以保护物质载体、技术技艺与传承人为核心的静态保护模式。针对畲族女性头饰非遗项目，系统性的保护策略应首先着眼于其本体（制式）及其传承人（技术）的抢救性保护，涉及细化非遗保护名录、建立专门专项博物馆、加大传承人培养与保护力度三个主要方面。

### 1. 细化非遗名录

目前，我国已初步建立了一个包含国家级、省级、市级、县级四个层级的非遗保护名录体系，该体系在非遗的分类、记录与传承方面发挥着至关重要的作用。然而，在现行的非遗名录中，畲族女性头饰文化往往被纳入更为宽泛的“畲族服饰”或“畲族婚俗”等类别之下，尚未形成独立的、系统化的保护名录。目前仅有“延平畲族女性梳妆技艺”与“畲族梳妆习俗”已分别被列入延平区、南平市第九批非遗名录，兰秀华作为代表性传承人。这种分类方式可能限制了对畲族女性头饰文化特殊性和独特价值的充分认识与保护。首先，在“畲族婚俗”这一非遗名录中，对传统婚礼仪式的保护成为重点，而头饰仅作为婚俗仪式中梳妆环节的核心要素，因而较少受到重视。其次，在“畲族服饰”非遗保护项目中，头饰作为上衣、裙子、水巾、手巾、围身裙、脚绑、鞋、凤凰冠、耳仰（耳坠）、扁扣、手镯、脚镯和戒指等诸多服饰要素之一，也未能得到充分的关注。

因此，为了更有效地实施抢救性保护，有必要对畲族女性头饰文化进行更为细致的分类，并考虑将其列为独立的保护项目。这不仅能够凸显其在非遗中的地位，而且能够为其保护与传承提供更为精准的政策支持和资源配置。通过这种方式，可以确保畲族女性头饰文化得到全面、系统和深入的保护，从而促进其传承和发展。

### 2. 建立专门专项博物馆

当前，畲族博物馆和展览馆的数量众多，包括浙江景宁畲族自治县的中国畲族博物馆、畲银博物馆，福建地区的闽东畲族博物馆、中华畲族宫、畲族民间博物馆、顺昌畲族馆，以及广东潮州地区的凤凰山畲族文化馆等。然而，在这些博物馆和展览馆中，畲族女性头饰文化的展示与保护存在若干问题。首先，缺乏专题性展区，导致头饰的展示往往依附于服装，使得服装成为展示的重点，而头饰则相对被忽视。其次，展览中多以景宁式、罗源式、福安式、霞浦式、顺昌式、福鼎式六类头饰作为代表性展示样式（见图5-5），而对于云和式、延平式、平阳式等其他样式则较少涉及。在田野调查过

图 5-5　畲族博物馆中的典型样式展陈（拍摄于宁德师范学院）

程中，笔者发现平阳式凤凰冠、延平式凤凰冠尚无展陈，据说平阳式凤凰冠仅有浙江省博物馆藏有一顶，而其他博物馆中未见其踪迹，这深刻反映了畲族女性头饰文化保护工作不够细致与全面。第三，博物馆中展陈的头饰多为新制，虽然在形态上与传统样式相似，但在工艺细节、佩戴方式等方面存在较大差异，这可能对畲族女性头饰文化的传承造成障碍，导致文化传承过程中失去其原生性特征。最后，博物馆的展示方式较为传统，往往只见其表而不见其里，未能充分揭示头饰背后的文化内涵与制作工艺。为此，博物馆可以采用复刻或数字化方式对濒临消失的畲族女性头饰进行复原展示，以较完整的面貌向大众呈现畲族丰富多样的头饰文化，从而更好地保护与传承这一珍贵的文化遗产（见表5-5）。

表 5-5　畲族博物馆汇总（根据田野资料汇总）

| 名称 | 地区 | 展示内容 |
| --- | --- | --- |
| 中国畲族博物馆 | 浙江省景宁畲族自治县 | 景宁式、云和式（莲都式）、泰顺式等 |
| 闽东畲族博物馆 | 福建省宁德市 | 霞浦式、罗源式、福安式等 |
| 中华畲族宫 | 福建省宁德市蕉城区金涵畲族乡 | 福安式、罗源式、霞浦式、福鼎式等 |
| 畲族民间博物馆 | 福建省霞浦县半月里村 | 霞浦式、罗源式 |
| 顺昌畲族馆 | 福建省南平市顺昌县大爱村 | 顺昌式、罗源式、霞浦式、福安式等 |
| 畲银博物馆 | 浙江省景宁畲族自治县 | 耳环、项圈、头饰等 |
| 莪山畲族馆 | 浙江省杭州市 | 福安式、罗源式、霞浦式、景宁式等 |
| 潮州畲族文化展览馆 | 广东省潮州市 | 暂无信息 |
| 凤凰山畲族文化馆 | 广东省潮州市 | 新制畲族服饰 |
| 三坊七巷畲族馆 | 福建省福州市 | 福安式、霞浦式等 |
| 江西服装学院服装博物馆<br>中国畲族服饰专题展厅 | 江西省南昌市 | 福安式、景宁式、罗源式、云和式等 |
| 宁德师范学院“闽东之光”教育基地 | 福建省宁德市 | 罗源式、福安式、霞浦式、福鼎式等 |

## 3. 多渠道培养传承人才

非遗保护工作不仅局限于对其物质载体的保存，还涵盖了对制作技艺、使用技艺、仪式礼仪等非物质要素的全面维护。从这一维度来看，传承人的培养显得至关重要。传承人作为连接物质载体与技艺、手艺、仪式等非物质要素的关键纽带，承载着非遗的活态传承与创新发展的重任。他们不仅掌握着精湛的技艺和丰富的知识，还肩负着将这些珍贵的文化财富代代相传的使命。在当代社会中，要想使畲族女性头饰文化传承致远，多渠道非遗传承人的培养尤为关键，应包括“非遗+家庭教育”“非遗+师徒传承”“非遗+校园教育”等多种传承人培养模式。

家庭传承是畲族女性头饰文化最为传统的一种传承方式，通过家庭成员之间的互动和日常生活中的点滴细节，能够在日常生活中潜移默化地影响下一代，将畲族女性头饰文化的核心技艺与价值观念传递给年轻一代。在家庭环境中，长辈们通过亲身示范和口头传授，将制作技艺、使用方法、仪式习俗等非遗要素全方位地融入日常生活的方方面面。通过这种日常生活中无处不在的家庭传承，畲族服饰类非遗得以在家庭内部代代相传。这种传承方式往往更加全面且深入，能够确保文化传承的原真性。不过这种传承方式在现在呈现出式微的趋势。

师徒传承在现代畲族女性头饰文化的传承中扮演着至关重要的角色。在过去，由于种种原因，这种传承方式可能并不在畲族女性头饰文化传承中普遍存在，因为过去有很多头饰技术类的造物活动传承方式主要还是依赖于家族传承，例如景宁畲族雄凤冠的制作技艺过去就是银匠进行家族传承。如今，随着对非遗保护意识的增强，师徒传承逐渐替代家庭传承成为主流的传承方式。这种传承方式一般对学艺者身份不设限，无论其文化背景如何，只要有志于学习并热爱畲族头饰制作技艺，都有机会成为传承人。然而，这种传承方式也面临着新的挑战。首先，由于技术传承时间长，过程辛苦，且经济效益较弱，往往导致学艺者无法坚持。此外，学艺者文化背景的差异，可能导致在传承过程中对非遗原真性的理解和把握出现偏差，从而影响畲族头饰文化的原真性。以福建霞浦县水门畲族乡茶岗畲村的汉族女子林丽婵为例，她从小生活在一个畲族习俗氛围浓厚的环境中，对畲族的传统习俗和技艺产生了浓厚的兴趣。2015年，林丽婵开始自学制作畲族头饰，并在遇到困难时，积极寻找相关资料和实物进行深入研究。为了进一步提升技艺水平，她还专程前往福鼎市佳阳畲族乡拜畲族头饰制作传承人蓝家凤为师，系统学习并改进了畲族头饰的制作技艺。她的成功实践不仅为畲族头饰文化的传承注入了新的活力，也为其他学艺者树立了榜样。然而，她的案例也反映出师徒传承过程中可能存在的问题，即不同文化背景的学艺者在理解和传承非遗时，可能出现原真性衰弱的现象。

畲族女性头饰文化纳入校园教育体系，采用“非遗+校园教育”的融合模式，为非遗的传承开辟了新的路径。据调研，在罗源、福安等畲族聚居地区，畲族传统服饰文化及刺绣文化已逐步融入部分民族中小学的教育活动之中。借助校园这一教育平台，畲族儿童得以在校内接触并学习那些在家庭环境中难以获得的传统服饰制作技艺。这种传承方式同样适用于畲族女性头饰文化的传承领域，为年轻一代提供了深入了解和体验本民族传统文化的机会。此外，非遗进高校的方式也可以实现畲族头饰文化的传承。专业院校传承通过系统的课程设置、非遗传承人聘用及专业师资力量设置，为学生提供了扎实的理论基础和实践技能，可以培养出更多具备专业素养的非遗人才。

## 二、文化与生态——回溯整体性保护

对畲族女性头饰文化的整体性保护，必须基于对其作为非遗整体性的深刻理解。首先，畲族女性头饰文化在不同地区构成了一个多元统一的文化体系，这要求我们在保护实践中不仅要重视那些保存较为完整、具有显著代表性的头饰样式，同时也不应忽视那些应用范围有限、传承力量薄弱的头饰文化形态。其次，每个支系的畲族女性头饰构成了一个内聚的文化整体，涵盖了材料、工艺、结构、色彩、造型等多重文化要素，保护工作需细致考量这些要素之间的内在联系和相互作用。最后，畲族女性头饰不仅是静态的文化遗产，更是与佩戴者、日常生活及自然环境紧密相连的活态文化表达，其整体性保护需涵盖与之相关的整个文化生态系统。

### 1. “内容观”视角下的整体性保护

非遗作为一个复杂的文化系统，其构成要素和组构方式具有独特的内在逻辑和文化意义。王巨山提出非遗整体性保护的四个方面：“内容观、环境观、文化生态观、功能观”。其中“内容观”特别强调非遗项目历史发展的连续性，这要求研究者深入考察遗产项目的演变历程，梳理传承脉络，并识别活态变化。这一观点意味着在对非遗的本体内容进行整体性保护时，不仅要收集和记录物质证据，如工具、场所和相关物品，还要整理和保存文献资料，以证明非遗的存在和延续。这些物质和文献证据是非遗活态变化的直接体现，对于理解和保护非遗至关重要。在实践中，“内容观”的实施主要体现在两个层面：首先是对非遗的非物质层面的保护，即关注其发展历程和当前状态；其次是对与之相关的物质层面的保护，包括对工具、场所等物质文化的收集、整理和保护。

畲族女性头饰在地域分支方面具备多样性特征。具体而言，畲族女性头饰的多样性体现在不同地域支系的样式上，构成了一个丰富多彩的整体体系；且每一种头饰都是由多种原材料、精湛工艺、文化内涵构成的复杂系统。在当前的保护实践中，对于区域性样式的保护存在一定的不足之处。正如前面所述，在许多畲族博物馆的展陈中，往往仅以个别具有代表性的区域样式作为主要展示对象，而对于泰顺式、平阳式、延平式、漳平式、光泽式等其他畲族女性头饰样式的展示相对较少。这种做法在一定程度上将整个畲族女性头饰文化体系割裂为不完整的两个板块，不利于全面展现其地域多样性。在现实生活中，这些地区的畲民也倾向于选择具有标志性的畲族女性头饰参与族内生活活动或用于对外宣传，长此以往，地域性特征可能逐渐被淡化，甚至被淹没，从而影响畲族女性头饰文化的完整传承与保护。

畲族女性头饰在组织结构方面具有复杂性，包括表层结构：装饰、材料、工艺，以及里层结构：文化、审美、象征等。畲族女性头饰的整体性保护应深入每一个表层结构的保护之中。畲族女性头饰的组成部件众多，包括竹篾、斑布、黑布、绉纱、银簪、棉线（或毛线）、琉璃珠等，它们共同构成了畲族头饰的物质基础。在发髻造型过程中，棉线（或毛线）和银簪、银钗扮演着核心角色，通过精巧的编织和装饰技艺，展现出畲族头饰的独特美学。头冠的穿戴则更为复杂，涉及冠饰的佩戴以及头发的造型功能，确保头冠稳固地固定在头部。如果说抢救性保护工作的重点在于保护和传承畲族女性头饰的盘扎技艺，这是对非遗活态传承的直接响应，那么整体性保护则要求我们更全面地关注畲族头饰中每一个元素的具体工艺制作流程，包括原材料的选择、加工、组合和装饰等各个环节的深入研究和记录。实际上，畲族女性头饰中每一个要素、环节的保护，恰恰是保护畲族女性头饰文化的关键，因为这些要素的完整组合才能保证畲族女性头饰文化以最本真的形态得以保护。

在畲族女性头饰里层结构的保护方面，整体性、系统性的研究十分重要。这类研究不仅涵盖头饰的时代特征、历史变迁和传承脉络，而且深入探讨其在社会、文化、宗教和经济等多个层面的内涵和价值。通过这种多维度的研究，我们能够全面把握畲族女性头饰中蕴含的丰富文化内涵，为其保护和传承提供坚实的科学依据和实践指导。政府在推动畲族头饰文化研究的深入过程中，应发挥主导作用，通过制订和实施相关政策，为畲族服饰文化的保护和研究提供法律与资金支持。这包括但不限于《文化遗产保护法》

的修订、专项基金的设立、研究项目的资助等，以确保研究工作的顺利进行和畲族女性头饰这一非遗的有效保护。另外，非遗与教育的结合是保护和传承畲族服饰文化的重要途径。通过将畲族服饰文化纳入教育体系，尤其是纳入高等教育体系，可以培养年轻学者对畲族服饰文化的认识和兴趣。高等教育机构可以通过开设相关课程，举办讲座、研讨会等形式，为学生提供深入了解和研究畲族服饰文化的机会，助力传承和弘扬畲族文化。同时，学术界应加强与畲族社区的合作，通过田野调查、口述历史收集、文化实践参与等方式，获取第一手资料，丰富学术研究的内容，应鼓励跨学科的研究方法，如结合人类学、民俗学、艺术学、历史学等多学科的理论和方法，以更全面地理解畲族女性头饰文化。畲族女性头饰文化的研究性保护是一个具备整体性的系统工程，需要政府、学术界、教育机构、社区以及公众的共同努力。通过这种协同合作，我们能够确保这一非遗得到有效的保护和传承，同时在现代社会中发挥其独特的文化价值和作用。

### 2.“文化生态观”视角下的整体性保护

我国的国家级文化生态保护（实验）区最早设立于2007年——闽南文化生态保护（实验）区，该实验区于2019年完成验收并正式升级为国家级文化生态保护区。文化生态保护区的构建，旨在营造一个促进文化健康及可持续发展的完整生态空间。其核心价值在于其对文化整体性保护和活态传承的重要意义，它能够确保蕴含丰富民族历史文化、艺术文化、精神观念等内容的文化遗产可以在原生环境中相互作用、相互支撑，以实现较为完整的保存和延续。在这种保护机制中，诸多文化遗产并非孤立存在，而是与其所处的自然和社会环境形成有机的强关联性，从而避免成为无源之水、无本之木。在当代社会，传统文化的生存环境经历了剧烈变迁，文化生态保护区的设立为传统文化的持续发展提供了必要的条件和支持，其建立是非遗整体性保护中“环境观”“文化生态观”的重要体现。

畲族文化生态保护区的构建最早开始于浙江地区，景宁作为全国唯一的畲族自治县，承载着全国畲族同胞对于文化遗产保护、传承与发展的深切期望。2008年2月，景宁被纳入浙江省文化生态保护区试点——畲族文化生态区的范畴，与此同时，泰顺县司前畲族镇、竹里畲族乡亦相继成立了畲族文化生态保护区，共同构成了景宁泰顺畲族文化生态保护区。2010年，浙江省公布了首批省级非遗旅游景区，其中景宁畲乡之窗景区赫然在列。2011年9月9日，经浙江省人民政府批准，景宁畲族风情旅游度假区正式成立，规划总面积达3.77km²，核心区域覆盖20km²。该度假区以畲族文化为主题，生态环境优越，为发展休闲度假旅游和体验畲族风情文化提供了理想的条件（见图5-6）。景宁畲族风情旅游度假区内拥有全省最长的游步道、被

图 5-6　景宁畲族风情旅游度假区
（拍摄于景宁畲族自治县东弄村）

誉为天然氧吧的草鱼塘森林公园、集中体验畲族文化的风情小镇以及各具特色的畲寨等风景名胜，构成了一幅幅秀丽的画卷。作为我国目前唯一的畲族风情旅游度假区，该度假区正积极规划升级为景宁畲族风情国家级旅游度假区，以期进一步提升其在国内外的知名度和影响力。

福建省在畲族文化生态保护区的建设方面，自2011年起便开始了系统的规划与实施。根据2011年福建省“十二五”文化发展规划报告，该省提出了加强畲族文化建设的明确目标，包括:“加强畲族文化建设。设立福建畲族文化生态保护区，加强畲族文化研究，加强规划和保护。加快建设畲族·中国畲族博物馆、福安畲族民俗博物馆、连江畲族民俗博物馆、罗源畲族民俗博物馆、霞浦畲族小说歌传习所等项目。支持宁德市畲族歌舞团升格为市歌舞剧院，推进《畲族文化》专题数据库建设。”2015年10月，福建省文化厅公布了首批15个省级畲族文化保护示范点，包括坂中畲族乡林岭村、康厝畲族乡凤洋村、金斗洋村、穆云畲族乡溪塔村、蕉城区八都镇猴盾村等。福建省“十三五”文化发展规划进一步明确了设立30～40个省级畲族文化生态保护示范点（园区）的目标，而在福建省“十四五”文化发展规划中，也强调了加强畲族文化生态保护示范点建设的重要性。2024年6月，宁德市文化和旅游局通过中国政府采购网和中国政府购买服务信息平台，公布了《宁德市畲族文化暨（闽东）生态保护区总体规划》服务项目的成交公告，这标志着市级畲族文化生态保护区建设的进一步发展。截至2024年，福建省已经建立了包括闽南文化生态保护区、客家文化（闽西）生态保护实验区在内的2个国家级文化生态保护（实验）区，以及湄洲妈祖文化生态保护实验区、朱子文化（南平）生态保护区、朱子文化（尤溪）生态保护区3个省级文化生态保护区。尽管如此，福建省省级以上的畲族文化生态保护区的建设仍在规划之中，尚未建成。

浙江省景宁泰顺畲族文化生态保护区、景宁畲乡之窗景区、福建省畲族文化保护示范点的建立和发展，不仅是对畲族文化遗产保护的积极响应，也是对文化生态保护理念的深入实践。保护区、风景区的构建旨在促进畲族的非遗得以在原生环境中得到有效保护和传承，同时推动畲族文化与现代旅游业相结合，实现文化与经济的双赢，为畲族地区的可持续发展注入了新的活力。然而，即便是这类生态保护区、风景区的建设和发展，体现出一种文化生态保护与旅游发展相结合的战略思路，为畲族文化的保护、传承和发展提供了新的模式和机遇，却仍然在文化原生态性保护、整体性保护方面存在一定的局限性。有学者指出，“福建省文化厅2016年度和2017年度，分别安排每个文化生态保护示范点各 5 万元省级非物质文化遗产保护专项经费，用于畲族传统文化保护，资金支持仍是针对专项保护，而非整体。畲村作为保护区、示范点的建设仅仅以概念的形式停留在各级政府的文件中，‘保护区’概念中区域整体和资源共享的意义体现得较为薄弱。”在进行田野调查的过程中，笔者注意到，尽管已经建立了多个省级畲族文化生态保护示范点和保护区，但对于畲族原生态文化体系的整体性保护往往停留在形式层面。在日常生活中，传统服饰和头饰的穿戴已不多见，它们主要在节日庆典或领导视察时作为文化展示的一部分。2023年11月4日，宁德举办了“传播闽东之光，建好福建窗口”学术研讨会。与会的专家学者们对福建省畲族文化生态保护示范点之一的猴盾村进行了实地考察。一到达猴盾村，村支书、国家级非遗传承人雷美凤便带领着歌舞团队，在村口的舞台上为考察团呈现了畲族的传统歌舞表演。村里的妇女们身着传统服饰，热情接待，展现出一派生机勃勃的景象。然而，作为专注于畲族服饰文化研究的学者，笔者观察到村民所穿的服饰多为新制的机绣服饰，头饰则是预制的冠帽，直接扣戴于头部。这些服饰的统一性表明它们是统一发放的，类似于工作服，仅在接待时穿着，平日里则穿着日常服装（见图5-7）。在霞浦的半月里村（中国历史文化名村），尽管畲族传统民居保存完好，但服饰文化的留存程度同样不高。在考察过程中，笔者仅发现一位年迈的阿婆穿着传统手工制作的霞浦式畲装，头梳霞浦式凤凰髻，其他村民则多穿着现代服装（见图5-8）。此外，在宁德的上金贝畲村、南平的岭炳垟畲村、顺昌的大爱村（新搬迁的畲村）、罗源的竹里村、浙江泰顺、景宁等地区的畲族村落，情况也大致相同。

图 5-7　猴盾村村妇着装（笔者拍摄）

图 5-8　半月里村穿传统服饰的阿婆

可见，在省市级层面上，畲族风情旅游区、文化生态保护示范点以及文化生态保护区的保护措施仍表现出一定的局限性。目前，这些保护模式似乎更多地侧重于为游客提供休闲、娱乐和度假的场所，其重点在于旅游服务和游客体验的优化，而非深层次的文化生态保护。这与文化生态保护的核心理念存在显著差异，后者致力于全面保护和保存特定区域的文化遗产、自然景观和生态系统，特别强调文化遗产的保护和传承。这种现象启示我们，文化保护工作应当超越表面的展示，深入文化的核心层面，关注其内在价值和传承机制。经济价值的挖掘不应成为文化保护的唯一驱动力。为了实现畲族服饰文化的有效传承和保护，必须对畲族服饰文化的传统制作工艺、穿戴习俗、生长环境及社会文化进行更为深入的研究与保护。加速构建畲族国家级文化生态保护区，为畲族文化的整体性保护提供坚实的政策支撑，是当前迫切需要采取的措施。全面、完整的文化整体性保护策略指导，能够确保畲族文化生存空间的完整性，为畲族女性头饰文化的完整性保护提供坚实基础，进而促进其在现代社会中以活态的形式传承下去。

## 三、传承与发展——面向生产性保护

在时代演进与社会变迁的背景下，尤其是全球新技术革命的浪潮推动下，我国传统民族服饰文化遭遇了前所未有的挑战。为了实现民族传统服饰文化在现代社会的持续性传承，必须对传统艺术表现形式进行现代化转译，以适应现代生活方式的需求。针对畲族女性头饰的文化传承与保护，可以从以下两个维度进行探讨。首先，从设计的角度出发，应当深入挖掘头饰中的核心设计元素，并利用现代设计理念与技术手段，将其创新性地转化为符合当代生活需求的产品。这种转化不仅涉及形式与功能的现代化，也包括对传统工艺的创新性继承与发展。其次，通过文化旅游的融合发展，实现传统文化与现代生活方式的有机结合。这种融合不仅能够促进文化传承，还能增强旅游体验的文化深度，实现文化与旅游的双向增值。

### 1.“文化+设计创新”突破传统应用场域

在当前的时代背景下，保护和传承畲族女性头饰文化不能单纯依赖于传统技艺的简单复制或对过去生活场景下头饰样式的机械模仿。为了实现文化的“破局”与“新生”，必须对畲族女性传统头饰文化进行“创造性转化和创新性发展”。这意味着要突破其在应用场域的传统局限性，探索新的表现形式和使用场景，使之与现代社会的审美和文化需求相适应。通过这种方式，畲族女性头饰文化不仅能够得到有效的推广，还能够使其在现代社会中焕发新的活力，实现传统文化的价值转化与可持续发展。

近年来，我国民族传统头饰的创新设计在网络上引起了广泛关注，尤其是鄂伦春族传统狍子帽的现代化转译，成为一个引人注目的热点。鄂伦春族的狍子帽，鄂伦春语称为“密塔哈”，是该族妇女的绝活，它不仅是日常穿戴的头饰，更承载着深厚的文化象征和实用功能。这种帽子是用整只狍子的头颅，去掉骨肉后，保留狍头上的毛、角、耳朵、鼻子和口，精心鞣制而成的，与狍子的头一模一样。它在鄂伦春族文化中具有三大功能：保暖、伪装和装饰。狍子帽最初仅用于保暖，后经过改进，增加了毛皮作帽耳，以遮挡耳朵和两腮，提高了保暖效果。不同季节的狍头帽呈现出不同的特点，如冬季的狍头帽毛厚保暖，初秋时制作的狍头帽则具有狩猎民族特点，常在节日和喜庆的日子佩戴。然而，随着国家禁猎政策的实施及现代着装方式的转变，传统的狍子帽制作面临着材料来源及穿着场域的挑战。面对这一困境，设计师和传承人巧妙地将狍子帽的设计缩小，转化为精致的摆件，实现了从实用穿戴到文化装饰品的创新转变。这种设计不仅保留了狍子帽的传统特色，还赋予其新的时代内涵和审美价值。据调查，这种创新设计的狍子帽摆件在市场上取得了巨大成功，销售量显著提升（见图5-9）。

图 5-9　鄂伦春族的狍子帽摆件

苗族银冠作为一项非遗，其独特的艺术魅力和深厚的文化意蕴受到了广泛关注。苗族银冠不仅是苗族文化的象征，更是苗族人民智慧和审美的结晶。这种银冠以其繁复的工艺、独特的造型和深厚的文化内涵，成为苗族文化中不可或缺的一部分。网络上流行的苗族银冠3D拼图，以其创新的形式和互动体验，成功地将这一传统艺术形式带入了现代生活。这类拼图采用430不锈钢材质，采用镀银（含量0.1%）和金属彩印工艺，不仅保留了银冠的光泽和色彩之美，更增添了其艺术价值。一个银冠拼图包含200多个精细配件，消费者需按照说明书逐一组装，最终成型的冠饰高约26cm，长16cm，宽11cm，其华丽程度令人赞叹。这种3D拼图的卖点在于其将传统工艺与现代设计完美结合，不仅提供了一种全新的文化体验方式，还能够让参与者在动手组装的过程中，深入体验和理解苗族银冠的构造和文化。这种互动性和教育性使得3D拼图成为连接传统与现代、艺术与生活的桥梁。据网络销售数据显示，苗族银冠3D拼图的销量惊人，最高销量已超过1万件，显示了其在市场上的受欢迎程度。用户反馈普遍表示，完成这样一个拼图需要一天到一天半的时间，而当拼装完成后，苗族银冠可用于居家装饰、展示展览等场景（见图5-10）。

图 5-10　苗族银冠 3D 拼图展示

创新设计作为生产性保护的有效途径，设计师或传承人需精准捕捉文化中的标志性特征，并运用创意设计的智慧，将这些元素从其传统使用模式中解放出来，以迎合新的市场需求。然而，设计实践过程中，必须细致考量传统文化的本真性、原生态性与创新性之间的辩证关系。若在现代转译中处理不当，某些传统文化元素可能会失去其原有的文化内涵（本真性），进而影响公众对传统文化的正确认知，导致文化现代转化过程中的误解，这种误解可能对非遗造成不可逆转的损害。

### 2. “文化+旅游体验”重塑传统服饰当代价值

旅游是一种区域性活动，其流动特性决定其在促进各民族交往交流交融方面能够发挥独特功能，旅游也是构建互嵌式社会结构的有力抓手、推动各民族共同走向现代化的重要途径，是铸牢中华民族共同体意识的重要举措。当前，民族地区乡村旅游作为一种新的旅游业态，正日益成为解决我国城乡和区域发展不平衡不充分的一项重要抓手。党的二十大报告指出：“坚持以文塑旅、以旅彰文，推进文化和旅游深度融合发展”。旅游地的民族文化历来是吸引旅游者的重要因素，其交流与传播的载体就是“民族文化符号”。服饰是一个民族文化符号，承载着一个民族的历史记忆、宗教信仰以及审美观念。在区域旅游风靡的当代社会，传统服饰以其独特的文化属性深受游客的关注与喜爱。它正经历着使用场景从传统到现代的变革，以一种全新的形式融入民族地区旅游活动之中，为游客的旅游体验增添了美的感受与文化体验。当前，在非遗与旅游体验深度融合的背景下，形成了诸多具体的组合类别，包括“非遗+民宿”“非遗+研学”“非遗+表演”等多种“非遗+体验”方式。

本书通过一组调查问卷，探究了消费者对于旅游中服饰体验项目的认知状况。问卷调查涵盖了受访者的性别、年龄、对旅游过程中的传统服饰体验项目的认知程度、体验经历以及未来参与体验的意愿五个维度。调查共发放问卷112份，回收有效问卷112份，其中女性受访者68人，占比60.71%，男性受访者44人，占比39.29%。在所有受访者中，有89.29%的受访者表示对旅游地区服饰文化体验项目有所了解，其中超过半数的受访者曾亲身参与体验。从未来参与服饰文化体验项目的意愿来看，91.1%的受访者表示愿意参与具有特色的旅游服饰体验项目，而仅有8.9%的受访者表示不愿意参与。以上数据揭示了旅游地区的服饰文化体验项目已具备较高的普及度，并且大多数受访者对于此类体验项目持有积极的态度，愿意为之支付费用。这表明旅游服饰文化体验项目在消费者市场中具有较大的潜力和需求。头饰文化作为服饰文化的重要组成部分，其在非遗生产性保护中往往也可以发挥出较大的潜能。某地1个村寨以世代相传的蓄发习俗作为核心品牌，融入原生态民族歌舞表演，全寨妇女、部分老幼皆可登台演出，形式活泼喜人，对游客产生了巨大吸引力，2019年接待游客50万人次，仅歌舞表演一项分红245万元，既使非遗得到传承，又使群众生活得到改善，增强了非遗保护、传承和开发利用的内生动力（见表5-6）。

表 5-6　旅游地区服饰文化体验项目的认知状况调查

| 分析项 | 分析指标 | 人数/人 | 占比/% |
|---|---|---|---|
| 性别占比 | 男 | 44 | 39.29 |
| | 女 | 68 | 60.71 |
| 年龄占比 | 15岁以下 | 0 | 0 |
| | 15～25岁 | 88 | 78.57 |
| | 26～35岁 | 18 | 16.07 |
| | 36～45岁 | 2 | 1.79 |
| | 45岁以上 | 4 | 3.58 |
| 旅游地区服饰文化体验认知占比 | 听说过服饰文化体验项目 | 100 | 89.29 |
| | 未听说服饰文化体验项目 | 12 | 10.71 |
| 服饰文化体验经历占比 | 从未体验过 | 54 | 48.21 |
| | 体验过1～3次 | 56 | 50 |
| | 体验过4～6次 | 2 | 1.79 |
| | 体验过6次以上 | 0 | 0 |
| 未来是否愿意参与服饰文化体验 | 愿意参与 | 102 | 91.1 |
| | 不愿意参与 | 10 | 8.9 |

在闽南地区，蟳埔女习俗作为一种独特的汉族群体文化表现形式，已于2008年被列入《国家级非物质文化遗产代表性项目名录》。这一习俗主要流传于福建省泉州市丰泽区东海街道的蟳埔、金崎、后埔、东梅等社区。蟳埔女习俗中最具代表性的即蟳埔女服饰，她们着大裾衫、阔脚裤，头上插满花饰，这种头饰俗称“簪花围”。“簪花围”头饰中常用素馨花、含笑花、粗糠花等，据说历史上埔女所戴鲜花来自附近云麓村，该村原是南宋阿拉伯人蒲寿庚的私家别墅“云麓花园”，园中的茉莉花、素馨花等奇异花卉系从西域引进并延续至今，不仅让埔女四季飘香，同时洋溢着浓郁的海洋文化气息（见图5-11）。

图 5-11　蟳埔女服饰（拍摄：庄梓波）

近年来，泉州蟳埔簪花围以其独特的文化魅力和深厚的历史底蕴，在全国范围内迅速崛起，成为引领旅游时尚的新趋势。多位女明星纷纷造访蟳埔，亲身体验这一非遗，加速了泉州簪花文化的火爆出圈。泉州的簪花文化还吸引了大量游客前来参与体验。据2024年的统计数据显示，蟳埔民俗文化村累计接待游客超过450万人次，单日客流量峰值接近10万人次，线上话题讨论量更是突破了百亿次。目前，泉州簪花文化的影响力已扩展至全国多个城市，包括杭州、绍兴、苏州、洛阳、成都等城市，甚至在国际上亦有所传播，显著提升了福建文旅的国际影响力。2024年11月30日，央视财经频道隆重播出了备受期待的“文旅经济盛典”节目。在此节目中，“2024年度十大文旅经济创新案例”名单正式对外公布。在众多入围案例中，“福建泉州蟳埔簪花围”以其在“创新文化+”领域的卓越表现，被选为具有代表性的案例之一，荣登榜单。该案例因其在文化创新与旅游经济融合方面的显著成就，被特别邀请作为首个案例上台进行分享与推介。福建文旅在推动传统服饰类非遗与现代旅游经济的融合创新方面不断努力，福州“三条簪”头饰、泉州蟳埔女“簪花围”、莆田湄洲女“帆船头”等传统头饰的文化内涵和美学价值正不断被挖掘，引起了一大批消费者对福建传统文化产品的关注和喜爱。福建省文旅厅相关负责人介绍称：“福建省在全国率先探索女性元素的营销方式，在引导各地挖掘非遗资源时注重选取‘她’元素，重点推介福州‘三条簪’头饰、泉州蟳埔女‘簪花围’、莆田湄洲女‘帆船头’，推动‘国潮+非遗’的赋能叠加”（见图5-12）。

图 5-12　创新文化 +：蟳埔 · 簪花围

对于传统畲族女性头饰文化，目前其传承与普及尚未得到充分重视。笔者在顺昌调研时，顺昌畲族文化研究会会长指出：“顺昌式畲族女性凤凰冠十分别致美观，但目前没有推广出圈，由于闽东、浙南地区的畲族文化推广较早，现在顺昌地区再打畲族文化传承的品牌已经很难得到重视，因此，顺昌目前正推广‘大圣文化’。”实际上，畲族女性头饰中蕴含的文化内涵与美学价值，使其具有与上述头饰文化相似的出圈潜力。未来可以通过深入挖掘畲族头饰文化，打造头饰文化品牌，将其与其他非遗活动有机结合，与现代旅游产业深度结合，实现经济价值的转化，并赋予其传承与发展的新动力。

第六章

# 数字时代的凤凰冠、髻设计创新与文化传播

习近平总书记在中国人民大学考察调研时强调："要运用现代科技手段加强古籍典藏的保护修复和综合利用，深入挖掘古籍蕴含的哲学思想、人文精神、价值理念、道德规范，推动中华优秀传统文化创造性转化、创新性发展"。实际不仅限于典籍文献，中华优秀传统文化之载体深植于先民日常生活：从衣冠之制到器用之设，从宫室之构到几榻之陈，从茶器之雅到食具之朴，无不折射出一种"日用即道"的文化逻辑。在此意义上，由联合国教科文组织界定的"文化遗产"概念，用以指涉人类在历史过程中创造、传承并赋予意义的一切物质与非物质遗存。传统服饰作为文化遗产谱系中的重要组成部分，凝聚了族群历史记忆、生存智慧与审美范式，本章立足数字时代，探讨其与文化遗产的互动关系，归纳梳理数字时代数智技术介入文化遗产保护、研究、创新与传播的技术方法与优秀案例，阐述数字时代文化遗产对现代设计的重要意义，并尝试运用数字技术完成畲族凤凰冠、髻的活化实践案例，希冀推动其在当代社会中实现更好的传承。

# 第一节 数字时代与文化遗产的互动关系

## 一、数字技术为文化遗产保护传承赋能

### 1. 数字技术的内涵与分类

数字技术是多种数字化技术的集合，涵盖大数据、区块链、云计算、人工智能等，以计算机科学、信息通信技术为核心，通过二进制编码处理信息，实现数据采集、存储、处理、传输与应用的技术体系。而在文化遗产保护与传承领域，发挥关键作用的数字技术可分为四大类：信息采集与存储技术、数字复原及数字交互技术、数字创新设计、数字传播与运营。

·(1) 数字采集与存储技术：为文化遗产建立“数字基因库”。数字采集与存储技术的核心功能是将文化遗产的物质形态、工艺细节、文化信息转化为可存储、可传输的数字数据，以解决易损坏、难共享等保护难题。

①数字采集技术。数字化采集技术的核心在于运用三维扫描与摄影摄像、动作捕捉、数字图像处理、音频修复等多元化技术手段（见表6-1），对文化遗产本体及其传承人的档案进行系统化的归纳与建档，涵盖文字、图像、动作、影音等多种非遗信息形态的数字化采集与转化。数据的标准化和规范化采集，为后续阶段数字化资源的分类、管理、存储及传播提供了坚实的资料基础，从而为文化遗产的长期保存与传承开辟了新的可能性。这种技术介入不仅提高了数据采集的效率和准确性，也为文化遗产的抢救性保护工作带来了革命性的变化。

表 6-1 数字采集技术

| 技术 | 工具 | 采集对象与内容 |
|---|---|---|
| 摄影摄像 | 高分辨率单反/无反相机、360° 全景相机、8K数字摄像系统、显微摄影设备 | 文物细节、工艺流程、仪式现场、传承人操作 |
| 音频修复 | 高保真数字录音机、专业传声器、人工智能（AI）降噪与频谱修复算法 | 口述史、仪式音乐、方言、濒危语言 |
| 动作捕捉 | 光学动捕系统、惯性动捕、人工智能（AI）视觉动捕、深度摄像头 | 传承人身体技艺、仪式动作、戏曲表演 |
| 三维扫描 | 地面激光扫描仪、结构光扫描仪、摄影测量系统、手持式激光扫描仪、无人机倾斜摄影 | 古建筑、器物、雕塑、壁画、遗址等本体几何与纹理 |

②数字化存储技术。数字化存储技术作为数字化采集技术的延伸阶段，其本质在于将数据编码为二进制格式，并将其持久化于多样化的物理介质之中。该技术的发展与应用显著增强了信息存储的安全性与传播效率，同时，其存储容量亦在不断扩展。目前，数字化存储技术的演进已从传统的磁记录技术（涵盖硬盘驱动器与磁带存储）和光学记

录技术（如光盘存储）逐渐过渡至云计算存储技术，后者已成为数字化存储领域的一个关键趋势。通过将数据存储于远程服务器，并依托互联网实现数据的存取与管理，云计算存储技术为数据的远程访问提供了极大的便利，从而大大扩大了数据的传播范围。

（2）数字化复原与交互技术：打破文化体验的时空边界。文化遗产的保护应是全方位、多层次、立体化的整体性保护，使其以生动鲜活、可触可及的形式持续存在并焕发活力。在此背景下，数字化复原和交互技术的发展，为其实现整体性保护提供了新的可能性，即通过数字化手段对文化遗产物质载体及生存空间进行数字化复原，运用数字交互技术保持其文化价值和传承活力。

数字化复原与交互技术指对遭受损坏或遗失的文化遗产进行虚拟重建与再现的技术方法。从广义层面而言，数字化复原技术范畴包括但不限于图像复原技术、三维扫描与建模技术、全息影像制作技术、虚拟现实技术（VR）、增强现实技术（AR）以及混合现实技术（MR）等多种技术类型。数字化复原技术与交互技术虽然指向同一最终目标，即文化遗产的数字化保护与传承，但它们的侧重点存在显著差异。数字化复原技术着重于技术实施的过程，即如何通过科技手段实现文化遗产的复原（见表6-2）；而数字交互技术侧重于技术应用的结果，即如何利用这些技术提供更加丰富和沉浸式的用户体验（见表6-3）。从逻辑关系方面看，数字化复原技术构成了数字化展示技术的前提条件，而数字化交互技术是数字化复原技术实现其根本目的。两者相辅相成，共同推动了文化遗产保护的实践发展。

表 6-2　数字化复原技术

| 技术类型 | 关键方法/工具 | 应用 |
| --- | --- | --- |
| 三维数字重建 | 激光扫描、结构光扫描、无人机倾斜摄影、3D建模 | 还原建筑、器物、服饰、遗址的宏观与微细节 |
| AI增强修复 | 深度学习超分辨率、缺失部分图像补全、风格迁移算法 | 残损文物或低清影像，智能补全纹理、颜色与缺失几何，实现“可信复原” |
| 全息影像制作 | 光场采集+干涉记录、数字全息打印 | 文物真彩色、真尺度的三维悬浮影像，可用于非接触式展示与复制 |

表 6-3　数字交互技术

| 技术类型 | 关键方法/工具 | 应用特征 |
| --- | --- | --- |
| 虚拟现实（VR） | 头显设备、操作手柄、空间定位系统 | 完全沉浸式环境重建，用户可“走入”消失的历史场景 |
| 增强现实（AR） | 手机/平板、头显设备、实时定位与识别算法 | 在现实空间中叠加数字信息，实现“文物再生于原址” |
| 混合现实（MR） | 空间锚点、手势识别、语音交互、数字孪生同步 | 用户可与数字遗产实体互动（旋转、拆解、重组） |
| 360° 环幕 | 多投影融合、空间音效、体感交互 | 实现多人共享的沉浸式剧场体验，适用于博物馆、遗产地游客中心 |

（3）数字创新设计：激活传统元素的创新活力。这类技术是借助算法与算力，辅助传统服饰的设计、工艺模拟与生产，以解决设计效率低、设计创新瓶颈等问题，具体方法包括计算机辅助设计（CAD）、人工智能生成技术（AIGC）、数控生产技术等。

①计算机辅助设计（CAD）。CAD（Computer-Aided Design）是利用计算机软件来创建、修改、分析和优化设计方案的数字化工具。它彻底改变了传统依赖手工绘图板的设计方式，是现代工程、制造、建筑、产品开发等几乎所有设计领域的核心基础技术。CAD设计的核心功能包括：第一，2D 绘图，创建精确的工程图纸（如平面图、剖面图、零件图、装配图），包含尺寸、公差、注释、标题栏等，这是传统 CAD 的基础，至今仍在建筑、服饰制版、平面设计中广泛应用；第二，3D 建模，通过专业软件在虚拟三维坐标系中对对象进行三维数字化表达，能够更直观地表达设计师的设计意图；第三，参数化设计，其核心在于通过变量（尺寸、角度、密度、材料属性等）与约束（几何关系、力学边界、制造规则等），实现动态设计，任何单一参数的修改都会触发算法自动重算，进而衍生出无限的设计变体，从而将传统“试错式”设计流程转化为“搜索式”设计创新；第四，修改与编辑，可轻松地对设计进行修改、复制、移动、旋转、缩放、镜像等操作，远比手工绘图高效和准确。

②人工智能生成内容（AIGC）设计工具。AIGC是指利用深度学习、预训练大模型和生成式算法，自动或半自动地产生文本、图像、音频、视频、3D 等多模态数字内容的技术。AIGC的优势在于能够高效、低成本地生成多模态内容，大幅提升创作效率并降低专业门槛，使个性化、规模化生产成为可能，同时激发创新表达形式；其劣势体现在生成内容的可控性和质量稳定性不足，可能引发版权争议、信息失真及伦理风险，过度依赖技术还可能抑制人类原创性，并面临数据隐私、算法偏见等挑战（表6-4）。

表 6-4　人工智能生成内容（AIGC）设计工具

| 模态 | 应用场域 | 代表模型/工具 |
| --- | --- | --- |
| 文本生成 | 文章写作、代码生成、图生文字 | GPT-4、deepseek、豆包、kimi |
| 图像生成 | 艺术创作、设计素材、照片增强 | MidJourney、DALL·E 3、SDXL |
| 音频生成 | 语音合成、音乐创作、音效设计 | VITS、Jukebox、AudioLDM |
| 视频生成 | 短视频制作、影视特效、动态广告 | Sora、Runway、Pika |
| 3D生成 | 游戏资产、虚拟场景、工业产品设计 | NeRF、Point-E、MeshGPT |

③数控生产技术。数控生产技术主要包括数码印花、激光切割、3D打印等，将数字设计直接转化为实物。数码印花即采用高精度喷墨或静电技术，直接将数字图案印刷到纺织品、陶瓷、金属等材料上，实现个性化定制与短版生产，广泛应用于服装、家居装饰及广告设计领域。激光切割技术指通过数控系统操控激光束，对金属、亚克力、木材等材料进行精细切割或雕刻，具有无接触、高速度、适配复杂图形等特点，常见于工业零件、艺术品及电子元件加工。3D打印依据三维模型数据，逐层堆积塑料、金属或复合材料，直接构造复杂几何结构的实体，适用于设计原型开发、医疗植入物、航空航天部件等领域的快速成型与小批量生产。这些技术共同推动了设计的最终实现，显著缩短了产品开发周期，减少了传统加工的物料浪费，并支持高度灵活的个性化制造需求。未来，随着人工智能与物联网技术的融合，数控生产技术将进一步向智能化、自动化方向发展。

（4）数字传播与运营：构建文化传承的生态网络。数字传播技术是以互联网、无线通信等现代信息技术为核心构建的传播体系。该技术体系包含四大核心技术支撑：全球互联网技术、5G/Wi-Fi等无线通信技术、数字电视/音频广播等信息传播技术，以及支持海量数据处理的大数据技术。其传播平台主要呈现四大类型：广播电视数字化平台（如数字电视、网络视频和播客音频平台等）、平面媒体数字化平台（包括电子报刊、数字杂志和电子书）、互联网综合平台（涵盖各类专门性网站、社交媒体和短视频平台）以及移动传播平台（手机应用程序、小程序等）。这些平台展现出传播即时化、覆盖全球化、交互智能化、形式多媒体化和推送精准化等特征。当前，以社交媒体、短视频平台、手机应用程序、小程序等为代表的互联网综合平台及移动传播平台，正在深刻重塑文化遗产的传播模式，打破传统文化遗产传播的时空限制，让古老的文化遗产以更加生动、多元、便捷的形式触达更广泛的受众群体。短视频平台通过大数据抓取及算法推荐技术，让非遗技艺、传统戏曲等文化遗产相关内容精准触达感兴趣的用户；社交媒体则通过话题讨论和用户生成内容，形成了基于朋友圈交流的文化遗产传播模式。

### 2. 数字技术赋能文化遗产案例分析

（1）数字采集与数字储存技术介入文化遗产保护。“数字敦煌”项目是一项运用现代科技手段对敦煌文化遗产进行数字化保存、展示与研究的综合性工程。这一项目即利用数字化采集技术，对大量的敦煌壁画、经文等文化遗产进行数据采集，以期实现敦煌石窟艺术的长期保存与可持续利用，通过数字化技术手段，突破传统时间和空间的局限，使全球观众得以在线欣赏并深入研究敦煌艺术。

数字敦煌项目网站首页设有四大核心版块：资源库、素材库、数字藏经洞、敦煌学研究文献库。首先，资源库板块对10个朝代、30个洞窟、4430m$^2$的壁画素材进行了系统化的数据采集与展示存储，采集精度高达300dpi。其次，素材库汇聚了9811例素材，涵盖了莫高窟、麦积山石窟、炳灵寺石窟、榆林窟、西千佛洞、北石窟寺六处遗址地的素材资源，其中包括自选壁面448例（分为榜题、供养人、尊像画等19个门类），以及藏经洞经卷697例。再次，数字藏经洞版块于2024年4月18日正式上线（这里属于整体性保护范畴，下面将继续论述），该板块深度融合敦煌文化与游戏技术。最后，敦煌学研究文献库是一个可供研究者参考检索的海量文献数据库，该数据库包含六大特色数据库：敦煌石窟内容总录数据库、敦煌石窟供养人题记数据库、馆藏手稿文献数据库、敦煌百科数据库、国际敦煌学研究动态数据库、敦煌学特色电子书数据库，为敦煌学的学术研究提供了丰富的资源和便利的检索工具，极大地促进了现存敦煌学研究成果的可视化，为未来敦煌学研究的深入发展提供了极丰富的文献资源（见图6-1）。

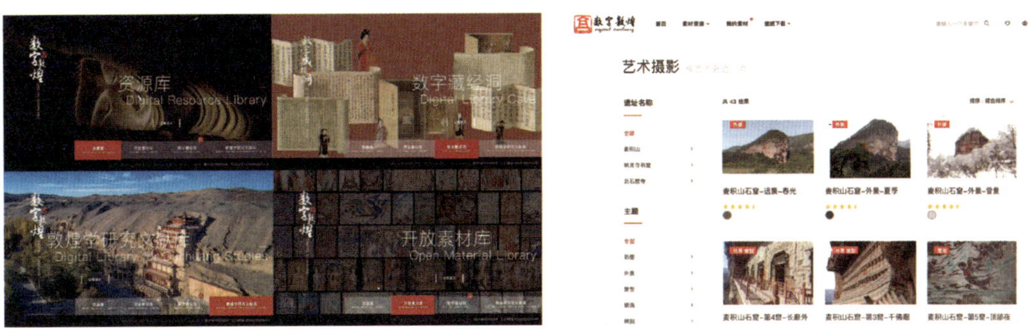


图 6-1　“数字敦煌”数字页面展示

当前，在畲族服饰文化数字化保护方面，部分学者已经进行了初步的探索。吴莹洁以畲族服饰图案为研究重点，提出了创建畲族服饰图案数据库的设想。该数据库依托于先进的数字化采集与存储技术，集成了个人账户管理、智能推荐、高效检索等核心功能。在检索功能方面，根据用户的具体需求和浏览动机，设计了两种检索机制：一种是依托于关键词的精确搜索模块；另一种是基于分类的模糊筛选方法。畲族服饰图案资源库构建了一个多维度的分类体系，包括图案题材、图案工艺与地区三个主要维度，对畲族服饰图案进行了细致的分类与整理，从而显著提高了用户检索的效率，使得用户能够根据具体需求快速筛选并获取所需的图案数据。黄扬广泛搜集了畲族服饰的款式与图案，并采用艺术作品描述类别方法（CDWA方法）对畲族服饰元数据结构类目进行了复用与创新，并运用现代复原技术实现畲族传统服饰的数字化转换，基于此，构建了一个虚拟数据库小程序，全面覆盖了畲族服饰的分类与记录，包括不同地域及历史时期的服饰样本，并进行了精确的测量与数字化处理实践。

畲族凤凰冠、髻，作为畲族传统服饰文化的关键构成要素，在畲族文化传统中扮演着至关重要的角色。在畲族服饰经历现代化转型的过程中，头饰往往是变革最为滞后的服饰元素，个别地区年长的畲族妇女即便在身着现代服饰时，仍旧保持着佩戴传统头饰的习惯。然而，在畲族服饰文化的保护与传承工作中，头饰常常被边缘化，成为最容易被忽视的文化要素之一。鉴于此，运用数字化手段构建一个全面覆盖畲族服饰文化（包括头饰）的综合性数据库显得尤为迫切，这对于畲族女性头饰的抢救性保护工作具有重大意义。该数据库的构建应基于系统性的分类原则，涵盖服饰部件、服饰要素、地区服饰差异三个维度。具体而言，服饰部件的分类应详尽包括头饰、上衣、下裤（裙）、绑腿、绣花鞋、围腰、花带等；服饰要素的分类依据造型、色彩、质料等特征进行；地区差异的分类则依据畲族传统服饰的地域性特征进行划分。通过这种全面而细致的数据库构建，为畲族传统头饰文化的数字化保护提供了切实可行的路径选择。

（2）数字化复原与数字交互技术参与文化遗产保护。在2023年4月18日“国际古迹遗址日”这一具有纪念意义的日子里，全球首个超时空参与式博物馆“数字藏经洞”项目正式亮相。该项目采用4K影视级画质和中国风现代工笔画美术场景，结合先进的交互模式，使观众能够实现时空穿越，体验晚唐、北宋、清末等不同历史时期的文化氛围，并深度参与到藏经洞丰富的历史脉络之中。在这一过程中，参与者可在历史场景中，直观地感受敦煌文化艺术的独特魅力，享受到一种近乎真实的沉浸式体验。此项目可作为运用AR技术对文化遗产进行整体性保护的典范，为数字化遗产保护领域贡献了创新的参考模型。此外，我国“数字圆明园”项目利用VR和AR技术对历史名园圆明园进行数字化重建。该项目的设计团队深入研究历史文献，采用先进的数字化技术手段，构建了圆明园的高精度数字模型。通过运用多种光学显示技术，这些数字模型被精准地叠加于现存的遗址之上，借助立体显示技术，成功复原了圆明园的历史景观。据说，这一以“圆明园”为主题的3A级画质VR大空间体验项目——《梦回圆明园》已于2025年1月在北京圆明园遗址公园首次亮相。该项目将为观众提供一种沉浸式的体验，使他们仿佛穿越时空，置身于昔日的圆明园实景之中，近距离欣赏其建筑与园林艺术之美，感受每一处景观的独特魅力。西安秦始皇帝陵博物馆打造了兵马俑VR影院，观众通过VR头戴设备进入一个虚拟的秦始皇兵马俑博物馆，亲身体验历史的厚重感。

在畲族文化遗产数字化复原及交互技术参与保护方面，已经有个别博物馆进行探索。在闽东畲族博物馆（宁德畲族博物馆）内，特别设立了一个融合AR、VR、3D全息影像的互动展区，该展区设置了虚拟试衣系统、畲族婚嫁仪式3D全息影像、畲族武术VR体验互动等多个虚拟体验项目。在进行田野调查期间，笔者亲身体验了这一虚拟试衣系统。这一虚拟试衣系统是通过高清摄像头实时捕捉参与者影像画面，再运用体感探测装置将服装3D模型叠加到体验者的影像上，最终实现虚拟换装。当参与者站立于指定的屏幕前，通过身体动作与系统进行互动，即可轻而易举地实现畲族服饰的虚拟更换。该系统使游客能够虚拟穿戴畲族的传统服饰，不仅为参观者提供了一种新颖的互动体验，而且对于推动畲族服饰文化的整体性保护工作具有积极的实践意义（见图6-2）。未来，数字化复原与数字化展示技术的应用为畲族女性传统头饰文化的整体性保护提供了新的途径选择。首先，可运用人工智能（AI）驱动的虚拟试装技术，使观众沉浸在模拟穿戴畲族头饰的体验中，从而深刻感受其独特的文化韵味。其次，结合AR、VR以及3D全息投影技术，可以构建畲族传统头饰的应用场景，例如模拟畲族婚嫁仪式中的梳发环节、展示畲族女性头饰的制作工艺流程，以及再现畲族女性在日常生活中头饰的应用场景等。这些活动不仅增强了文化体验的互动性，也为畲族头饰文化的传承提供了生动的实践平台。最后，借鉴"数字藏经洞"的先进模式，对畲族女性头饰文化生态进行全面的数字化复原，使观众能够全方位地体验和感知畲族传统的生活场景下的畲族女性头饰应用，感受畲族文化的独特魅力。

图6-2　畲族虚拟试装及畲族婚嫁全息影像（闽东畲族博物馆供图）

（3）数智设计与数字传播技术赋能文化遗产保护。AIGC作为一种创新的解决方案，显著地提升了生产性保护的前端工作效率，尤其在设计创新领域，其效率呈指数级增长。AIGC的核心机制在于其能够通过大规模数据集对AI模型进行深度训练，赋予模型以内容生成的能力。这种能力不仅限于文本和图像，还扩展到了视频和音频等更为复杂的媒介形式。该技术的低门槛特性使得非专业设计人员也能够通过简单的图片、文字导入，快速生成具有一定成熟度的艺术设计作品，不仅降低了艺术创作的技术壁垒，也为更广泛的群体提供了参与设计创新的机会。此外，与传统的内容生成方法相比，AIGC在时间效率和成本效益方面展现出了显著的竞争优势。它能够在极短的时间内，以相对较低的成本，生成海量内容。有设计师通过提取苗族非遗中的服饰元素，并运用AIGC进行创新性设计实践。设计师甚至能够通过精确调控苗族服饰元素在设计中的占比，实现苗族服饰风格特征的显著度从0.2～2的变化，进而生成一系列具有不同风格强度的图像，不仅体现了AIGC在文化元素融合与创新设计中的应用潜力，同时展现出其在文化遗产数字化传承和创新性转化中的高效率。通过这种技术手段，设计师能够迅速将传统非遗元素转化为创新设计成果，进而将适宜的设计作品投入生产流程，为文化遗产在当代的传承发展注入创新动力。在对畲族女性头饰文化进行创新性产品设计的过程中，同样可以采用此类方式，以快速产出数量多、质量高的设计内容，选择合适的表现形式，将其迅速推向市场，从而实现畲族凤凰冠、髻文化的活化（见图6-3）。

图 6-3　基于 AIGC 的苗族非遗元素进行创新设计案例（设计师：吴海鸣）

近年来，《我在故宫修文物》《国家宝藏》《非遗里的中国》《非遗公开课》《指尖上的非遗》《大国匠人遇见非遗》等一系列文化遗产相关节目成为展示和传承弘扬文化遗产的重要阵地。通过这些传播活动，文化遗产及其文化内涵的影响力不断增强，社会关注、参与文化遗产保护的局面已经显现，文化遗产融入人们生活的新风尚已初步形成。与此同时，一大批网络达人纷纷以文化遗产为主题进行作品创作为其传播提供了更有效的途径。例如某网红制作并发布了一则关于漆器柜橱门制作的视频台，详细记录并展示了该传统手工艺的基本流程，从而将这一非遗带入公众视野。该视频凭借其高流量特性，有效地提高了这项非遗技术的知名度，一定意义上促进了该项非遗的生产性保护。贵州苗族织锦技艺传承人甘小芝创作的短视频深受年轻人喜爱，她通过视频分享织锦知识，同时打开了传统织锦的新销路。现阶段在数字传播技术加持下，包括非遗在内的诸多文化遗产得以跨越时空的界限，以更加生动、直观的方式呈现于公众视野。这些技术不仅增强了文化遗产的可见度和影响力，还促进了传统文化与现代生活的融合，使得古老而富有魅力的文化遗产在现代社会中焕发出新的生机与活力。

## 二、文化遗产为现代创新设计赋意

### 1. 文化遗产何以能为现代创新设计赋意

如前所论，文化遗产是一个较大的概念，按其外延可分为物质性与非物质性两大类别，涵盖建筑结构、服装服饰、日用器具、工艺技术、音律结构与文化信仰等多个具体方面。其中，尤以诸多造物类文化遗产在造型、纹饰、材料、色彩、工艺、理念等诸多层面为现代设计提供了可供参考借鉴的宝贵资源。

（1）造物之美与现代设计需求契合。中华造物文化在数千年的发展积淀中，形成了极为丰富的造物审美与设计美学思想，与之相应的是工艺技术水平也达到登峰造极的程度。圆润且装饰丰富的青花瓷器、工艺繁复精致的丝绸织物、结构精妙复杂的榫卯梁柱、内敛含蓄的明式家具……中华造物文化在物质层面表现为“型之美、纹之美、色之美、工之美、功之美”的统一，而这些恰与现代设计对“美”的需求相契合。我国著名敦煌艺术研究专家常沙娜主持创作了人民大会堂宴会厅顶灯设计，该设计从敦煌莫高窟第407窟等典型窟顶藻井图案中汲取灵感，提炼出具有典型造型特征的莲花瓣装饰母题。常沙娜将传统藻井纹构图转化为现代建筑空间中的照明系统，采用中心对称的布局，以鎏金工艺勾勒出层层递进的莲花瓣纹样，别具一格，美轮美奂。更值得关注的是，设计团队将建筑通风系统的出风口巧妙地隐藏在装饰纹样的间隙中，体现了顶灯设计的功能之美。该案例充分证明，在现代设计中，传统造物文化的物质层通过创新设计可以与现代设计巧妙地融合，实现功能美与形式美的辩证统一。

（2）符号意义为设计提供解读空间。传统造物之纹样、色彩、形制从来不是单一的装饰，而是承载着历史记忆、宗教信仰与族群身份的“多义符号”。这种符号为设计师提供了丰富的可用于当代生活情景的意义素材，赋予现代设计以丰富的文化意涵。以回纹为例，这种源自青铜器的首尾相接纹样，在商周时期象征“天命永续”，在清代服饰中代表“富贵不断头”，而在现代设计中，设计师可将其简化为几何线条，用于现代产品设计，赋予产品以吉祥寓意。同一符号在不同时代的意涵延续，恰是其生命力的证明。再如，1980年由中国香港设计师靳埭强创作的中国银行标志，以圆形方孔古钱币为形，圆内垂直一线化作“中”字，既点明“中国”与“银行”双重身份，又暗合“天圆地方”的传统天地观；中国红象征权威与喜庆，金色郭沫若题字再添尊贵。四十余年来，这枚将民族符号转译为现代视觉语言的经典标识，既是中国银行的品牌核心，也成为中国现代企业形象设计的标杆。

（3）造物理念与现代设计价值共振。中国传统造物蕴含着先民在长期实践过程中积淀形成的诸多造物理念，包括但不限于：天人合一、观象取物、格物致知、简朴惜物、材美工巧、大道至简、内敛含蓄等，这些造物理念与现代设计存在价值共振关系。以“简朴惜物”为例，其体现了中国传统文化中“节用”“惜物”的思想，强调资源的合理利用与物尽其用的生活智慧。从历史实践看，“简朴惜物”理念在传统造物中有着丰富多样的表现形式。如明代“水田衣”采用几何拼接技法，将零碎布料重新组合成具有审美价值的服饰；民间儿童“百家衣”通过收集不同家庭的布片缝制，既蕴含祈福寓意又实现了材料的循环利用；西南少数民族的“叠绣”工艺将多层布料叠加缝制，既增强了服饰的耐用性又创造出独特的视觉效果，中国传统服饰常采用“一方布”的极简结构，通过矩形布料的巧妙拼接实现立体着装效果，避免材料浪费。这种传统造物理念与现代可持续设计形成了跨时空的对话。当代设计领域对“零废料生产模式”“服饰面料循环使用”的探索可证“简朴惜物”不仅是停留于过去的造物理念，更是面向未来的宝贵设计资源。从更深层次看，中国传统的“简朴惜物”理念的现代价值体现在三个方面：其一，它可为应对当代资源危机提供文化解决方案，通过激活传统智慧来重构现代设计；其二，它促进了设计思维的转变，从单纯追求形式创新转向兼顾生态效益的系统思考；其三，它架起了传统与现代的桥梁，使可持续设计能够扎根于本土文化土壤。再如，中国传统造物理念强调的“大道至简”“内敛含蓄”等理念，恰好回应了现代设计中由密斯提出的“少即是多（Less is More）”的设计理念，将这些设计理念或者设计哲学融入现代设计是文化传承的责任，同时也为现代设计注入灵魂。

### 2. 文化遗产为现代创新设计赋意的路径

（1）符号意涵的提炼与形式转译。对传统纹样、形制的借鉴，关键在于提炼其核心意涵，再用当代形式重新表达，避免“符号堆砌”的生硬。例如，苗族传统百鸟裙的羽毛纹样源自“万物有灵”的信仰，核心意涵是“对自然的敬畏”。现代设计师并未直接复制羽毛图案，而是提取“轻盈灵动”的特质，用激光切割技术在欧根纱上制作不规则孔洞，叠加在黑色西装上，行走时孔洞随动作开合，如同百鸟振翅，既保留了对自然的敬意，又传递出自由不羁的当代态度。这种“取意弃形”的转译，让传统符号摆脱地域限制，获得更广泛的情感共鸣。

（2）传统技艺的挖掘与科技表达。传统工艺的价值不仅在于“手工”的温度，更在于其背后的制作逻辑与精神追求。将这些意涵与现代技术、材料融合，能让工艺突破应用边界。苏绣的虚实乱针绣以针代笔表现光影，其核心意涵是对细节的极致追求。现代设计师将这种光影表达逻辑与3D打印结合：先用算法模拟乱针绣的线条走向，再用3D打印机层层堆积TPU（热塑性聚氨酯弹性体）材料，制作出具有浮雕质感的裙装装饰，既保留了“光影流动”的美感，又通过新型材料的韧性实现了“可活动的立体纹样”，让传统工艺的精致精神在科技语境中得到再生。

（3）精神意涵的解读与理念重构。传统服饰文化的精神内核，如“天人合一”“和而不同”等，需要被解构为可指导现代设计的具体理念，才能真正实现意涵的深度赋意。例如，“天人合一”的生态观可被理解为“材料的自然性”“设计的适应性”和“生命周期的循环性”三个维度。素然品牌据此推出的节气系列服装，采用可降解的麻棉面料，根据二十四节气调整剪裁，服装吊牌内置植物种子，让“天人合一”从抽象哲学变为可感知的设计细节。同时，“和而不同”的包容观则可转化为“跨文化对话”的设计方法论。譬如Uma Wang的“茶马古道”系列，将藏族氆氇的粗粝质感与意大利羊绒的细腻光泽结合，既保留了藏族服饰的厚重沉稳，又融入了现代时装的利落线条，让“包容共生”的精神贯穿始终。

# 第二节 畲族凤凰冠、髻的时尚创新设计实践案例

## 一、华冠上的凤凰纹样——凤凰冠纹样创新

### 1. 设计灵感

畲族女性的凤凰冠是其传统服饰文化中最具代表性的符号载体，不仅体现了民族审美与工艺技艺的高度融合，更承载着深厚的历史记忆与族群认同。设计汲取自畲族罗源式女

性凤凰冠的典型纹样，如图6-4所示，并融合传统服饰中的衣领形态作为核心构图骨架。通过提取头饰中的花卉等传统元素，将其转化为平面化的视觉单元并进行重组。在尊重原始民族风格的基础上，以创新的构成手法重新演绎纹样之间的结构与层次关系，最终形成既承载畲族文化基因，又体现当代审美意趣的视觉画面。

图 6-4　设计灵感版

## 2. 设计过程

（1）纹样提取与重组

①初始纹样提取。对畲族罗源式女性凤凰冠上的纹样样本进行整理，将图片去色，加深纹样线条并适当调整，用矢量绘图软件描摹纹样的轮廓，得到初始纹样并进行汇总，建立基本素材库以备后续设计使用。图6-5为本设计案例所需畲族罗源式凤凰冠纹样的初始纹样素材整理。

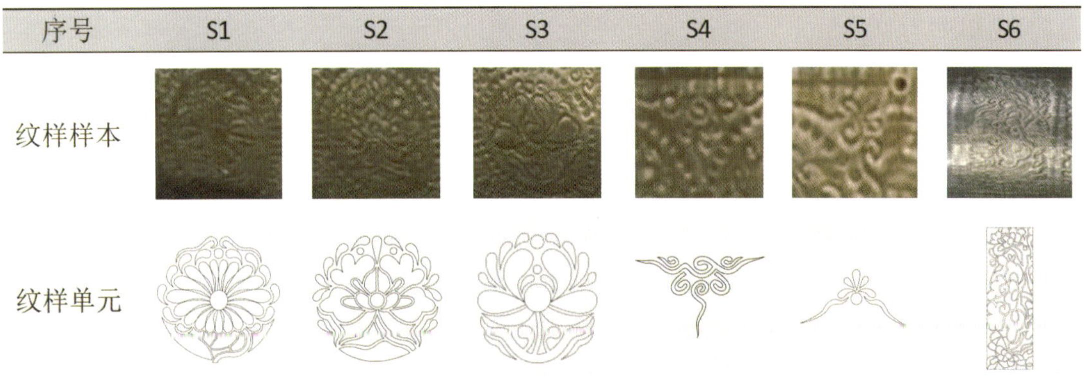


图 6-5　畲族罗源式凤凰冠纹样样本素材库

②基于形状文法的凤凰冠纹样重组。形状文法（SG）最初由美国学者乔治·史汀尼于1972年提出，是一种基于形状计算，快捷有效的设计方法。根据理论定义得到公式SG=（S，L，R，I），其中SG代表在特定推演规则下得到的形状集合，S为形状的有限集合，L为标记的有限集合，R为推演规则的集合，I为初始形状的集合。

形状文法遵循一定的演化规则，可根据实际需求定制其规则。设置演化规则R1～R5，分别为R1增删、R2平移、R3缩放、R4旋转、R5镜像。从初始纹样素材库选出6个纹样单元，通过形状文法推演规则得到新的基础纹样图案及复合纹样图案，最终结合构图生成1个新纹样设计图稿方案。

第一步，基础纹样推演。以S1和S3为例，进行推演。对S1进行增删、缩放命令R1、R3，得到T1。对T1进行平移、镜像命令R2、R5，得到最终的基础纹样O1；对S3进行缩放、旋转、镜像命令R3、R4、R5，得到T3。对T3进行平移、镜像命令R2、R5，得到最终的基础纹样O3。以此得出6个基础纹样图案。具体推演过程见图6-6。

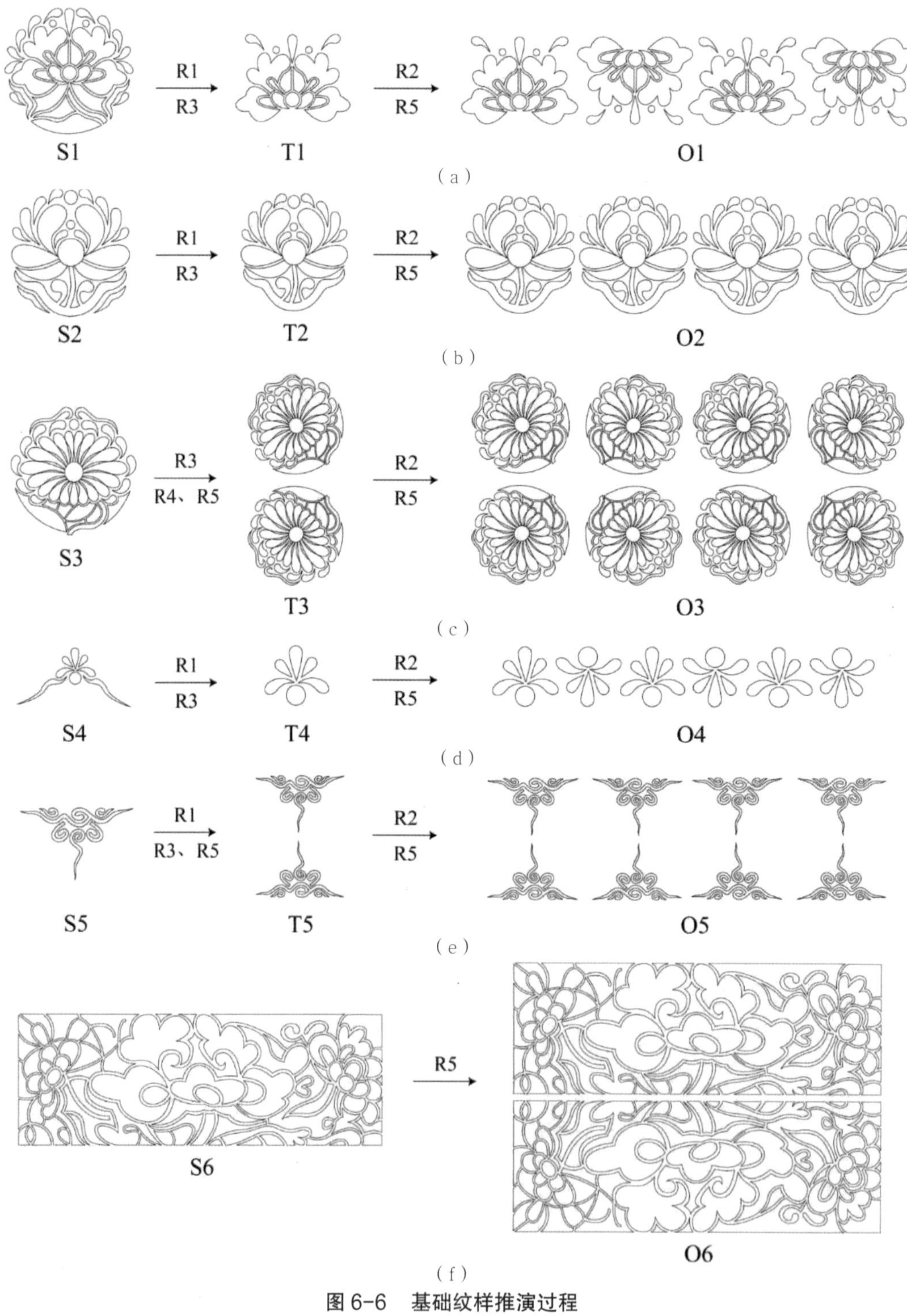


图 6-6　基础纹样推演过程

第二步，复合纹样推演。以O2和O5组合为例，进行推演。将O5进行增删命令R1处理，随后对O2和O5中每个纹样单元进行平移命令R2处理，单元间留有一定空隙；将O2和O5组合并对其进行镜像命令R5处理，得到最终的复合纹样Q1。以此得出2个复合纹样图案。具体推演过程见图6-7。

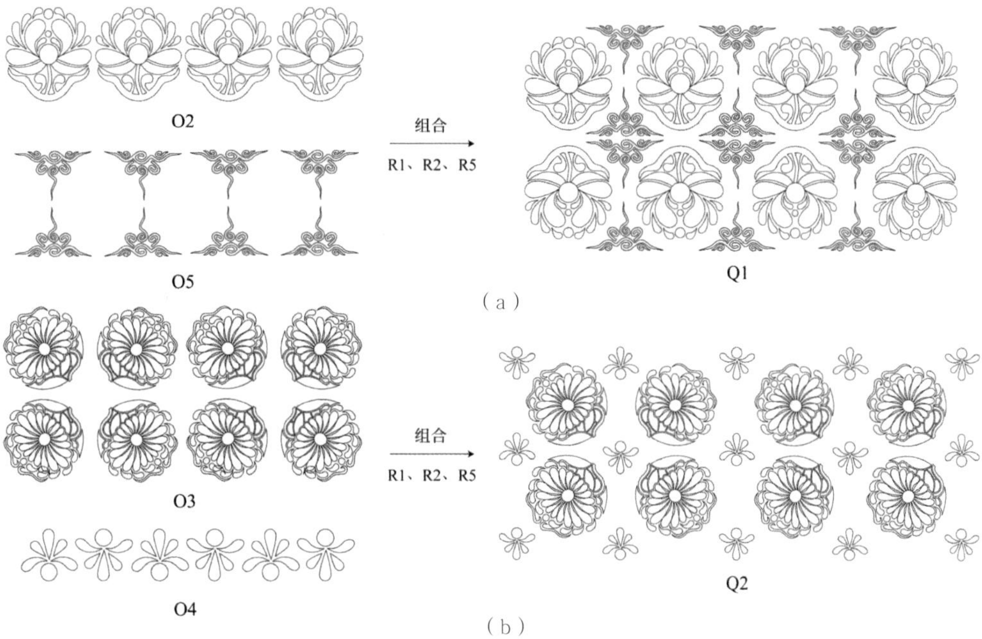


图 6-7　复合纹样推演过程

第三步，设计图稿组合。将畲族典型女性服饰领襟进行解构，重组后得出初步方形设计图稿，如图6-8（a）所示。基于形状文法得出的基础纹样图案与复合纹样图案，设

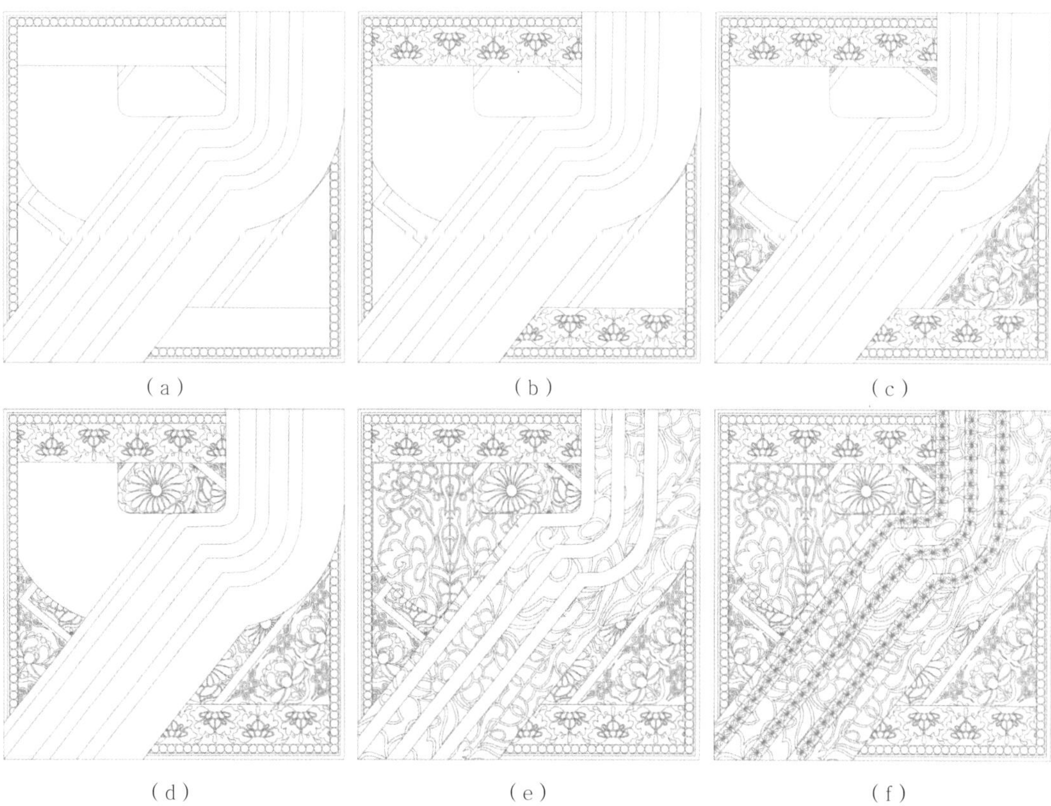


图 6-8　设计图稿设计过程

计对部分元素进行微调，进而更好地将图案融入画面。依次将元素结合进方形图稿中，如图6-8（b）~（f）所示，最终得出设计图稿。

（2）畲族服饰色彩量化分析

①畲族“五色服”的历史渊源。伴随族群迁徙流布，畲族形成了区别于其他兄弟民族的传统文化体系，包括服饰、文学、民俗、艺术等。历史上，畲族“织绩木皮，染以果实，好五色衣服”。“五色服”不仅是供审美遮丑的实用物，其中更承载了记录历史、表达信仰和标识身份等多重功用。研究表明，其“五色”意象源自畲民对祖先盘瓠的崇敬。“盘瓠”主要作为一种图腾信仰与创族始祖被畲族所承载，最早见于汉文古籍文献所载以盘瓠为核心母题的神话故事之中。盘瓠神话流传至今，其文本表现形式虽然不断更迭、丰富，然而其核心故事情节相对稳定。周翔在《盘瓠神话资料汇编》中指出：盘瓠神话指应劭《风俗通义》、干宝《搜神记》等文献中所记载的神话类型，即有许诺→立功→嫁女→繁衍后代等主要母题的神话类型。在盘瓠神话中，盘瓠形象多被描述为“五色”。《搜神记》即言：“俄尔顶虫乃化为犬，其文五色。”《后汉书》载：“时帝有畜狗，其毛五彩，名曰盘瓠。”以上文献对盘瓠形象的描述主要体现为汉族知识阶层对畲族始祖形象的艺术建构，而畲族内部关于盘瓠的叙事史诗同样呈现出以“五色”为基底的形象表征：“（盘瓠）五色花斑朗毫光，身上花斑百廿点。丈二龙孟真稀奇，五色花斑花微微。像龙像豹麒麟样，皇帝取名叫龙麒。”

盘瓠“五色”特征被畲民以一种创造性的方式书写到他们的民族服饰中，从而塑造出独特的服饰色彩美学。然而在实际表达中，“五色”的具体指向带有一定的模糊性，从而为不同地区的畲族支系提供了文化自我解释与创新的空间。随着时间的推移，各区域畲族在自身文化的发展和与其他文化的交流融合中，逐渐演化出了具有地域特色的服饰色彩表现形式。

②畲族传统服饰色彩提取分析。第一步，收集服饰图片资料。畲族主要聚居于浙江、福建、广东、江西、安徽、湖南和贵州7个省份的山区地区。本书以浙江、福建和贵州3个主要畲族聚居区的服饰为研究对象，收集该三省畲族服饰图片资料132张，将存在图像曝光严重、图像完整度不够等问题的图像予以剔除，筛选出符合研究要求的图片资料90张（三省各30张）。

第二步，图片预处理。为优化图像质量、增强图像特征、减少色彩提取阶段的色彩偏差，对图像资料进行预处理。具体步骤如下：首先，利用PS软件的选取工具对图像进行前景与背景的分离；随后，调整图像色彩平衡、对比度和亮度，以确保图像色彩的真实性和一致性；最后，采用双边滤波器对图像进行噪点消除处理，以在保留边缘信息的同时，减少随机噪点，提升图像的清晰度和质量。

第三步，基于K-Means算法的色彩聚类分析。K-Means 算法是一种以距离为标准的聚类方法，目前已广泛应用于数字图像的色彩提取领域。先将$n$个数据点划分为$K$个不同的簇，找到这些数据的初始聚类中心（质心），依次计算所有数据点与中心的距离不断迭代直至收敛。具体操作步骤如下。

a.首先输入$K$值，$K$值即研究预期将数据集$N$经过聚类后得到的分组数量；

b.从数据集$N$中随机选择$K$个点作为初始质心点；

c.依次计算数据集$N$中每一个数据点$n$到质点的距离，并选择距离最近的质点形成一簇；

d.重新计算每簇数据点集合$N$的质心数值作为新的聚类中心，新质心点为数据集内每个数据点的均值向量；

e.不断迭代步骤c、d，直至新旧质心点之间的距离小于预先设置的阈值或新旧质心位置保持不变，即可判定达到期望结果，算法就此终止。

鉴于畲族“好五色服”，且对图像进行主题色提取任务中，当色彩聚类数量$K\in[3,7]$时，即可提取出图像的主要色彩特征，因此本书在对单幅服饰图像进行色彩提取的过程中将$K$值预先设定为5。图6-9为90个畲族服饰图像样本集中的任意一个图片样本的色彩聚类分析结果。如图6-10所示，将90个服饰样本分别进行色彩聚类分析共收集色彩数据450个，其中浙江、福建、贵州各有150个色彩数据。

图 6-9　畲族服饰图片样本色彩聚类结果

（a）浙江地区畲族服饰色彩单次聚类数据集

（b）福建地区畲族服饰色彩单次聚类数据集

（c）贵州地区畲族服饰色彩单次聚类数据集

图 6-10　单次聚类数据集

第四步，二次色彩聚类。对450个初始色彩样本进行二次聚类分析。运用Adobe Illustrator软件，将90组服饰的初始聚类结果进行区域色彩图组整合。为全面准确获取三省畲族服饰色彩特征，本次聚类分析中将$K$值设为10，共计提取30个色彩数据。如图

6-11所示，将二次聚类所得色彩按占比划分为3个功能层级：主色（占比最高的前2位色彩）、辅助色（第3～5位色彩）和点缀色（其余5种色彩）。

图 6-11　二次色彩聚类图

第五步，色彩分析模型转换：RGB-HSV。HSV色彩模型从色相（$H$）、饱和度（$S$）、明度（$V$）三个维度表达色彩。这种模型基于人的视觉感知特性而建立，相比于RGB色彩模型，其空间距离更符合人眼的感知特性，因此它在色彩分析时较常使用。如表6-5所示，在对畲族服饰用色特征进行分析前先将色彩RGB数值转换为HSV色彩数值。

表 6-5　畲族服饰主辅色及点缀色占比及 HSV 模型数据

| 地区 | 色彩 | 色相（$H$） | 饱和度（$S$） | 明度（$V$） | 占比/% | 地区 | 色彩 | 色相（$H$） | 饱和度（$S$） | 明度（$V$） | 占比/% |
|---|---|---|---|---|---|---|---|---|---|---|---|
| 浙江 | z1 | 244 | 0.30 | 0.18 | 23.87 | 福建 | f6 | 20 | 0.11 | 0.87 | 7.05 |
| | z2 | 134 | 0.36 | 0.14 | 22.03 | | f7 | 1 | 0.52 | 0.44 | 8.35 |
| | z3 | 227 | 0.30 | 0.32 | 11.94 | | f8 | 222 | 0.80 | 0.91 | 0.69 |
| | z4 | 274 | 0.08 | 0.36 | 11.89 | | f9 | 138 | 0.20 | 0.40 | 4.33 |
| | z5 | 23 | 0.30 | 0.28 | 8.82 | | f10 | 359 | 0.82 | 0.70 | 2.81 |
| | z6 | 347 | 0.07 | 0.82 | 5.30 | 贵州 | g1 | 226 | 0.35 | 0.19 | 25.82 |
| | z7 | 11 | 0.62 | 0.81 | 2.95 | | g2 | 225 | 0.33 | 0.09 | 21.63 |
| | z8 | 357 | 0.14 | 0.60 | 7.82 | | g3 | 240 | 0.28 | 0.33 | 11.12 |
| | z9 | 286 | 0.46 | 0.76 | 3.16 | | g4 | 223 | 0.78 | 0.40 | 10.83 |
| | z10 | 351 | 0.85 | 0.51 | 2.22 | | g5 | 230 | 0.99 | 0.56 | 9.58 |
| 福建 | f1 | 240 | 0.11 | 0.11 | 28.03 | | g6 | 31 | 0.11 | 0.77 | 4.12 |
| | f2 | 280 | 0.30 | 0.04 | 15.56 | | g7 | 356 | 0.32 | 0.60 | 4.10 |
| | f3 | 12 | 0.22 | 0.73 | 14.15 | | g8 | 226 | 0.77 | 0.68 | 5.67 |
| | f4 | 6 | 0.42 | 0.67 | 9.52 | | g9 | 359 | 0.84 | 0.73 | 4.96 |
| | f5 | 240 | 0.10 | 0.23 | 9.46 | | g10 | 160 | 0.90 | 0.50 | 2.12 |

第六步，色彩特征分析。

a.主、辅色及点缀色占比特征分析。主色、辅助色和点缀色是构成色彩视觉层次的重要元素。浙、闽、黔三省畲族服饰在主色、辅色及点缀色比例配置方面整体呈现出一致性特征。如图6-12（a）所示，畲族服饰色彩层级占比尽管存在整体上的一致性，但不同地区的畲族服饰在色彩运用上也展现出细微的地域性差异：贵州地区畲族服饰在主色使用上的比例最高，其次是浙江省，福建省则相对较低。在辅色使用比例上，福建与浙江两个地区相近，均略高于贵州。福建的点缀色使用比例略高于浙江和贵州。

b.色相特征分析。色相是色彩的基本属性之一，它可用以描述颜色的主要特征，即我们通常所说的颜色名称，如红色、绿色或蓝色。如图6-12（b）所示，浙江、福建、贵州三省畲族服饰整体色相呈现出丰富多样的特点，涵盖了暖色相中的红色相和黄色相，以及冷色相中的绿色相、蓝色相和紫色相。总体而言，畲族服饰表现出对冷色相的独特偏好，特别是蓝色相及绿色相的使用较为频繁。浙江地区畲族服饰主色蓝、青搭配，福建则蓝、紫相和，贵州仅用蓝色，总体上均符合历史文献中畲民服饰“衣尚青、蓝色”的描述。浙江、福建相邻，在色彩色相方面可能存在更多的相似之处：红色相在这两个地区的畲族服饰中都有较多占比，且多用于辅助色与点缀色，整体上呈现出一种冷暖协调的用色特征。贵州畲族服饰色彩色相与浙江、福建存在差异。其蓝色相占比最高，主色与辅助色均为蓝色相，而仅在点缀色中少量使用红黄色相搭配。

c.色彩饱和度特征分析。饱和度是描述色彩纯度的指标，它表示颜色接近光谱色的程度，一个颜色中光谱色所占的比例越大，颜色接近光谱色的程度越高，颜色饱和度亦越高。在HSV模型中，饱和度$S$的

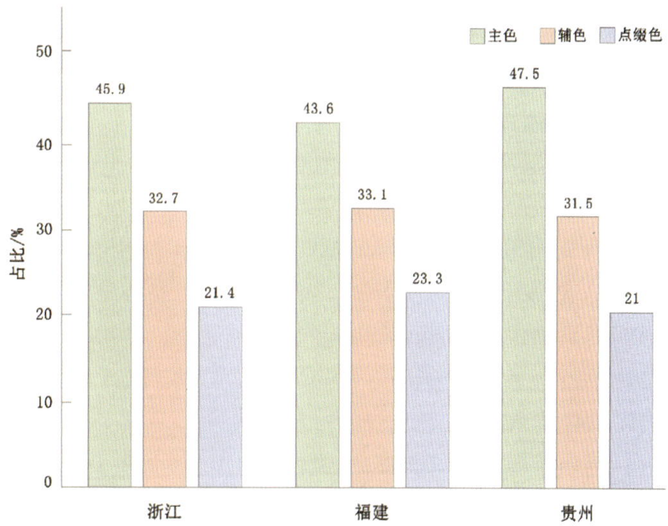

（a）主、辅、点缀色占比分析

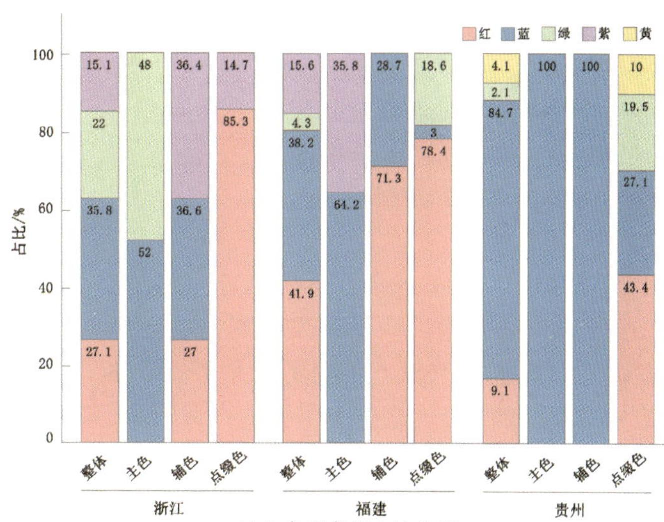

（b）色彩色相占比分析

图 6-12

取值范围为0～1之间，根据饱和度取值大小可将色彩分为低饱和度（0～0.25）、中饱和度（0.26～0.75）及高饱和度（0.76～1.00）。

如图6-12（c）所示，浙江省的畲族服饰倾向于频繁运用中饱和度色彩，与低饱和度色彩搭配，辅以少量高饱和度色彩作为点缀，从而营造出一种清新而朴素的视觉效果。相比之下，福建省的畲族服饰在主色调、辅助色调和点缀色调上均偏好使用低饱和度色彩，同时融入中等饱和度和高饱和度色彩，以产生最为鲜明的视觉对比。贵州省的畲族服饰则更倾向于使用中等和高饱和度色彩，而低饱和度色彩的使用频率最低，通常仅作为点缀色出现，营造出浓烈的视觉印象。

d. 色彩明度特征分析。色彩明度是指色彩的明亮程度。色彩明度越高表示接收到更多的光线，颜色看起来更接近白色；反之，则表示颜色接收到的光线较少，颜色看起来更接近黑色。在HSV色彩模型中的明度分量的取值范围通常是介于0～1之间，其中0代表黑色，而1代表白色，根据饱和度的取值大小可将色彩分为低明度色（0～0.25）、中明度色（0.26～0.75）及高明度色（0.76～1.00）。

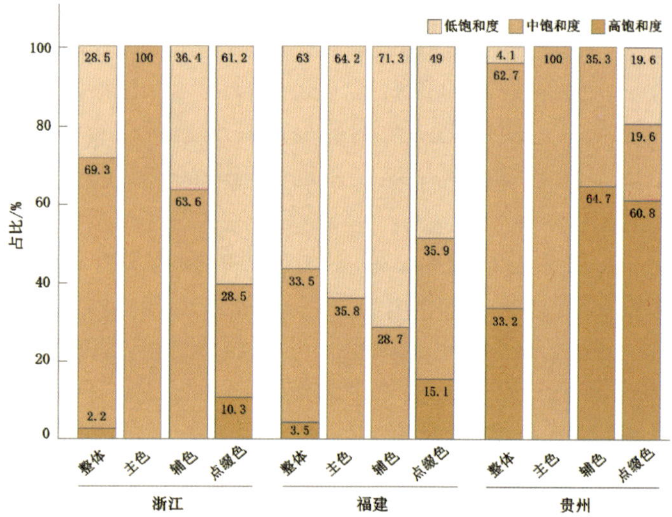


（c）色彩饱和度占比分析

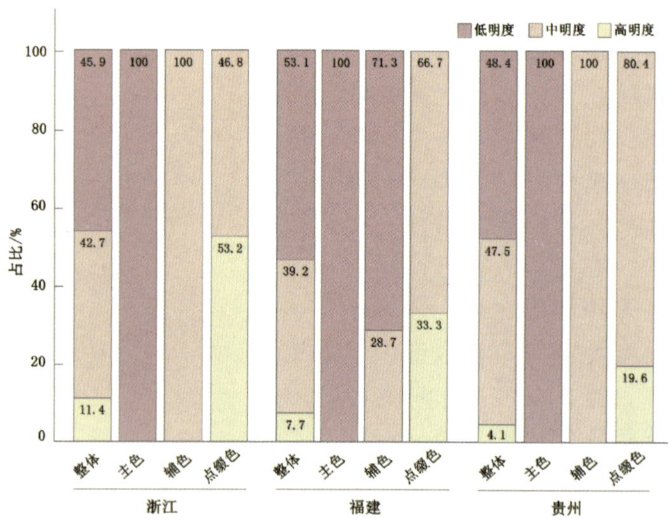


（d）色彩明度占比分析

图 6-12　浙江、福建、贵州三省畲族服饰用色规则分析

如图6-12（d）所示，总体来看，浙江、福建、贵州三省畲族服饰色彩总体明度特征较为一致，均以中低明度色彩为主，高明度色彩运用较少，且主色低明度色的运用占比均为100%。在辅色的运用方面，浙江与贵州仅用中明度，而福建有中明度色与低明度色两类，其中中明度色占比较多。此外，三省畲族服饰色彩中高明度色的运用均仅出现于点缀色色列中，浙江点缀色高明度色的运用占一半以上，福建仅有33.3%，而贵州为19.6%。浙江因高明度点缀色占优而呈现明亮轻快的视觉效果，福建因中低明度色均衡分布展现出适中的色彩张力，贵州则因低明度色主导而形成沉稳厚重的视觉特征。

### 3. 色彩搭配与设计应用

（1）色彩搭配。设计图稿的灵感源自福建畲族罗源式女性凤凰冠纹样，因此在色彩选择上，依据色彩聚类分析结果，采用典型福建畲族服饰配色体系（图6-11f1～f10）。该配色具有以下特征：其一，以蓝色与紫色相协调为主，红色多作为辅助与点缀色，整体形成冷暖平衡的视觉效果；其二，主色、辅助色及点缀色均倾向低饱和度，同时融入中、高饱和度色彩，以增强视觉对比；其三，明度以中、低为主，中明度色彩占比较高，通过中低明度之间的均衡分布，呈现出协调且适中的色彩张力。

设计者依据福建畲族配色体系中主色、辅色与点缀色的比例关系，绘制出三组色彩方案。画面结构分为以领襟外形构成的主体层和以花卉与几何等元素构成的背景层。图6-13中领襟主体色彩以浅黄棕为底色，用深色勾勒花边纹样形成类似剪纸阴刻效果，采用饱和度较高的蓝绿色填充三条滚边纹样，以色彩对比突出主体纹样特色，左上右下角纹样采用深色黑色打底，突出浅色花纹。图6-14、图6-15与图6-13共享配色，因此在风格上较相似形成了系列感，而在色彩分布上略显差异。三组方案呈现出主体层色彩由浅至深、背景层由深至浅的渐变效果。

图 6-13　色彩搭配案例 1（陈烨设计）

图 6-14　色彩搭配案例 2（陈烨设计）

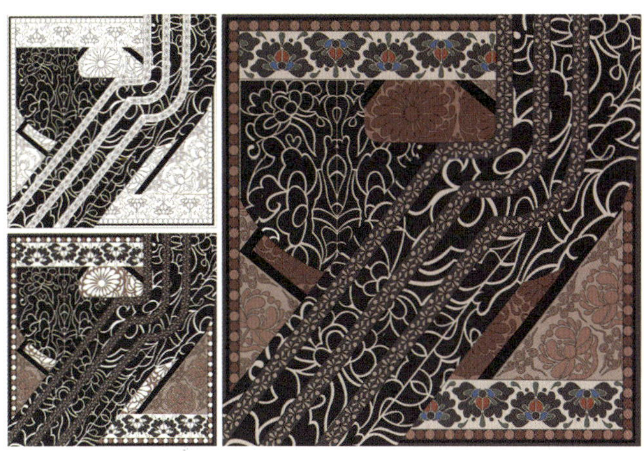

图 6-15　色彩搭配案例 3（陈烨设计）

（2）设计应用。随着家居市场需求的不断提升，人们对居住空间的期待已不再局限于实用功能，而是逐渐转向追求具有独特文化内涵的家居产品。作为家居环境中不可忽视的组成部分，家居纺织品凭借其色彩与图案设计，显著提升了居住空间的审美品位，同时也满足了使用者情感层面的需求，在营造文化氛围与增强体验感方面发挥着重要作用。如图6-16所示，设计者将三种配色方案运用到抱枕、地毯及屏风等家居纺织品中，使其符合现代审美品位的同时，又具有民族文化气韵。此外，还将设计运用到日常生活所常用的文创产品中，推动民族文化元素融入更多的领域（图6-17）。

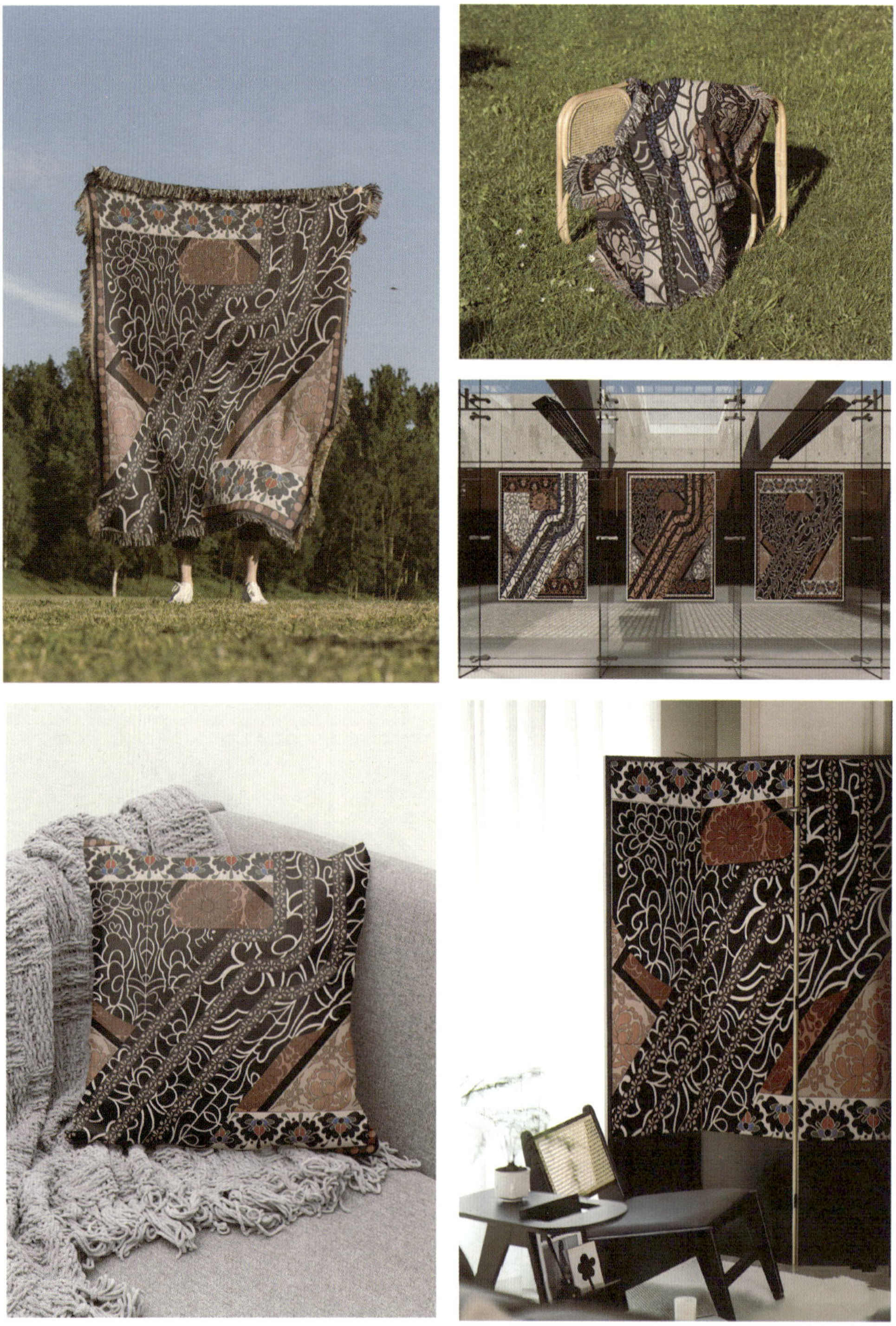

图 6-16　家具纺织类设计应用（陈烨设计）

图 6-17　文创产品设计应用（陈烨设计）

## 二、戴凤冠的畲族姑娘——IP形象设计案例与应用

### 1. 畲族文创产品现状分析

目前市场上流行的畲族文创产品主要以民族文化符号为核心，如凤凰图腾、彩带纹

样和畲族银器等，进行设计与开发。这些产品旨在将传统元素与现代风格巧妙融合，既展现艺术美感，又兼顾实用功能，主要分为服饰织绣类、家居生活类及IP形象与卡通IP形象设计类三大类别。

（1）服饰织绣类

①畲族织带创新设计。畲族织带是国家级非遗，在传统意义上是青年男女传情达意的信物和亲朋之间寄托祝福的吉祥物。畲族织带的创新设计已从传统服饰延伸至多元现代领域，在保留非遗核心文化与纹样内涵的基础上，实现了文化价值与当代生活的有效对接。例如有设计师将这一传统技艺与现代手包设计相结合，创作出既传统又时尚的配饰产品。这些手包采用了畲族织带的纷繁复杂的图案和符号，但通过现代制作方式和设计语言，使其更适合日常使用和现代审美。还有设计师将原本较窄的畲族织带，使用粗毛线编织，保留其传统纹样符号特征的同时，使其变成可供日常穿戴的围巾、披肩，实现其价值再生产（见图6-18）。

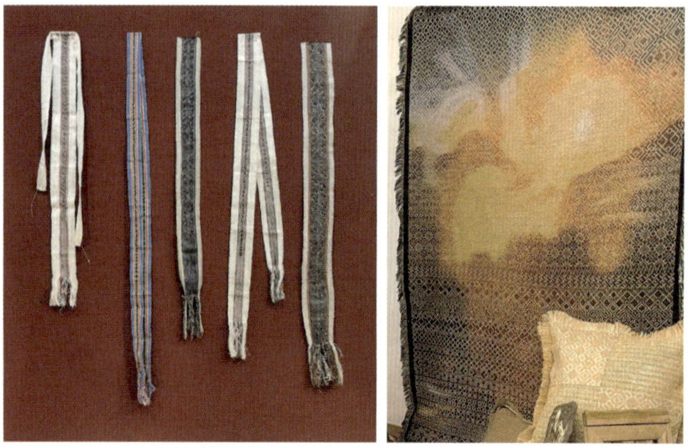

（a）畲族传统织带　（b）畲族织带纹样织物设计

**图 6-18　畲族织带及其创新设计（图（a）拍摄于中国畲族博物馆；图（b）为作品《纹启・畲映》，设计：陈烨、李同岩）**

**图 6-19　《千畲至尚——畲族银雕百年展》展品——畲银手镯**

②畲族银饰创新设计。畲族银饰制作工艺精微轻巧、历史悠久，其技艺涵盖锻打、錾刻、掐丝、焊接等多种技法。在制作凤凰冠、银手镯、银戒指等饰物时，工匠需先将银料反复锻打成片或拉制成丝，再通过精细的錾刻勾勒出凤凰、云朵、花卉等畲族传统纹样，随后进行拼接焊接与抛光处理。成品既体现出银材的流动光泽，又融合了畲族崇尚自然、崇拜凤凰的文化意象，不仅具有装饰功能，更承载着吉祥寓意与族群身份认同，是畲族非遗的重要组成部分。现代设计师在吸取畲族传统制银工艺和文化内涵的同时，对银饰进行设计创新。2021年《千畲至尚——畲族银雕百年展》在上海拉开序幕，整个展览展现“凤冠上的民族”“祥瑞图腾”“中式新‘畲’”三大主题，如图6-19所示“中式新‘畲’”主题展出了许多畲族银雕在当代生活中的创新设计作品。

（2）家居生活类。当前，畲族文化在家居生活类文创设计中呈现出比较丰富多元的创新转化案例，其核心在于将凤凰图腾、织带纹样、畲族字符等传统符号通过现代设计语言进行提炼与重构，既保留祈福纳祥的文化寓意，又契合当代审美需求。设计实践广泛覆盖家具、布艺、茶器、灯具及生活小件等多个品类。在家居设计中，景宁兰道文化产业发展有限公司推出了“文创＋民宿”系列的八大畲族服饰元素系列家居用品，包括景宁式、福安式、罗源式、福鼎式、霞浦式、顺昌式、贵州式、丽水式八大样式，每一样式都包含床品四件套、杯垫、浴袍、卡套、卡牌、客房袋、毛巾、拖鞋、洗漱用品等产品；布艺方面则推出采用传统畲蓝染工艺与现代绗绣技术结合的靠垫、桌旗和地毯，纹样多提取自畲族女性服饰上的自然元素与几何织锦。茶器设计如“畲风茶语”套装，将畲族织带中的彩色纹样转印于陶瓷器表，配套茶盘则融合竹编底托与银饰包边，体现工艺混合之美。灯具设计中，以畲族凤凰冠为造型原型的台灯，结合镂空金属雕刻与柔光纸艺，营造出民族与现代共生的光影氛围。FunnyElves方里美妆品牌将畲族彩带元素融入粉扑美妆产品。此外，诸如畲符印章镇纸、彩带纹样衣架、首饰收纳盒等小件用品，也通过微雕、漆绘等工艺实现文化符号的日常嵌入。这些作品不仅注重功能实用与民族美学的统一，更通过传统技艺与现代材料、生活场景的深度融合，推动畲族文创从工艺纪念品向品牌化、日用化产品转型，拓展了非遗活态传承的路径，并为民族美学融入现代家居生活提供了可供参考的实践范例（见图6-20）。

图 6-20　家居生活类畲族文创产品
（景宁兰道文化产业发展有限公司及文创品牌“畲乡物语”供图）

（3）卡通IP形象设计类。IP形象指具有独立知识产权和故事内涵的虚拟角色或符号系统，其核心功能在于通过人格化、故事化的方式，传递品牌理念、地域文化或价值观，与受众建立情感连接。卡通IP形象设计类衍生品是近年来畲族文创中发展迅速、受欢迎程度高的类别，尤其受到年轻消费群体的喜爱。这类产品通过可爱、亲切的形象设计，降低了大众对畲族文化的认知门槛，提高了文化传播的效果。

“畲乡物语”畲族文创品牌设计了“福生仔”与“布妮崽”两个卡通风格畲族IP形象。“福生仔”是男孩形象，“布妮崽”是女孩形象（“布妮”在畲语中意为“姑娘”）。形象设计提取畲族服饰的经典元素：头戴标志性的竹签斗笠，身穿右衽上衣和黑色短裙，腰间系着彩带。基于这些形象开发的毛绒公仔、钥匙扣、手机支架、表情包等衍生品，造型憨态可掬，色彩明快，以亲切、可爱的方式有效地传播了畲族文化。2025年3月31日，中国畲族博物馆畲博文创中心正式启动运营。在畲博文创中心，超过100款以畲族传统文化符号、技艺为灵感设计制作的文创产品精彩亮相，其中一组畲族卡通盲盒尤为吸睛。该系列通过萌态化、符号化的角色设计，将畲族服饰文化符号转化为具有亲和力的实体形象，不仅受到少儿群体的喜爱，也成为众多游客认知畲族文化的载体（见图6-21）。

（a）

（b）

图 6-21　畲族卡通 IP 形象设计

［图（a）拍摄于九仙畲族村畲族传统节日三月三现场；图（b）拍摄于畲博文创中心］

## 2. IP形象设计案例

（1）畲族文创产品的不足。畲族现有文创产品虽在文化传播与市场转化方面取得一定的进展，但主要集中于对上衣、彩带等文化符号的运用，而其对重要文化符号凤凰冠、髻的设计开发不足。凤凰冠、髻作为畲族女性凤凰崇拜的具象载体，不仅是族群身份与信仰体系的重要象征，更承载着畲族从婚嫁礼俗到生命仪轨的深厚文化内涵，其融合制银、织绣、盘扎等多种工艺，是畲族造物智慧与日常审美的集中体现。然而，当前文创实践多停留于对凤凰冠、髻视觉元素的简单提取与复制，尚未实现从形式模仿到文化转译的深度跨越，更缺乏对其背后神话叙事、地域类型差异及民俗语义的系统融入，导致产品文化承载力不足、同质化现象明显，难以触发受众的情感共鸣与价值认同。要实现畲族文创从“符号消费”到“文化认同”的升级，未来必须加强对凤凰冠、髻类核心符号的深度叙事与系统转化。首先对其形制谱系、仪式语境与工艺特征开展学术梳理，并通过创新设计机制推动文化符号向现代产品语境的转译。

（2）设计主题。畲族支系众多，凤凰冠文化亦十分丰富。随着现代生活方式的转变，凤凰冠逐渐淡出日常使用，其文化价值更多停留在博物馆、民俗展览与非遗名录中。如何让这一珍贵的文化遗产融入现代生活，并与当代设计语言展开深度对话，成为本次设计案例的出发点。本案例选择景宁式、罗源式、福安式、霞浦式、云和式五类典型畲族凤凰冠样式，运用AIGC辅助设计方法，进行完整系列IP形象设计，在设计过程中强调承古、启今，既保留凤凰冠所承载的古老民族记忆与工艺美学，又通过AIGC将传统图案、色彩与造型元素进行解构并重新设计为卡通IP形象，使其尽可能地满足现代视觉审美与消费需求。

（3）设计构思。本案例设计的初步构思来自于“人物化”的文化转译。与传统的凤凰冠元素的再现不同，提出以“畲小凤”这一IP形象作为载体，将凤凰冠的元素转化为系列性的戴凤凰冠的卡通IP形象。这种设计思路有两大优势：首先是符号的可叙事化，人物设定比单一物品更具故事性和传播力；其次是视觉的跨场景化，人物IP可以轻松延展到动画、插画、文创衍生品等多元场景。“畲小凤”的性格设定为勇敢与智慧兼具，代表畲族女性坚毅、灵动的精神品质。视觉定位上强调“轻装便行、山林行走”的意象，使其既有民族特色，又兼具冒险探索的现代感。

（4）设计方法与流程

①参考图、细节图及风格图的选择。为使用AIGC工具生成畲族IP形象，本书选取罗源式、景宁式及霞浦式三类具有高度典型性与文化辨识度的畲族女性完整着装形象作为整体风格参考基准，采集其头饰的正、侧、背面多视角细节图，作为服饰局部结构与装饰特征的细节图。结合面向现代审美语境设计的可爱Q版卡通IP形象作为风格转化目标，以期运用数智工具生成高质量、高还原度的民族服饰文化主题IP形象（表6-6）。

表 6-6　AIGC 生图所用参考图、头饰细节图及风格图

<table>
<tr><th>名称</th><th>参考图</th><th>头饰细节图</th><th>风格图</th></tr>
<tr><td>罗源式</td><td></td><td></td><td rowspan="3"></td></tr>
<tr><td>景宁式</td><td></td><td></td></tr>
<tr><td>霞浦式</td><td></td><td>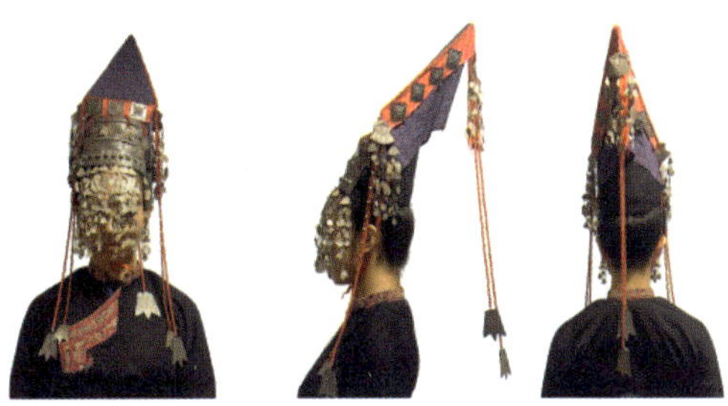</td></tr>
</table>

②提示词的尝试与生成。提示词构建是AIGC图像生成的核心环节。本书选取Midjourney、豆包与即梦三款主流AIGC工具，通过其“图生文”模块对畲族女性服饰参考图进行解析。实验结果显示，三类工具均无法准确识别畲族服饰特征，所生成描述普遍误判为“苗族”“水族”或“傣族”等民族，无一正确识别“畲族”。相较而言，畲族研究专家构建的提示词在细节完整性与文化准确性方面表现显著优于AI生成结果。因此，本书后续将采用专家提示词作为生成操作的标准依据（表6-7）。

表 6-7　AIGC 生成提示词及专家提示词比较

| 名称 | AI软件 | AIGC生成提示词 | 专家提示词 |
| --- | --- | --- | --- |
| 罗源式 | Midjourney | 一位苗族女性，短发黑色，穿着传统服饰，头戴色彩斑斓的头饰，耳朵上挂着耳环。她直立站在灰色的摄影棚背景前。这张照片捕捉到了她服装的整体视图，包括裙子、衬衫、袜子、鞋子和配饰，展示了四川农村不同地区的典型文化服饰 | 头饰：以粗竹筒制成的高冠，冠上有红布和银片装饰包裹，冠前插一根银杆，杆上有一缕红色流苏装饰，冠侧两条绿石珠制成长链，挂于胸前<br>服饰：交领右衽，左右领有大片的红白色滚边工艺装饰，占整个服装的50%左右，袖口也有红白相间的滚边工艺。长裙过膝、下着绣花鞋及绑腿，长裙外侧有短围腰，腰头为白色，围腰四周有红白色相间滚边装饰，内部也有一些刺绣纹样，有的纹样是“双喜纹” |
| | 豆包 | 民族传统服饰特写，琉璃珠串额饰点缀，苎麻上衣编织纹理，篝火暖光映照，文化纪录片风格，手工艺细节 | |
| | 即梦 | 水族马尾绣衣领特写，螺旋银饰缠绕发髻，靛蓝布料褶皱反光，竹楼窗边侧光，人文纪实风格，非遗技艺展示 | |
| 景宁式 | Midjourney | 苗族，穿着黑色长袖上衣，领口带有蓝白色边缘，灰色宽裙，正面全身照。背景是纯黑色，上面有小红丝带和银色丝带的头饰和靴子，具有苗族特征。手臂自然垂下至胸部以下，面带微笑。高分辨率摄影，正面视角，自然光，暖色调 | 头饰：额前系黑色蚕丝巾帕，在左耳侧打结披在肩上，冠从正面看呈等腰三角形，冠侧垂挂白色的琉璃珠链<br>服装：黑色土布为底，大襟右衽，类似于厂字形结构，襟边装饰蓝色布条，蓝色布条周围有黄、红两条窄边装饰。裤为黑色，绣花鞋，腰前系围裙至膝盖以上部位，裙腰处有红、色相间的畲族彩带 |
| | 豆包 | 藏族女性传统造型，珊瑚珠串缠绕长辫，氆氇面料反光纹理。高原阳光侧光拍摄，人文纪实风格，服饰细节特写 | |
| | 即梦 | 傣族服饰少女正面特写，孔雀羽冠银丝缠绕，绸缎筒裙光泽流动，热带丛林虚化背景，电影级光影，微距展示银饰 | |
| 霞浦式 | Midjourney | 一位穿着黑色裤子和刺绣蓝色腰带的中国女性，皮肤白皙，在雨中站在老旧的混凝土建筑顶上。她戴着用红色布料制成的传统苗族头饰，以及深色鞋子和袜子。天空中有浅灰色的云，而远处的城市轮廓可以看到。照片由摄影师陈曼拍摄，使用佳能EOS相机和标准镜头f/56光圈设置来捕捉细节。全身照 | 头饰：正面看为等腰三角形，签名装饰银片制成的九条银链遮挡住面部，冠两侧各垂挂红色珠链两条，珠链底部有较大的银片<br>服装以蓝色、黑色为底，较矮的立领，大襟右衽，厂形结构，襟边有两个厂形花池，绣满装饰纹样，中长裤，围腰较短，腰头为蓝色，围腰左右两边各有一个花篮纹样装饰 |
| | 豆包 | 塔吉克族鹰笛艺人，缀珠刺绣帽檐低垂，红绸腰带金属扣饰，帕米尔高原雪山背景，人文纪实摄影质感 | |
| | 即梦 | 赫哲族鱼皮衣领细节，骨雕发簪固定盘发，鱼鳞纹路反光，黑龙江畔暮色，民俗文化传承，微距摄影特写 | |

③AIGC辅助设计尝试。根据专家构建的畲族IP形象提示词，本书运用Midjourney、豆包与即梦三款主流AIGC工具进行图像生成实验。生成过程中发现，尽管提示词已较全面，三类工具仍普遍存在对参考图及语义描述理解不准确的问题。例如，在生成罗源式畲族IP形象时，提示词指出其头饰为“以粗竹筒制成的高冠”，豆包与即梦虽能识别“竹筒”材质，但在视觉表达上出现显著偏差。为提升生成质量，生图过程依据每一轮生成结果对关键提示词的表述方式与顺序进行迭代调整。实验结果表明，豆包与即梦在经过4～6轮生成—反馈循环后，其输出图像可逐步接近预设的民族特征与风格要求；而Midjourney在同等调整条件下，生成结果仍与目标形象存在系统性差异，显示出其在处理高度结构化、文化敏感型内容时的生成逻辑局限性（表6-8～表6-10）。

表 6-8　即梦 AI 生成畲族 IP 形象过程

<table>
<tr><th>名称</th><th>步骤</th><th>生成效果</th><th>流程梳理</th></tr>
<tr><td rowspan="4">景宁式</td><td>1</td><td></td><td rowspan="4">1. 根据现有图片进行图生文，形成新的提示词<br>2. 筛选提示词后发现没有生成合适的提示词，依旧使用专家提供提示词、萌版形象和风格图进行AI生图生成新IP图片，然而最初生成的图未能较准确地表达畲族传统服饰特征<br>3. 增加头饰细节图，共放3张参考图给即梦，最后生成的部分图片较符合预期<br>4. 调换整体图、细节图、风格图位置，尝试能否生成更符合Q版IP形象的图片<br>5. 根据提示词生成正面、侧面、背面图<br>6. 选出一个比较符合的形象生成正面、侧面、背面效果图</td></tr>
<tr><td>2</td><td></td></tr>
<tr><td>3</td><td></td></tr>
<tr><td>4</td><td></td></tr>
<tr><td>罗源式</td><td>1</td><td></td><td>1. 首先根据专业的描述词和参考图片进行生图，图案生成效果不佳，对于头饰形制特征的还原度较低<br>2. 加入细节图，参考图、风格图进行重新生图，调整文字书写顺序<br>3. 将提示词中“竹筒”相关描述删除，重新生成图片<br>4. 删掉“正、侧、背”的提示词，先生成单人图片，但是效果不佳<br>5. 保留了3个效果较好的生成图片，在此基础上进行重新生图，效果较符合预期形象<br>6. 根据上一个步骤继续生成图片<br>7. 对描述词进行进一步细节，细化后生成较满意图片</td></tr>
</table>

续表

| 名称 | 步骤 | 生成效果 | 流程梳理 |
|---|---|---|---|
| 罗源式 | 2 |  | |
| | 3 |  | |
| | 4 |  | |
| 霞浦式 | 1 |  | 1. 根据现有专家提示词进行生图<br>2. 根据第一个步骤截取较适合的生成图片，融合头饰细节图片生成更具头饰风格特征的效果图<br>3. 继续根据第一个步骤提示词生图，将头饰风格图片改变为第二个步骤生成效果图片<br>4. 结果表明，使用该风格图片效果不佳，故又调整使用规定的统一的风格图片，并生成多组图片<br>5. 使用关键词提醒在前步生图的基础上进行细节的微调，例如强调增加头饰尾部的后缀装饰，结果表明即梦AI具备一定的细节捕捉能力，经多次尝试后，能够形成比较完整的设计方案 |
| | 2 |  | |

续表

| 名称 | 步骤 | 生成效果 | 流程梳理 |
|---|---|---|---|
| 霞浦式 | 3 |  | |
| | 4 |  | |

表 6-9　豆包 AI 生成畲族 IP 形象过程

| 名称 | 步骤 | 生成效果 | 流程梳理 |
|---|---|---|---|
| 景宁式 | 1 |  | 1. 根据现有专业提示词与参考图生成正面、侧面、背面效果图<br>2. 继续根据第一个步骤得出的IP图，输入缺少的相关细节描述词进行完善，继续生图<br>3. 在完善图的基础上，根据原版的人物图和相近风格图片进行修改，进行多次生成训练后的效果比较符合 |
| | 2 |  | |
| | 3 |  | |

续表

<table>
<tr><th>名称</th><th>步骤</th><th>生成效果</th><th>流程梳理</th></tr>
<tr><td>景宁式</td><td>4</td><td></td><td></td></tr>
<tr><td rowspan="4">罗源式</td><td>1</td><td></td><td rowspan="4">1. 根据现有专家提示词与参考图生成正面、侧面、背面效果图<br>2. 生成图片在发饰、服装等方面均存在不足，又根据专家意见对提示词进行细节调整<br>3. 生成较符合预期的效果图，但头饰侧面及背面效果图不符合预期效果，继续根据生成图片进一步调整提示词<br>4. 以前图为参考图进行修正后又生成较可爱样式效果图，整体比较满意，但服装特征与原生服饰存在较大差异<br>5. 继续根据第二步所得的IP图，输入缺少的相关细节描述词进行完善后，继续生图<br>6. 在完善图的基础上，根据原版的人物图修改，进行多次生成训练后达到较好的效果</td></tr>
<tr><td>2</td><td></td></tr>
<tr><td>3</td><td></td></tr>
<tr><td>4</td><td></td></tr>
</table>

续表

| 名称 | 步骤 | 生成效果 | 流程梳理 |
|---|---|---|---|
| 霞浦式 | 1 |  | 1. 根据现有专业提示词与参考图生成正面效果图<br>2. 对比第一个步骤得出的IP图，完善缺少的相关细节描述词，重新生成正面、侧面、反面Q版效果图<br>3. 在已有效果图的基础上，根据原版的人物图片进行细节修改，进行多次生成训练后达到较好的效果 |
| | 2 |  | |
| | 3 |  | |
| | 4 |  | |

表 6-10　Midjourney 生成畲族 IP 形象过程

| 名称 | 步骤 | 生成效果 | 流程梳理 |
| --- | --- | --- | --- |
| 罗源式 | 1 |  | 1. 先尝试使用图生图模式进行生图，所生成图像效果不佳，无法使用<br>2. 根据提示词进行生图。生成的风格与形象不符合要求，因此将改变风格影响度的参数进行再次尝试<br>3. 提示词不变，风格影响度的参数调高（200）生成图像也并不符合需求<br>4. 风格影响度的参数调到最高（750）生成图像依然不符合要求<br>5. 生成效果一直不佳，尝试去掉风格图，生成图像过于接近真人，不够动漫。因此，考虑加入另一张新的风格参考图<br>6. 使用新的风格参考图后还有使用可能，继而进行进一步尝试<br>7. 使用生成图片和原提示词进行叠加尝试，生成的图像也并不符合要求<br>8. 使用文生图效果一直不佳，再次尝试图生图，使用新的风格参考图进行尝试，生成图像效果依旧不佳 |
| | 2 |  | |
| | 3 |  | |
| 景宁式 | 1 |  | |
| | 2 |  | |
| | 3 |  | |

续表

| 名称 | 步骤 | 生成效果 | 流程梳理 |
| --- | --- | --- | --- |
| 霞浦式 | 1 |  | |
| | 2 |  | |
| | 3 |  | |

（5）设计呈现。本书对AIGC生成的IP形象进行筛选，从中择取文化还原度与艺术表现力俱佳的图像。该系列IP形象可作为核心视觉元素，直接应用于后续多元化的文化产品开发与创新实践（图6-22）。

图 6-22　戴凤冠的畲族姑娘 IP 形象设计图

# 后记

畲族传统服饰在历史文化的长河中历经融合与交流仍然保持了鲜明的特色，承载着畲族悠久的历史与民族文化，与神话、传说、民间故事、民歌相互融合，共同传达了畲族人民朴实无华的民族精神和精神寄托，以非文本形式向后人传述族群的历史与变迁。随着现代社会经济文化的发展，畲族传统服饰文化赖以生存的民俗文化环境正经受着前所未有的变革与震荡，如何使其在当代社会延续和传承是民族文化研究者和艺术设计工作者关注的问题。我自2009年进入畲族服饰研究领域一个人走村串镇，到现在带领团队进行了多次畲族服饰田野调研，结合文献记录和田野所见，对畲族服饰样式进行了系统性梳理。在这个过程中，我和团队成员发现畲族头饰的样式多变，甚至可以用风格迥异来形容不同分支之间的头饰差异。我们于2022~2024年间集中对各畲族聚居区的凤凰冠、髻进行了系统调研，并对冠、髻的佩戴、盘扎过程进行记录整理。恰逢2022年以来数智化技术的飞速发展，在民族传统服饰现代化传承发展的尝试中提供了人工智能与传统设计方式结合的技术支撑，团队也结合AIGC技术对畲族凤凰冠、髻的现代设计转化进行了探索和尝试。

感谢母校北京服装学院、东华大学和苏州大学，以及在学术成长之路给予我帮助的各位老师，使我得以系统地接触和学习服饰历史、文化、结构、工艺和设计创新等方面的知识，这些知识的融汇构成了本书的根基；感谢浙江理工大学服装学院多年来对我的支持；感谢崔荣荣、李加林、郭建南、邹奉元等各位老师在学术上的指导和帮助。还要感谢田野调查中遇到的各级相关单位的热情接待，感谢各位非遗传承人的诚挚相谈。

浙江理工大学博士研究生李同岩完成了本书大量文献梳理和凤凰冠、髻的考证及校对工作。书中涉及图像资料拍摄、整理、绘制和设计案例的制作离不开团队成员的通力协作，他们是：浙江理工大学服装学院硕士研究生刘珊珊、杜培研、吴海鸣、王鸣超、罗昕鑫、杨著、刘森、路淑贤、李佳雯、钟倪晔以及艺术与科技系2023级产品设计（纺织品艺术设计）本科生陈烨。

感恩民族服饰研究的路上有你们共同前行。

陈敬玉

2025年12月，杭州

# 参考文献


[1] （晋）干宝撰. 李剑国校. 新辑搜神记・卷24[M]. 北京：中华书局，2007.

[2] 威廉・埃德加・盖洛著.中国十八省府[M]. 郝田虎，姜文涛译. 济南：山东画报出版社，2008.

[3] 让・波德里亚. 消费社会[M]，南京：南京大学出版社，2000.

[4] 俞郁田. 霞浦县畲族志[M]，福州：福建人民出版社，1993.

[5] 鄂多立克著. 鄂多立克东游录[M]，何高济译.上海：中华书局出版社，1981.

[6] 钟雷兴. 闽东畲族文化全书（服饰卷+工艺美术卷）[M]. 北京：民族出版社，2009.

[7] 中国少数民族设计全集编纂委员会编. 中国少数民族设计全集・畲族卷[M].太原：山西人民出版社，2019.

[8] 何本方等. 中国古代生活辞典[M]，沈阳：沈阳出版社，2003.

[9] 施联朱. 施联朱民族研究文集[M]. 北京：民族出版社，2003.

[10] 郭志超. 畲族文化述论[M]. 北京：中国社会科学出版社，2009.

[11] 邱国珍. 浙江畲族史[M]. 浙江：杭州出版社，2010.

[12] 蒋炳钊. 畲族史稿[M]. 厦门：厦门大学出版社，1988.

[13] （南宋）刘克庄. 后村先生大全集（卷九十三）[M]. 上海：商务印书馆，1929年影印本.

[14] 邓启铜注. 诗经・尔雅[M]. 南京：东南大学出版社，2015.

[15] 施联朱. 畲族风俗志[M]. 北京：中央民族学院出版社，1989.

[16] 夏帆. 畲族原生服装图系研究[M]. 浙江：浙江人民美术出版社，2017.

[17] 周翔. 盘瓠神话资料汇编[M]. 北京：学苑出版社，2018.

[18] 陈永成. 福建畲族档案资料选编[M]. 福州：海峡文艺出版社，2003.

[19] 何星亮. 中国图腾文化[M]. 北京：中国社会科学出版社，1992.

[20] （清）傅恒. 皇清职贡图[M]. 扬州：广陵书社，2008.

[21] 蓝兴发. 传世畲歌[M]. 北京：中央民族大学出版社，2014.

[22] 《中国少数民族社会历史调查资料丛刊》修订编辑委员会编. 畲族社会历史调查[M]. 北京：民族出版社，2009.

[23] 宋俊华. 中国非物质文化遗产保护发展报告（2023）[M]. 北京：社会科学文献出版社，2024.

[24] 凌纯声. 畲族图腾文化研究[J]. 人类学集刊，1939，1（2）:127-172.

[25] 方泽明. 近现代畲族拦腰的类别及影响因素研究[J]. 装饰，2015（11）：107-109.

[26] 袁燕. 福建霞浦畲族女子西路式“凤凰髻”发式考察研究[J]. 艺术设计研究，2015（3）：39-44.

[27] 夏帆，蔡建梅，雷红香. 畲族服装典型样式及特征探究[J]. 丝绸，2017，54（4）：43-51.

[28] 陈诩，陈东生. 福建宁德霞浦地区畲族女性服饰图案探议[J]. 纺织学报，2009，30（3）：88-93.

[29] 李同岩，陈敬玉，谭潇飞. 浙闽畲族服饰色彩“变”“异”考释[J]. 设计艺术研究，2024（4）：139-144.

[30] 赵伟楠，陈敬玉. 畲族服饰文化认同的影响因素[J]. 丝绸，2020，57（11）:75-79.

[31] 孟令法. 神话记忆与符号象征：盘瓠意象谱系的畲瑶苗服饰文化共享机制[J].云南师范大学学报（哲学社会科学版），2021，53（6）：63-74.

[32] 高亚春. 消费社会与马克思主义——让·波德里亚的符号消费理论[J], 教学与研究，2006（1）：80-84.

[33] 徐伟. 少数民族服饰设计中的历史记忆符号研究——以苗族服饰为例[J]. 贵州民族研究，2014，35（5）：47-49.

[34] 蔡花非，李湘颖，王立平. 变·装：法国“中国风”化装舞会的图像生成与文化动因[J]. 艺术设计研究，2024（6）：59-66.

[35] 金影村. 中国风时尚体系的构建及其审美历程探析[J]. 艺术设计研究，2025（1）：5-10，130.

[36] 马玉儒，卞向阳，李林臻. 20世纪迪奥品牌“中国风”服装设计分析[J]. 装饰，2022（9）：136-138.

[37] 潘宏立. 福建畲族服饰研究[D]. 厦门：厦门大学，1985.

[38] 李积庆. 明清时期闽西南畲民的“儒化”与“王化”[J]. 龙岩学院学报，2017（4）：8-12.

[39] 管彦波. 中国少数民族头饰艺术美论[J ]. 民族艺术研究，1997（6）：59-61.

[40] 施联珠. 关于畲族的来源与迁徙[J]. 中央民族学院学报，1983（2）：34-42，+33.

[41] 蒋炳钊. 福建畲族的族称、源流和迁徙[J]. 福建论坛，1983（2）：75-80.

[42] 兰周根. 畲族母系制残余的探讨[J]. 民族学研究，1986（00）：268-278.

[43] 蓝兴发. 从畲族风俗看其“多图腾”——兼说畲族的族源[J]. 民间文学论坛，1991（6）：32-37.

[44] 蒋炳钊. 福建省畲族文物介绍[J]. 文物，1960（6）：78-79.

[45] 傅良基 畲家婚俗[J]. 中央民族大学学报，1984（4）：92-94.

[46] 王克旺. 论畲族图腾文化的个性特征[J]. 东南文化，1990（3）：32-35.

[47] 唐宗龙. 谈<三公主的凤冠>的搜集整理[J]. 民间文学论坛，1984（2）：91-95.

[48] 蓝兴发. 从畲族风俗看其“多图腾”——兼说畲族的族源[J]. 民间文化论坛，1991（6）：32-33.

[49] 吴微微，骆晟华. 浙江畲族扶凤冠凤纹及凤凰文化探讨[J]. 浙江理工大学学报，2008（1）：50-54.

[50] 邱国珍. 畲族“盘瓠”形象的民俗学解读[J]. 广西民族学院学报，2003（6）：63-70.

[51] 吴晓东. 盘瓠神话：楚与卢戎的一场战争[J]. 民族文学研究，2000（4）：84-87.

[52] 韩常先. 畲族图腾文化新论[J]. 中央民族学院学报，1993（1）：28-33.

[53] 黄春向. 畲族的凤凰崇拜及其渊源[J]. 广西民族研究，1996（4）：96-102.

[54] 方清云. 少数民族图腾文化重构与启示——对畲族图腾文化重构的人类学考察[J]. 云南民族大学学报（哲学社会科学版），2015（2）：26-31.

[55] 蒋炳钊. 解放前畲族封建社会形态[J]. 民族学研究，1985（00）：195-209.

[56] 张勃. 红盖头功能解析[J]. 河北师范大学学报（哲学社会科学版），2004（5）：160-164.

[57] 陈彦青. 作为方法的传统色彩“地方性知识”及“他者”视角[J]. 装饰，2025（1）：19-24.

[58] 孙义方，冯振伟，方慧. 数字技术赋能全民健身协同治理研究 [J]. 成都体育学院学报，2025，51（4）：1-10.

[59] 管宁. 中华造物文化的传承与创新[J]. 文艺理论研究，2019，32（2）：1-12.

[60] 张宗登，曹东，罗羽. 基于粤北瑶族女性头饰纹样的文创产品设计研究[J].家具与室内饰，2025，32（1）:69-76.